Die Berechnung von Gleich- und Wechselstromsystemen

Von

Dr.-Ing. Fr. Natalis

Zweite, völlig umgearbeitete und
erweiterte Auflage

Mit 111 Abbildungen

Berlin
Verlag von Julius Springer
1924

ISBN-13: 978-3-642-90194-2   e-ISBN-13: 978-3-642-92051-6
DOI: 10.1007/978-3-642-92051-6

Alle Rechte, insbesondere das der Übersetzung
in fremde Sprachen, vorbehalten.
Copyright by Julius Springer in Berlin.
Softcover reprint of the hardcover 2nd edition 1924

Vorwort zur zweiten Auflage.

Die 1920 in bescheidenem Umfange erschienene erste Auflage dieses Buches brachte die Anfänge einer neuen Berechnungsweise für Gleichstrom- und besonders für Wechselstromsysteme, welche die bisher vorwiegend benutzte symbolische Methode zu ersetzen geeignet ist. Da sie sich nur reeller Hilfsmittel — der Vektorverhältnisse und Vektorprodukte — bedient, wirkt sie wesentlich anschaulicher als diese und stellt weniger Ansprüche an abstraktes Denken. In der vorliegenden zweiten Auflage ist diese neue Berechnungsweise systematisch ausgebaut und ihre Anwendung auf die verschiedensten Gebiete der Elektrotechnik erläutert, so daß sie als Wegweiser für Studierende und Ingenieure dienen kann. Als besonderer Vorzug hat sich dabei eine stetige Verbindung zwischen den entwickelten Formeln und den ihnen entsprechenden Vektordiagrammen herausgestellt, wodurch die toten Formeln lebendige Gestalt annehmen.

Die Grundlage der neuen Berechnungsweise bilden das Vektorverhältnis als Ausdruck für den Scheinwiderstand (bzw. Scheinleitwert) und das Vektorprodukt als Ausdruck für die von einem Stromzweig aufgenommene Gesamtleistung (Blind- und Wirkleistung). Der weitere Ausbau führte zur Entwicklung der Vektorgleichungen zweiten und höheren Grades und der geometrischen Orte unter Benutzung von Vektorverhältnissen sowie zu veränderlichen Vektorverhältnissen zwecks Berücksichtigung der Eisensättigung.

Die Anwendungsbeispiele sind den Gebieten der Berechnung von Leitungen, Stromverzweigungen mit einem und mehreren Knotenpunkten, der Schwingungen (Resonanz), der Maschinen und Transformatoren entnommen.

Das Buch soll keineswegs eine zusammenfassende Theorie der Wechselströme bieten, sondern lediglich den Leser mit der neuen Berechnungsweise vertraut machen.

Dem Anfänger ist zu empfehlen, zunächst die Kapitel D, F, G, H, N des ersten Teils und C des zweiten Teils zu überschlagen, welche von den Vektorprodukten und Leistungsberechnungen handeln, und diese Abschnitte erst dann durchzuarbeiten, wenn die übrigen, die nur die Kenntnis der Vektorverhältnisse erfordern, in Fleisch und Blut übergegangen sind.

An früheren Veröffentlichungen über das vorliegende Gebiet sind zu nennen:

ETZ. 1919, S. 645 und 1920, S. 505.

Elektrotechnik und Maschinenbau 1921, H. 42, S. 512.

Wissenschaftl. Veröffentlichungen aus dem Siemens-Konzern.
   1921, I. Band, 2. Heft, S. 65: Kreisdiagramme.
   1922, II. Band, S. 275: Vektorverhältnisse und Vektorprodukte.
   1923, III. Band, S. 1: Berechnung von Transformatoren und Asynchronmotoren.

Siemens-Zeitschrift 1922, Heft 8, S. 369: Behrend, Schaulinienbild der in Drehstromnetzen bei Erdschluß auftretenden Ströme und Spannungen.

Archiv für Elektrotechnik 1923, S. 381: A. Matthias, Über das Verhalten der Erdschlußspule im Betriebe.

Wertvolle Anregungen für die vorliegende Neuauflage erhielt ich durch die Herren A. Matthias, Dr.-Ing. Pohlhausen, Dr.-Ing. e. h. M. Schenkel. Diesen Herren wie auch Herrn Dr. Michalke, der mich bei der Durchsicht der Korrekturen unterstützte, spreche ich hierdurch meinen besten Dank aus.

Charlottenburg, September 1924.

Dr.-Ing. **Friedrich Natalis.**

Inhaltsverzeichnis.

I. Allgemeiner Teil.

                                        Seite

A. Einleitung, Grundlagen der neuen Berechnungswerte 1
B. Zeitvektoren, Spannung, Strom 4
C. Vektorverhältnis, Scheinwiderstand, Scheinleitwert 8
    a) Darstellung des Scheinwiderstandes und Scheinleitwertes .. 8
    b) Beispiele für die Berechnung von Stromverzweigungen ... 16
D. Vektorprodukt, Wirkleistung, Blindleistung, Gesamtleistung .. 21
E. Umwandlung von Vektorverhältnissen 24
F. Umwandlung von Vektorprodukten 27
G. Umwandlung von Vektorgleiohungen und Vektorproduktgleichungen 31
    a) Umwandlung von Vektorgleichungen in Vektorproduktgleichungen 31
    b) Umwandlung von Vektorproduktgleichungen in Vektorgleichungen 32
H. Berechnung der Wirk- und Blindleistung aus der momentanen Leistung 33
J. Quadratische Vektorgleichungen und Vektorgleichungen höheren Grades 38
K. Inversion 49
    a) Inversion einer Geraden 50
    b) Inversion eines Kreises 52
L. Geometrische Orte 53
    a) Punkt 55
    b) Gerade 55
    c) Kreis 56
        1. Bei linearer Veränderung des Leitwertes 56
        2. Bei Änderung der Phasenverschiebung des Leitwertes .. 59
    d) Kegelschnitte 64
        1. Parabel 65
        2. Hyperbel und Ellipse 67
    e) Kurven dritten und höheren Grades 73
M. Berücksichtigung der Eisensättigung 78
N. Leistungsgesetze 91
    a) Änderung der Leistungsaufnahme mehrerer in Serie geschalteter Widerstände infolge Änderung eines dieser Widerstände 93
    b) Änderung der Leistungsaufnahme mehrerer Widerstände in verketteter Schaltung infolge Änderung eines dieser Widerstände 98

VI   Inhaltsverzeichnis.

Seite
c) Änderung der Leistungsaufnahme mehrerer Widerstände in verketteter (unverketteter) Schaltung infolger Änderung der Spannung an einem derselben 101
   1. Ermittlung für einen Knotenpunkt 104
   2. Ermittlung für zwei Knotenpunkte 104
O. Vergleich zwischen den Leistungsgesetzen für elektrisch und den Arbeitsgesetzen für mechanisch verkettete Systeme 121

II. Anwendungsbeispiele.

A. Berechnung einer Speiseleitung mit mehreren Anzapfungen, deren letzte eine konstante Spannung abgeben soll 125
B. Näherungsverfahren zur Berechnung einer Speiseleitung mit mehreren Anzapfungen 131
C. Berechnung einer Speiseleitung, der eine gegebene Leistung unter einer bestimmten Phasenverschiebung entnommen werden soll, bei gegebener Zentralenspannung 132
D. Berechnung einer Ringleitung, Näherungsverfahren 137
E. Stromverzweigungen mit einem Knotenpunkt 141
   a) Zwei Scheinwiderstände in Hintereinanderschaltung, Kreisdiagramme 141
   b) Drehstromnetz mit Belastung in Sternschaltung, Kreisdiagramme 146
F. Stromverzweigung mit zwei Knotenpunkten; Wheatstonesche Brücke mit 5 Scheinwiderständen 154
   a) Spannungen und Ströme 155
   b) Geometrische Orte der Spannungen und Ströme bei linearer Veränderung eines Widerstandes 159
   c) Maximum der Gesamtleistung im Brückenzweig 166
G. Spannungsresonanz 172
H. Stromresonanz 177
   1. Berechnung der Resonanzfrequenz 178
   2. Berechnung einer der Reaktanzen für Resonanz bei gegebener Frequenz 182
J. Berechnung von Transformatoren und Asynchronmotoren . . . 187
K. Berechnung eines Drehstrommotors mit doppelter Käfigwicklung 204
Formelsammlung 215

I. Allgemeiner Teil.

A. Einleitung, Grundlagen der neuen Berechnungsweise.

Für die Berechnung stationärer, harmonischer Wechselstromvorgänge ist in der Literatur und auf den Hochschulen in erheblichem Umfang die von Helmholtz[1]) und Steinmetz entwickelte und von La Cour, Waltz u. a. weiter durchgebildete symbolische Rechnungsweise eingeführt. Bei dieser werden die Spannungen, Ströme, Widerstände, Leitwerte und Leistungen durch komplexe Größen dargestellt und bei der Aufstellung und Auswertung der aus diesen Größen zusammengestellten Formeln die bekannten mathematischen Regeln über die Addition, Subtraktion, Multiplikation und Division komplexer Zahlen angewendet.

Es ist nicht zu verkennen, daß die symbolische Rechnungsweise anerkennenswerte Erfolge erzielt und viele verwickelte Vorgänge aufgeklärt hat, aber es ist auch nicht zu bestreiten, daß sie nicht in dem zu erwartenden Maße Allgemeingut der Elektrotechniker geworden ist.

Es ist vielmehr nur ein verhältnismäßig kleiner Kreis von Gelehrten und in der Praxis stehenden Ingenieuren, die diese Rechnungsweise so beherrschen, daß sie sich derselben jederzeit mit Erfolg bedienen können.

Worin liegen die Gründe dieser Erscheinung?

1. Die symbolische Rechnungsweise stellt an das abstrakte Denkvermögen ganz erhebliche Ansprüche. Dem praktischen Ingenieur fällt es im Gegensatz zu dem reinen Mathematiker schwer, sich Spannungen, Ströme, Widerstände, Leistungen usw., die er durch technische Instrumente als reelle Größen messen kann, als imaginäre oder komplexe Größen vorzustellen. Be-

---

[1]) S. ETZ 1924, S. 509.

sonders wenn im Verlauf der Rechnung, z. B. durch Multiplikation oder Division derartiger komplexer Größen, neue komplexe Werte entstehen, fehlen ihm die geometrischen oder physikalischen Darstellungen für solche Umwandlungen und eine Kontrolle darüber, ob sich nicht während der Umwandlungen Fehler in die Rechnung eingeschlichen haben.

2. Bei den Berechnungen des Ingenieurs handelt es sich um durchaus reelle konkrete Aufgaben, und auch die Lösungen müssen durchaus reelle Werte ergeben. Es ist daher zum mindesten unbequem, daß der Weg von der reellen Aufgabe zu der reellen Lösung durch imaginäre Wegweiser angezeigt wird.

3. Um die in einer Rechnung vorkommenden Größen in einem Diagramm darzustellen, sind 5 verschiedene Maßstäbe erforderlich, und zwar je einer für die Spannung (V), den Strom (A), den Widerstand (Ω), den Leitwert (S) und die Leistung (VA). Dabei sind diese Maßstäbe nicht unabhängig voneinander. Setzt man beispielsweise in der symbolischen Gleichung

$$\mathfrak{E} = \mathfrak{J} r e^{i\varphi} : \varphi = 0 \quad \text{und} \quad r = 1\,\Omega,$$

so ist
$$\mathfrak{E} = \mathfrak{J} r; \quad r = \frac{\mathfrak{E}}{\mathfrak{J}}; \quad 1\,\Omega = \frac{1\text{ Volt}}{1\text{ Amp}}.$$

Die Einheit des Widerstandes ist daher durch das Verhältnis des Spannungs- und Strommaßstabes gegeben. Wird z. B. 1 Volt durch 3 cm und 1 Amp durch 1 cm dargestellt, so wird 1 Ω durch den Zahlenwert 3 und entsprechend 1 Siemens durch den Zahlenwert $\frac{1}{3}$ dargestellt. Als Maßeinheit muß man sich aber im ersten Fall noch den Faktor $\frac{1\text{ Volt}}{1\text{ Amp}}$, im zweiten $\frac{1\text{ Amp}}{1\text{ Volt}}$ hinzudenken. Eine weitere Schwierigkeit entsteht, wenn man von Widerständen zu Leitwerten übergehen muß. Die hierbei erforderliche „Inversion" erfordert eine erhebliche geistige Arbeit, und das Verständnis wird weiterhin dadurch erschwert, daß man dabei Spiegelbilder der komplexen Größen bilden muß. Auch die Einführung einer großen Reihe von Begriffen, wie Impedanz = Resistanz + Reaktanz (Induktanz, Kapazitanz), Admittanz = Konduktanz + Suszeptanz, verwirrt und erschwert das Verständnis. Die Aufzählung dieser Schwierigkeiten geschieht nicht aus dem Grunde, um an der mit großem Scharfsinn aufgebauten symbolischen Rechnungsweise eine abfällige Kritik zu üben, sondern nur deshalb, um zunächst zu erkennen, welche Grundlagen zu einer einfacheren, leichter verständlichen Rechnungsweise führen.

Da Wechselstromvorgänge durchweg durch „Vektor"diagramme dargestellt werden können, so entsteht zunächst die Frage, welche der obigen Maßeinheiten als „Vektoren" aufzufassen sind, d. h. als zeitlich (nach dem Sinusgesetz) veränderliche Größen. Spannungen und Ströme sind zweifellos „Vektoren", es ist daher erforderlich, für diese beiden Größen je einen Maßstab zu wählen. Widerstand bzw. Leitwert eines Stromzweiges sind dagegen nicht zeitlich veränderlich, daher muß auf Vektormaßstäbe für diese beiden Größen verzichtet werden. Schließlich kann die von einem Stromzweige aufgenommene momentane Leistung zwar durch eine in der Richtung der Ordinatenachse um den Betrag $EJ\cos\varphi$ verschobene Sinuslinie, also auch unter Zuhilfenahme eines Vektors dargestellt werden. Da aber dieser Vektor die doppelte Frequenz besitzt, so kann er nicht mit dem Spannungs- und Stromdiagramm verbunden werden. Es verbleiben daher für das letztere nur zwei unabhängige Maßstäbe für die Spannungen und Ströme und der Winkelmaßstab für die Zeit (2π = eine volle Periode T). Die Hinzufügung weiterer Maßstäbe würde nur das Verständnis erschweren. Die Darstellung der Leistungen erfordert ein weiteres Diagramm, für welches außer dem Zeitmaßstab nur eine Maßeinheit (VA) in Frage kommt, die man sich vorteilhaft als Flächeneinheit vorstellt. Der Zweck dieses Buches ist die Einführung in eine neue Rechnungsweise, die auf obigen Grundlagen aufgebaut ist. Dieselbe wird an zahlreichen Aufgaben der Wechselstromtechnik erläutert werden, von denen einige ziemlich erschöpfend behandelt sind. Gleichwohl soll das Buch keineswegs eine zusammenfassende Theorie der Wechselströme enthalten, sondern lediglich den Leser mit der neuen Berechnungsweise so vertraut machen, daß er damit auch andere Aufgaben, die sich ihm täglich bieten, lösen kann.

Bei der neuen Berechnungsweise, die auf die Benutzung imaginärer oder komplexer Größen völlig verzichtet, besteht eine ständige Verbindung der zeichnerischen Darstellung mit der Berechnung und damit eine ständige Überwachung der letzteren. Der Inhalt jeder Gleichung läßt sich durch ein Diagramm darstellen, das sich aus der ersteren handwerksmäßig entwickeln läßt. Die Berechnungen erfordern lediglich die Kenntnis der Grundlagen der Vektoranalysis und der einfachsten algebraischen

Regeln und sind nicht nur für den einzelnen konkreten Fall von Bedeutung, sondern regen zu einer allgemeinen Betrachtung der die Lösung bestimmenden Einflüsse an, wodurch die Formeln und Diagramme eine lebendige Bedeutung gewinnen, da jeder durch eine Vektorgleichung verkörperte physikalische Vorgang durch eine geometrische Zeichnung darzustellen ist.

Im übrigen werden durch die neue Rechnung natürlich die gleichen Resultate gewonnen wie durch die symbolische Methode. Nur der Weg ist einfacher und anschaulicher, und die damit verbundene geistige Entlastung erleichtert die Auffindung sowohl der Lösung der einzelnen konkreten Aufgabe wie auch weiterer Gesetzmäßigkeiten, die in einem Gewirr komplexer Größen nur zu leicht verborgen bleiben würden.

Wie der Titel des Buches zeigt, soll die Berechnung sich auch auf Gleichstrom beziehen. Gleichstrom läßt sich stets als ein Wechselstrom mit der Frequenz Null auffassen. Daher gelten die Ableitungen im allgemeinen auch für Gleichstrom. Da aber die Vektoren in diesen beiden Fällen sämtlich gleiche Richtung besitzen, klappen die Diagramme zu einer Geraden zusammen und sind weniger übersichtlich als Wechselstromdiagramme. Es empfiehlt sich daher, die Berechnung zunächst für Stromkreise mit geringer Induktivität durchzuführen und als Grenzfall letztere gleich Null zu setzen. In dem Texte ist daher im allgemeinen auf Berechnungen für Gleichstrom keine Rücksicht genommen, da sich die Lösungen für Gleichstrom von selbst als Sonderfälle ergeben.

B. Zeitvektoren (Spannung, Strom).

Stellt man eine nach einer Sinusfunktion verlaufende Wechselstromgröße (Spannung oder Strom) in Polarkoordinaten dar, wobei die Länge jedes Strahles gleich dem Augenblickswert, sein Winkel gegenüber einer Nullzeitlinie gleich der Zeit und der Zeitmaßstab gleich der Kreisfrequenz $\omega = \dfrac{2\pi}{T}$ (ein voller Umlauf 2π einer ganzen Periode T entsprechend) gewählt wird, so stellt das Polardiagramm der Augenblickswerte, z. B. $e_m \sin \omega t$ bzw. $i_m \sin(\omega t - \varphi)$, einen Kreis dar (Abb. 1), der durch den Ursprung O geht. Größe und Lage dieses Kreises ist durch seinen Durchmesser e_m bzw. i_m, d. i. der positive Maximalwert der Wechsel stromgröße, und dessen Winkel φ mit der X-Achse bestimmt. Man kann daher jede Wechselstromgröße durch den Durchmesser dieses Kreises, d. h. durch eine gerichtete Größe — **einen Vektor** — darstellen.

Sind gleichzeitig mehrere Spannungs- oder Stromvektoren mit derselben Frequenz, aber verschiedener Phasenstellung zu betrachten, so werden sie durch mehrere phasenverschobene Vektoren gekennzeichnet.

In Abb. 1 ist der Kreis für eine Spannung e_m mit der Phasenverschiebung Null gegen die Nullzeitlinie und ein zweiter Kreis für einen nacheilenden Strom i_m mit einer Phasenverschiebung $+\varphi$ dargestellt.

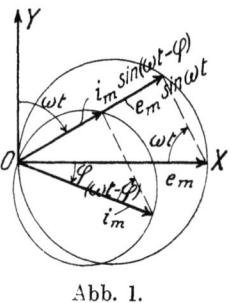

Abb. 1.

a) Denkt man sich dieses Vektorstrahlenbüschel e_m, i_m entgegen dem Uhrzeigersinn in Drehung versetzt (Abb. 2a) und konstruiert für einen bestimmten Zeitpunkt ωt die Projektionen der Vektoren e_m, i_m auf eine Senkrechte OY zur X-Achse, so erhält man gleich-

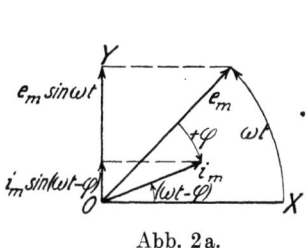

Abb. 2a.

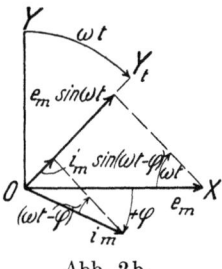

Abb. 2b.

falls die Augenblickswerte $e_m \sin \omega t$ bzw. $i_m \sin(\omega t - \varphi)$ aller Spannungen und Ströme.

b) Zur Erleichterung der Auffassung denkt man sich aber in der Regel das Vektorstrahlenbüschel feststehend und läßt die Senkrechte OY zur X-Achse im umgekehrten Drehsinn, d. h. im Uhrzeigersinn, mit der Kreisfrequenz ω rotieren (Abb. 2b) und projiziert die Vektoren auf diese Linie, welche Zeitlinie genannt wird. Diese Auffassung ist zulässig, da die vorgenommenen Festsetzungen die Lage der Vektoren zueinander, d. h. ihre relative Lage, nicht verändern.

Für das Vorzeichen der Phasenverschiebung des Stromes i_m gegen die Spannung e_m machen wir in beiden Fällen die Bestimmung, daß der Winkel φ stets von der Spannung e_m nach dem Strom i_m gerechnet (s. Eintragung des Pfeiles von $+\varphi$ bzw. $-\varphi$ in den Abb. 2 und 3) und im Uhrzeigerdrehsinn (Abb. 2a, 3a), entsprechend einer Nacheilung des Stromes, als positiv $(+\varphi)$ und entgegen dem Uhrzeigerdrehsinn (Abb. 3a, 3b), entsprechend einer Voreilung des Stromes, als negativ $(-\varphi)$ bezeichnet wird.

Die Abb. 2a und 3a zeigen die Darstellung der Augenblickswerte der Spannung und eines nacheilenden (Abb. 2a) bzw. voreilenden (Abb. 3a) Stromes unter der Annahme a), daß das Vektorbüschel um den Winkel ωt entgegen dem Uhrzeigersinn

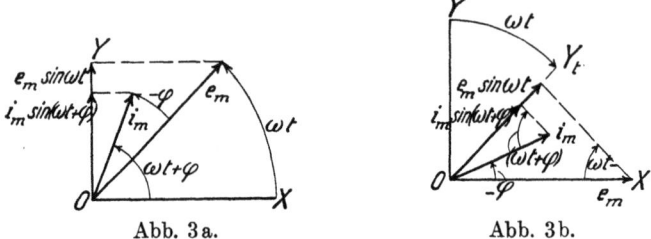

Abb. 3a.   Abb. 3b.

verdreht ist, und die Abb. 2b und 3b unter der Annahme b), daß das Vektorbüschel feststeht und die Zeitlinie OY_t um den gleichen Winkel ωt, aber dieses Mal im Uhrzeigersinn, gedreht ist. Die Augenblickswerte $e_m \sin \omega t$ und $i_m \sin(\omega t - \varphi)$ sind in Abb. 2a und 2b und die Werte $e_m \sin \omega t$ und $i_m \sin(\omega t + \varphi)$ in Abb. 3a und 3b eingetragen.

Da schließlich beim praktischen Gebrauch weniger die Augenblicks- und Scheitelwerte der Wechselstromgrößen als vielmehr ihre Effektivwerte, die allein durch die technischen Meßinstrumente angezeigt werden und in den Maschinen, Leitungen usw. zur Wirkung kommen, interessieren, so werden als Längen der Vektoren nicht die Scheitel-, sondern die Effektivwerte der Wechselstromgrößen und als die Bezeichnungen für die Vektoren große und kleine Frakturbuchstaben — $\mathfrak{E}$, $\mathfrak{e}$, ... für Spannungs-, $\mathfrak{J}$, $\mathfrak{i}$, ... für Stromvektoren — gewählt. Die Richtung dieser Vektoren ist nach vorstehendem keine räumliche, sondern eine zeitliche. Die geometrische Darstellung des physikalischen Vorgangs in der Zeichenebene gestattet aber eine ähnliche Behandlung der Aufgaben, wie sie bei der Betrachtung räumlicher Vektoren üblich ist, und führt unter anderm zur geometrischen Addition gleichartiger Vektoren.

Nach obigen Festsetzungen ist ein Zeitvektor gekennzeichnet durch seine Länge, wobei je nach seiner Art als Maßeinheit 1 Volt oder 1 Amp zu gelten hat, und seine Richtung gegen die X-Achse, welche die Phasenverschiebung gegen diese anzeigt. Im übrigen sind alle in einer Aufgabe vorkommenden Spannungsvektoren nach einem gemeinsamen Maßstab für die Spannungen und alle Stromvektoren nach einem gemeinsamen Strommaßstab zu messen.

Für das Rechnen mit Vektorgleichungen ist es von großer Bedeutung, daß jede derartige Gleichung zwei Aussagen enthält. So besagt die Vektorgleichung $e_1 = e_2$ erstens, daß die Längen der beiden Vektoren, d. h. ihre sog. Beträge, $|e_1|$ und $|e_2|$ einander gleich sind ($|e_1| = |e_2|$), und zweitens, daß ihre Phasenwinkel gegen die X-Achse φ_1 und φ_2 gleich sind ($\varphi_1 = \varphi_2$). Gerade in der Zusammenfassung dieser beiden algebraischen Gleichungen in einer einzigen Vektorgleichung liegt der große Vorteil der Rechnung mit Vektorgleichungen. Die Trennung der letzteren in die beiden algebraischen Gleichungen muß möglichst erst am Schluß der Rechnung vorgenommen werden, wenn der Vorteil ganz ausgenutzt werden soll.

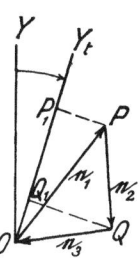

Abb. 4.

Für Spannungs- und Stromvektoren gelten nun die für Wechselstrom erweiterten **Kirchhoffschen Gesetze**:

a) **Die geometrische Summe aller Spannungen** $e_1, e_2, e_3, \ldots$ einer aus mehreren Stromzweigen gebildeten Masche (Abb. 4) **ist gleich Null**:

$$e_1 + e_2 + e_3 \ldots = 0. \tag{1}$$

Der Beweis ist am einfachsten indirekt zu führen. Sind e_1, e_2, e_3 die Effektivspannungen der Masche OPQ, so werden die Augenblickswerte zur Zeit t durch die Projektionen OP_1, P_1Q_1, Q_1O auf die Zeitlinie OY_t dargestellt, wenn diese Strecken noch mit dem Faktor $\sqrt{2} = \dfrac{\text{Scheitelwert}}{\text{Effektivwert}}$ multipliziert werden. Da aber $OP_1 + P_1Q_1 + Q_1O = 0$ ist, so ist damit erwiesen, daß die Summe der Augenblickswerte gleich Null ist, wenn die als Vektoren dargestellten Effektivwerte der Spannungen einen geschlossenen

Linienzug bilden. Da aber umgekehrt die Summe der Augenblickswerte der Spannungen einer Masche nach den Kirchhoffschen Gesetzen für Gleichstrom stets gleich Null ist, so müssen ihre Effektivwerte eine geschlossene Figur bilden.

b) Die geometrische Summe aller Ströme $i_1, i_2, i_3, \ldots$, die einem Knotenpunkt zuströmen oder von ihm fortfließen (Abb. 5), ist gleich Null:
$$i_1 + i_2 + i_3 \ldots = 0. \qquad (2)$$

Diese Formel besagt, daß sich die Vektoren $i_1 = OP$, $i_2 = OQ$, $i_3 = OR$ zu einem geschlossenen Linienzug $OPSO$ zusammensetzen lassen müssen.

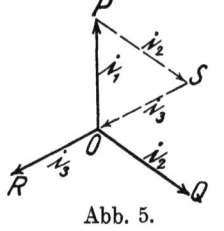

Abb. 5.

Der Beweis ist in gleicher Weise zu führen wie für die Spannungsvektoren, indem man zur Ermittelung der Augenblickswerte die Projektionen der Dreiecksseiten OP, PS, SO auf die Zeitlinie darstellt.

Ersichtlich gelten die Gleichungen (1) und (2) auch dann, wenn die Anzahl der Vektoren größer als 3 ist. Sind nur 2 Vektoren vorhanden, so sind sie gleich groß, aber entgegengesetzt gerichtet:
$$e_1 = -e_2; \quad i_1 = -i_2. \qquad (3)$$

C. Vektorverhältnis.

a) Darstellung des Scheinwiderstandes und Scheinleitwertes.

In der Einleitung war bereits auseinandergesetzt, daß sowohl ein Scheinwiderstand wie auch sein reziproker Wert (Scheinleitwert) nicht als Vektor aufgefaßt werden kann, da der Widerstand keine zeitlich veränderliche Größe ist, sondern eine sog. Invariante. Die Zerlegung eines Scheinwiderstandes in seine beiden Komponenten, den Wirkwiderstand und den Blindwiderstand $r = r_w + r_b$, welche man ähnlich wie 2 Vektoren geometrisch zu addieren pflegt, könnte zwar zu dieser Annahme führen, sie beruht jedoch auf einem Trugschluß. Erst wenn man durch den Scheinwiderstand r einen Wechselstrom i hindurchschickt, wobei an den Klemmen die Spannung ir entsteht, die sich in die Wirkspannung $i r_w$ und die Blindspannung $i r_b$ zerlegen läßt, erhält man 3 Spannungen, die als Vektoren anzusprechen sind.

Das aus r_w, r_b und r gebildete rechtwinklige Dreieck wird daher erst durch Multiplikation seiner Seiten mit i zu einem Vektordiagramm. In der Größe i ist somit das Zeitelement enthalten, welches dem Widerstand und seinen Komponenten fehlt; i ist der zeitlich veränderliche Strom, der Widerstand und seine Komponenten sind dagegen zeitlich unveränderlich.

Da nun $\mathrm{i}\, r = \mathrm{e}$ ist, so ist der Scheinwiderstand r durch ein Vektorverhältnis $\dfrac{\mathrm{e}}{\mathrm{i}}$ darzustellen:

$$r = \frac{\mathrm{e}}{\mathrm{i}} \qquad (4)$$

und der Scheinleitwert durch

$$\frac{1}{r} = \frac{\mathrm{i}}{\mathrm{e}}. \qquad (5)$$

Ein Vektorverhältnis $\dfrac{\mathrm{e}}{\mathrm{i}}$ bzw. $\dfrac{\mathrm{i}}{\mathrm{e}}$ ist somit gekennzeichnet durch das Längenverhältnis der beiden Vektoren unter Hinzufügung einer Maßeinheit $\dfrac{1\,\text{Volt}}{1\,\text{Amp}}$ bzw. $\dfrac{1\,\text{Amp}}{1\,\text{Volt}}$ und den Winkel φ zwischen den beiden Vektoren. Durch die Multiplikation des Stromvektors i mit dem durch das Vektorverhältnis $\dfrac{\mathrm{e}}{\mathrm{i}}$ dargestellten Scheinwiderstand treten folgende Veränderungen mit dem ursprünglichen Vektor i auf:

1. Die Größe des Vektors ändert sich im Verhältnis $\dfrac{\mathrm{e}}{\mathrm{i}}$.
2. Seine Phasenstellung ändert sich um den Winkel φ.
3. Die Maßeinheit verwandelt sich von 1 Amp in 1 Amp $\dfrac{1\,\text{Volt}}{1\,\text{Amp}}$, d. h. in 1 Volt[1]).

---

[1]) Man kann das Vektorverhältnis auch entsprechend seinen unter 1 bis 3 erwähnten Eigenschaften in zwei Teile zerlegen und schreiben:

$$\frac{\mathrm{e}}{\mathrm{i}} = \frac{\mathrm{e}_0}{\mathrm{i}} \cdot \frac{\mathrm{e}}{\mathrm{e}_0} = \frac{\mathrm{e}_0}{\mathrm{i}} \cdot v, \qquad (4\mathrm{a})$$

worin e_0 einen Einheitsvektor in der Richtung von e und $v = \dfrac{\mathrm{e}}{\mathrm{e}_0}$ eine reelle positive oder negative Zahl bedeutet. Hierin enthält der Faktor $\dfrac{\mathrm{e}_0}{\mathrm{i}}$ den Phasenwinkel zwischen e_0 und i und das Verhältnis der Vektorbeträge $\dfrac{|\mathrm{e}_0|}{|\mathrm{i}|}$ sowie die Veränderung der Maßeinheit. Von dieser Darstellungsweise wird jedoch nur ausnahmsweise bei der Behandlung der geometrischen Orte Gebrauch gemacht werden.

Wir werden im Verlauf der Rechnungen auch Vektorverhältnisse benutzen, deren Zähler und Nenner die gleiche Maßeinheit $\frac{1\,\text{Volt}}{1\,\text{Volt}}$ bzw. $\frac{1\,\text{Amp}}{1\,\text{Amp}}$ enthalten. In diesem Falle fällt die unter 3 genannte Umwandlung der Maßeinheit fort, während die unter 1 und 2 genannten Veränderungen bestehen bleiben. Es ist noch zu erwähnen, daß der in dem Vektorverhältnis enthaltene Winkel φ zwischen $\mathfrak{e}$ und $\mathfrak{i}$ ein relativer Winkel ist, und daß zwischen ihm und den absoluten Phasenwinkeln von $\mathfrak{e}$ und $\mathfrak{i}$ gegen die $\mathfrak{X}$-Achse φ_e und φ_i die Beziehung besteht:

$$\varphi = \varphi_i - \varphi_e. \tag{6}$$

Ein Vergleich der Abb. 2a und 2b zeigt nämlich, daß die drei charakteristischen Eigenschaften des Vektorverhältnisses $\frac{\mathfrak{e}}{\mathfrak{i}}$ unverändert bleiben, wenn beide Vektoren um den gleichen Zeitwinkel ωt verdreht werden. Auch hieraus erhellt die Unabhängigkeit des Vektorverhältnisses von der Zeit. Weiterhin behält das Vektorverhältnis seinen Wert unverändert bei, wenn man beispielsweise den Spannungs- und Stromvektor verdoppelt oder, allgemeiner gesprochen, mit derselben positiven oder negativen Zahl α multipliziert;

$$\frac{\mathfrak{e}}{\mathfrak{i}} = \frac{\alpha\mathfrak{e}}{\alpha\mathfrak{i}} = \frac{-\alpha\mathfrak{e}}{-\alpha\mathfrak{i}}. \tag{7}$$

Ein Scheinwiderstand ist eindeutig bestimmt, wenn der Strom $\mathfrak{i}$ nach Richtung und Phase bekannt ist, welcher beim Anlegen des Widerstandes an die Klemmenspannung $\mathfrak{e}$ auftritt oder umgekehrt, wenn die Spannung $\mathfrak{e}$ nach Richtung und Phase bekannt ist, welche auftritt, wenn der Widerstand von einem Strom $\mathfrak{i}$ durchflossen wird.

Kommen für dieselbe Aufgabe mehrere Widerstände in Frage, die durch die Vektorverhältnisse $\frac{\mathfrak{e}_1}{\mathfrak{i}_1}$, $\frac{\mathfrak{e}_2}{\mathfrak{i}_2}$, ... charakterisiert sind, so gestaltet sich die Rechnung einfacher und anschaulicher, wenn man entweder für die Zähler dieser Verhältnisse die gleiche Einheits- oder Bezugsspannung $\mathfrak{E}$ oder für die Nenner den gleichen Einheits- oder Bezugsstrom $\mathfrak{J}$ wählt:

$$\frac{\mathfrak{e}_1}{\mathfrak{i}_1} = \frac{\mathfrak{E}}{\mathfrak{j}_1} = \frac{\mathfrak{f}_1}{\mathfrak{J}}, \qquad \frac{\mathfrak{e}_2}{\mathfrak{i}_2} = \frac{\mathfrak{E}}{\mathfrak{j}_2} = \frac{\mathfrak{f}_2}{\mathfrak{J}} \dots \tag{8}$$

Nach diesen Festsetzungen können wir folgende Sätze aussprechen:

Die Scheinwiderstände von Stromzweigen werden ausgedrückt durch die Vektorverhältnisse

$$\frac{\mathfrak{f}_1}{\mathfrak{J}}, \frac{\mathfrak{f}_2}{\mathfrak{J}}, \ldots \quad (9\,\mathrm{a}) \qquad \text{oder} \qquad \frac{\mathfrak{E}}{\mathfrak{i}_1}, \frac{\mathfrak{E}}{\mathfrak{i}_2}, \ldots \quad (9\,\mathrm{b})$$

und ihre Scheinleitwerte durch die Vektorverhältnisse

$$\frac{\mathfrak{J}}{\mathfrak{f}_1}, \frac{\mathfrak{J}}{\mathfrak{f}_2}, \ldots \quad (10\,\mathrm{a}) \qquad \text{oder} \qquad \frac{\mathfrak{i}_1}{\mathfrak{E}}, \frac{\mathfrak{i}_2}{\mathfrak{E}}, \ldots \quad (10\,\mathrm{b})$$

Hierin bedeutet

$\mathfrak{J}$ ein für alle Stromzweige gleicher Bezugsstrom,

$\mathfrak{E}$ eine für alle Stromzweige gleiche Bezugsspannung.

$\mathfrak{E}$ und $\mathfrak{J}$ sind somit Maßeinheiten für die Richtung und Größe. $\mathfrak{E}$ und $\mathfrak{f}$ sind Spannungsvektoren, $\mathfrak{J}$ und $\mathfrak{i}$ Stromvektoren. Als Bezugsspannung $\mathfrak{E}$ bzw. Bezugsstrom $\mathfrak{J}$ kann jede beliebige Spannung bzw. jeder beliebige Strom gewählt werden, z. B. 1 Volt oder 100 Volt bzw. 1 Amp oder 10 Amp. Meistens ist es aber vorteilhafter, dafür eine gegebene Spannung, z. B. die Netzspannung bzw. einen gegebenen Strom zu wählen.

Wählt man als Bezugsspannung 1 Volt, so wird der Scheinleitwert durch das Vektorverhältnis $\frac{\mathfrak{i}_r \,\mathrm{Amp}}{1 \,\mathrm{Volt}}$ dargestellt. Da aber für die Ströme und Spannungen von vornherein je ein Maßstab festzulegen ist, kann man für die Bezugsspannung 1 Volt den Strommaßstab gleichzeitig als Maßstab für die Beträge der Scheinleitwerte auffassen. In gleicher Weise kann der Spannungsmaßstab für die Bezugseinheit 1 Amp gleichzeitig als Maßstab für die Beträge der Scheinwiderstände aufgefaßt werden. Daneben ist natürlich stets der Phasenwinkel von $\mathfrak{i}$ bzw. $\mathfrak{f}$ zu beachten. Die $\mathfrak{i}$- und $\mathfrak{f}$-Werte stellen somit für die Bezugseinheiten 1 Volt bzw. 1 Amp direkt die Beträge der Scheinleitwerte bzw. Scheinwiderstände dar, wobei als Maßeinheiten 1 Siemens statt 1 Amp bzw. 1 Ohm statt 1 Volt zu setzen ist.

Abb. 6 und 7 zeigen nun die Vektorverhältnisse $\frac{\mathfrak{f}}{\mathfrak{J}} = \frac{\mathfrak{E}}{\mathfrak{i}}$ für einen Stromzweig, der sowohl Wirkwiderstand wie (induktiven) Blindwiderstand enthält.

Nach Abb. 8 ist $\dfrac{\mathfrak{E}}{\mathfrak{j}_r}$ das Vektorverhältnis für einen Wirkwiderstand, nach Abb. 9 $\dfrac{\mathfrak{E}}{\mathfrak{j}_d}$ für einen rein induktiven und nach Abb. 10 $\dfrac{\mathfrak{E}}{\mathfrak{j}_c}$ für einen rein kapazitiven Blindwiderstand und nach Abb. 11 $\dfrac{\mathfrak{E}}{\mathfrak{j}_s}$ für einen Scheinwiderstand, der sowohl Wirk- wie (kapazitiven) Blindwiderstand enthält.

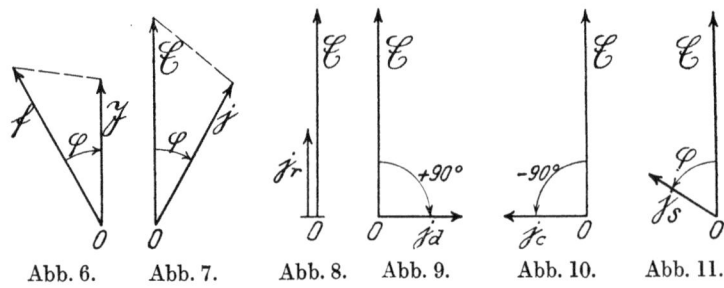

Abb. 6.   Abb. 7.   Abb. 8.   Abb. 9.   Abb. 10.   Abb. 11.

Die charakteristischen $\mathfrak{j}$- bzw. $\mathfrak{f}$-Vektoren in den Vektorverhältnissen $\dfrac{\mathfrak{j}}{\mathfrak{E}}$ bzw. $\dfrac{\mathfrak{f}}{\mathfrak{J}}$ können wir hiernach folgendermaßen definieren:

Nach Richtung und Größe ist

Abb. 6.

$\mathfrak{f}$ die Spannung, die an den Klemmen des Widerstandes auftritt, wenn er vom Normalstrom $\mathfrak{J}$ durchflossen wird.

Die Darstellung $\dfrac{\mathfrak{f}_1}{\mathfrak{J}}, \dfrac{\mathfrak{f}_2}{\mathfrak{J}}, \ldots$ wird bevorzugt, wenn mehrere Scheinwiderstände hintereinander geschaltet sind[1]).

Abb. 7.

$\mathfrak{j}$ der Strom, welcher auftritt, wenn der Widerstand an die Normalspannung $\mathfrak{E}$ gelegt wird.

Die Darstellung $\dfrac{\mathfrak{j}_1}{\mathfrak{E}}, \dfrac{\mathfrak{j}_2}{\mathfrak{E}}, \ldots$ wird bevorzugt, wenn mehrere Scheinwiderstände parallel geschaltet sind[1]).

---

[1]) Bei den meisten Aufgaben der Elektrotechnik ist eine konstante Spannung $\mathfrak{E}$ gegeben. Wenn man diese als Bezugseinheit benutzt, so braucht man hierfür keine neue Größe einzuführen. Man rechnet daher, wenn bei derselben Aufgabe Widerstände teilweise in Parallelschaltung und teilweise in Hintereinanderschaltung vorkommen, bequemer mit $\mathfrak{j}$-Werten statt mit $\mathfrak{f}$-Werten. Letztere sollten aber stets benutzt werden, wenn es sich lediglich um Hintereinanderschaltung handelt, da sich dadurch die Rechnung und

Nach Gleichung (1) bzw. (2) ist:

$$\frac{\mathfrak{f}}{\mathfrak{J}} = \frac{\mathfrak{f}_1 + \mathfrak{f}_2 + \cdots}{\mathfrak{J}} \quad (11\text{a}) \qquad \frac{\mathfrak{j}}{\mathfrak{E}} = \frac{\mathfrak{j}_1 + \mathfrak{j}_2 + \cdots}{\mathfrak{E}} \quad (11\text{b})$$

oder nach Gleichung (8):

$$\frac{\mathfrak{f}}{\mathfrak{J}} = \mathfrak{E}\left(\frac{1}{\mathfrak{j}_1} + \frac{1}{\mathfrak{j}_2}\right) = \mathfrak{E}\frac{\mathfrak{j}_1 + \mathfrak{j}_2}{\mathfrak{j}_1\mathfrak{j}_2} \quad (12\text{a}) \qquad \frac{\mathfrak{j}}{\mathfrak{E}} = \mathfrak{J}\left(\frac{1}{\mathfrak{f}_1} + \frac{1}{\mathfrak{f}_2}\right) = \mathfrak{J}\frac{\mathfrak{f}_1 + \mathfrak{f}_2}{\mathfrak{f}_1\mathfrak{f}_2} \quad (12\text{b})$$

Berechnung u.nd Konstruktion der Vektorverhältnisse.

Es seien zwei Scheinwiderstände r_1 und r_2 gegeben durch ihre Wirk- und Blindkomponente (induktiv!)[1])

$r_{w1} = 4\,\Omega$ $\qquad\qquad\qquad$ $r_{w2} = 5\,\Omega$
$r_{b1} = \omega L_1 = 3\,\Omega$ $\qquad\quad$ $r_{b2} = \omega L_2 = 12\,\Omega$
$r_1 = \sqrt{4^2 + 3^2} = 5\,\Omega$ $\qquad$ $r_2 = \sqrt{5^2 + 12^2} = 13\,\Omega$,

entsprechend einem Phasenwinkel

$$\operatorname{tg}\varphi_1 = \tfrac{3}{4}, \qquad \operatorname{tg}\varphi_2 = \tfrac{12}{5}.$$

Es sollen die Vektorverhältnisse bestimmt werden
α) für eine Bezugsspannung 65 Volt;
β) für einen Bezugsstrom 5 Amp.
Zunächst wird nach Abb. 12 ein beliebiger Maßstab für die Spannungen (V) und für die Ströme (A) gewählt.
Zu α) Unter einer beliebigen Richtung OE (Abb. 12a) wird die Bezugsspannung 65 Volt nach dem Voltmaßstab aufgetragen und OJ_1 unter dem Winkel φ_1 im Uhrzeigersinn angetragen, so daß $\operatorname{tg}\varphi_1 = \tfrac{3}{4}$ und die Länge von OJ_1, nach dem Amp-Maß-

---

Anschauung vereinfacht. Die Einführung der besonderen Bezugseinheit $\mathfrak{J}$ muß dabei in Kauf genommen werden.
Um eine Häufung der Indizes zu vermeiden, sind bei späteren Rechnungen mehrfach die Vektoren

$\mathfrak{f}, \mathfrak{g}, \mathfrak{h}$ an Stelle von $\mathfrak{f}_1, \mathfrak{f}_2, \mathfrak{f}_3$ und
$\mathfrak{j}, \varkappa, \lambda$ an Stelle von $\mathfrak{j}_1, \mathfrak{j}_2, \mathfrak{j}_3$

bezeichnet. Gleichwohl sind diese Gruppen zur Abkürzung $\mathfrak{f}$-Werte bzw. $\mathfrak{j}$-Werte genannt, wobei Scheinwiderstände bzw. Scheinleitwerte gemeint sind.
[1]) Da in der Starkstromtechnik in überwiegender Zahl induktive und seltener kapazitive Widerstände vorkommen, so sind in den Berechnungen und Diagrammdarstellungen erstere bevorzugt.

stab gemessen, $OJ_1 = \dfrac{E}{r_1} = \dfrac{65 \text{ Volt}}{5 \text{ Ohm}} = 13$ Amp ist; dann ist $OJ_1 = \mathfrak{j}_1$.

Für den zweiten Widerstand wird OJ_2 unter dem $\sphericalangle \varphi_2$ (tg $\varphi_2 = \tfrac{12}{5}$) angetragen und $OJ_2 = \dfrac{E}{r_2} = \dfrac{65 \text{ Volt}}{13 \text{ Ohm}} = 5$ Amp $= \mathfrak{j}_2$ gemacht.

Zu β). Unter einer beliebigen Richtung OJ (Abb. 12b) wird der Bezugsstrom $\mathfrak{J} = 5$ Amp, nach dem Strommaßstab gemessen, aufgetragen, OF_1 unter dem $\sphericalangle \varphi_1$ (tg $\varphi_1 = \tfrac{3}{4}$) entgegen dem Uhrzeigersinn angetragen und $OF_1 = \mathfrak{J} r_1 = 5$ Amp $\cdot$ 5 Ohm $= 25$ Volt $= \mathfrak{f}_1$, nach dem Spannungsmaßstab gemessen, gemacht, und ebenso OF_2

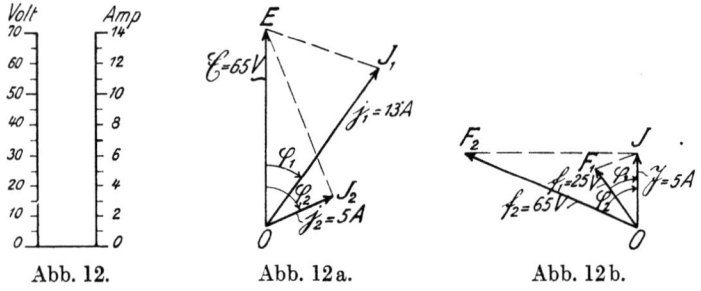

Abb. 12.   Abb. 12a.   Abb. 12b.

unter dem $\sphericalangle \varphi_2$ (tg $\varphi_2 = \tfrac{12}{5}$) angetragen und $OF_2 = \mathfrak{J} r_2 = 5$ Amp $\cdot$ 13 Ohm $= 65$ Volt $= \mathfrak{f}_2$ gemacht.

In beiden Fällen α) und β) ist darauf zu achten, daß die Winkel φ_1 und φ_2 im richtigen Drehsinn angetragen werden. Da $\mathfrak{E}$ und $\mathfrak{f}$ Spannungsvektoren, $\mathfrak{J}$ und $\mathfrak{j}$ Stromvektoren sind und da in beiden Scheinwiderständen nacheilender Strom fließen soll, so müssen nach den früheren Festsetzungen die positiven Winkel φ_1, φ_2 von dem Spannungsvektor zum Stromvektor im Uhrzeigersinn gemessen werden; daher sind diese Winkel in Abb. 12a im Uhrzeigersinn an $\mathfrak{E}$ und in Abb. 12b entgegen dem Uhrzeigersinn an $\mathfrak{J}$ anzutragen.

Diese Vorbereitungen für die Rechnung und die Konstruktion der Diagramme erscheinen auf den ersten Blick etwas umständlich, sie sind aber nur erforderlich für eine bestimmte Aufgabe und erleichtern die weitere Durchführung derselben in weitgehendstem Maße.

Ein Vergleich der Abb. 12a und 12b ergibt die Ähnlichkeit der Dreiecke

$$\triangle OEJ_1 \sim \triangle OF_1J \quad \text{und} \quad \triangle OEJ_2 \sim \triangle OF_2J.$$

Diese Beziehung folgt auch aus Gl. (8):

$$\frac{\mathfrak{E}}{\mathfrak{j}_1} = \frac{\mathfrak{f}_1}{\mathfrak{J}}; \quad \frac{\mathfrak{E}}{\mathfrak{j}_2} = \frac{\mathfrak{f}_2}{\mathfrak{J}}$$

oder allgemein

$$\frac{\mathfrak{E}}{\mathfrak{j}} = \frac{\mathfrak{f}}{\mathfrak{J}} \tag{13}$$

oder

$$\mathfrak{j}\mathfrak{f} = \mathfrak{E}\mathfrak{J}. \tag{14}$$

Die geometrische Bedeutung dieses Kreuzproduktes je zweier Vektoren wird später in dem Abschnitt über quadratische Vektorgleichungen erläutert werden.

Stellt $\frac{\mathfrak{E}}{\mathfrak{j}}$ einen Scheinwiderstand dar, so stellt $\frac{\mathfrak{j}}{\mathfrak{E}}$ einen Scheinleitwert dar. Diese einfache Umstellung von Zähler und Nenner ersetzt die ziemlich umständliche Inversion der symbolischen Methode. Ebenso ist $\frac{\mathfrak{J}}{\mathfrak{f}}$ die Inversion von $\frac{\mathfrak{f}}{\mathfrak{J}}$. Ferner kann man nach Gl. (12) und (13) die Vektorverhältnisse $\frac{\mathfrak{E}}{\mathfrak{j}}$ jederzeit durch $\frac{\mathfrak{f}}{\mathfrak{J}}$ ersetzen und umgekehrt, d. h. von einer Darstellungsweise zur anderen übergehen.

Wird der Scheinleitwert $\frac{\mathfrak{j}}{\mathfrak{E}}$ an eine andere Spannung e gelegt, wobei der Strom i auftritt, so ist nach Abb. 13	Wird der Scheinwiderstand $\frac{\mathfrak{f}}{\mathfrak{J}}$ von einem anderen Strom i durchflossen, wobei die Spannung e auftritt, so ist nach Abb. 14
$\frac{i}{e} = \frac{\mathfrak{j}}{\mathfrak{E}}; \quad i = \mathfrak{j}\frac{e}{\mathfrak{E}}; \quad e = \mathfrak{E}\frac{i}{\mathfrak{j}}. \quad (15a)$	$\frac{i}{e} = \frac{\mathfrak{J}}{\mathfrak{f}}; \quad i = \mathfrak{J}\frac{e}{\mathfrak{f}}; \quad e = \mathfrak{f}\frac{i}{\mathfrak{J}}. \quad (15b)$

Die beiden Dreiecke OAB und Oab in Abb. 13 wie auch in Abb. 14 sind ähnlich. Dreht man daher das Dreieck OAB ($\mathfrak{E}, \mathfrak{j}$ bzw. $\mathfrak{f}, \mathfrak{J}$) nach OA_1B_1, wobei die um gleiche Winkel verdrehten Vektoren in ( ) Klammern gesetzt sind, so ist $ab \parallel A_1B_1$.

16   Berechnungsbeispiele.

Diese Konstruktion ist die Grundlage für alle Berechnungen, um aus 3 Vektoren den vierten unbekannten zu bestimmen, z. B.
$\mathfrak{i}$ aus $\mathfrak{j}, \mathfrak{E}$ und $\mathfrak{e}$ bzw. aus $\mathfrak{J}, \mathfrak{f}$ und $\mathfrak{e}$,
$\mathfrak{e}$ aus $\mathfrak{j}, \mathfrak{E}$ und $\mathfrak{i}$ bzw. aus $\mathfrak{J}, \mathfrak{f}$ und $\mathfrak{i}$.

Als Gedächtnisregel merke man dabei, daß z. B. bei der Multiplikation des Vektors $\mathfrak{e}$ mit dem Vektorverhältnis $\dfrac{\mathfrak{j}}{\mathfrak{E}}$ in der Gleichung $\mathfrak{i} = \mathfrak{e}\,\dfrac{\mathfrak{j}}{\mathfrak{E}}$ der im Nenner stehende Vektor $\mathfrak{E}$ an den

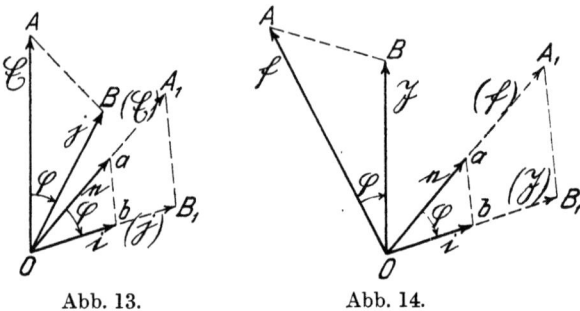

Abb. 13.   Abb. 14.

Multiplikand $\mathfrak{e}$ zu legen ist. Bei Beachtung dieser Regel können Fehler betreffend Größenveränderung des Vektors und Drehsinn der Phasenverschiebung nicht unterlaufen, so daß die Operation ohne längere Überlegung ganz mechanisch auszuführen ist.

b) **Beispiele für die Berechnung von Stromverzweigungen.**

α) Für die Stromverzweigung

Abb. 15   Abb. 16

ist $\dfrac{\mathfrak{j}}{\mathfrak{E}} = \dfrac{\mathfrak{j}_1 + \mathfrak{j}_2}{\mathfrak{E}}$,   (16a) $\dfrac{\mathfrak{f}}{\mathfrak{J}} = \dfrac{\mathfrak{f}_1 + \mathfrak{f}_2}{\mathfrak{J}}$.   (16b)

Die Konstruktion von $\mathfrak{j} = \mathfrak{j}_1 + \mathfrak{j}_2$ ist in Abb. 15a dargestellt. $OC = \mathfrak{j}$ ist die Diagonale des aus $OA = \mathfrak{j}_1$ und $OB = \mathfrak{j}_2$ gebildeten Parallelogramms. In gleicher Weise ist $\mathfrak{f} = \mathfrak{f}_1 + \mathfrak{f}_2$ in Abb. 16a dargestellt. Es erübrigt sich, die Konstruktion für mehr als zwei Widerstände zu erläutern.

Ist der Widerstand $\dfrac{\mathfrak{E}}{\mathfrak{j}_1}$ in Abb. 15 induktionsfrei und der Widerstand $\dfrac{\mathfrak{E}}{\mathfrak{j}_2}$ rein induktiv, so fällt nach Abb. 15b $\mathfrak{j}_1$ in die j-Werte für Parallel-, f-Werte für Serienschaltung.

Richtung von $\mathfrak{E}$, und j_2 steht senkrecht dazu (nacheilend). j_1 und j_2 bilden in diesem Falle ein Rechteck. Das gleiche gilt von $f_1\, f_2$ in Abb. 16 b.

Ist umgekehrt der Leitwert $\dfrac{j}{\mathfrak{E}}$ der Parallelverzweigung (Abb. 15) bekannt und sollen die Leitwerte $\dfrac{j_1}{\mathfrak{E}}$ und $\dfrac{j_2}{\mathfrak{E}}$ eines induktionsfreien und eines rein induktiven Ersatzwiderstandes bestimmt werden, so ist j in seine beiden rechtwinkligen Komponenten $j_1\, j_2$ nach Abb. 15 b zu zerlegen. Das gleiche gilt von Abb. 16 b.

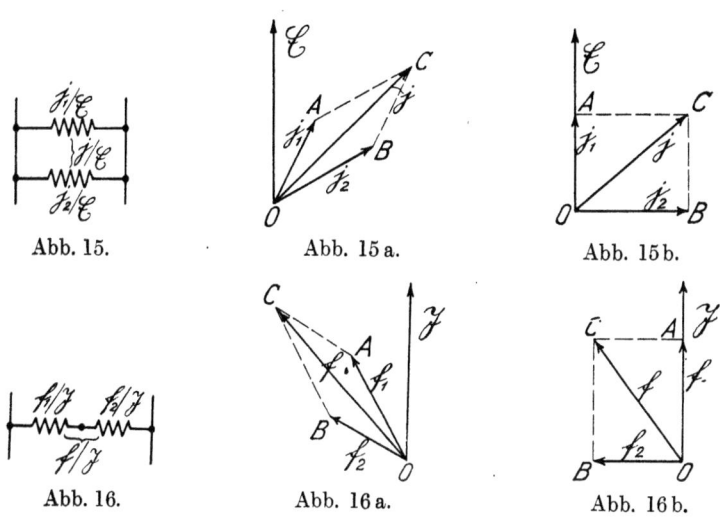

Abb. 15.   Abb. 15 a.   Abb. 15 b.

Abb. 16.   Abb. 16 a.   Abb. 16 b.

β) Muß ausnahmsweise für Serienschaltung von zwei Widerständen (Abb. 17) mit Scheinleitwerten gerechnet werden, so ist

$$\frac{\mathfrak{E}}{j} = \frac{\mathfrak{E}}{j_1} + \frac{\mathfrak{E}}{j_2} = \mathfrak{E}\frac{j_1 + j_2}{j_1 j_2}$$
$$j = \frac{j_1 j_2}{j_1 + j_2},$$
(17a)

Parallelschaltung von zwei Widerständen (Abb. 18) mit Scheinwiderständen gerechnet werden, so ist

$$\frac{\mathfrak{J}}{f} = \frac{\mathfrak{J}}{f_1} + \frac{\mathfrak{J}}{f_2} = \mathfrak{J}\frac{f_1 + f_2}{f_1 f_2}$$
$$f = \frac{f_1 f_2}{f_1 + f_2}.$$
(17b)

In Abb. 17 a (bzw. 18 a) ist die Konstruktion von j (bzw. f) dargestellt. Zu dem Zweck ist der Vektor j_1 mit dem Vektorverhältnis $\dfrac{j_2}{j_1+j_2}$ zu multiplizieren. Dieses geschieht in der durch Abb. 13 erläuterten Weise, indem man das aus j_2 und j_1+j_2 bestehende Dreieck BOC so um O in die Lage B_1OC_1 dreht, daß OC_1 mit der Richtung $OA = j_1$ zusammenfällt und die Parallele AD zu C_1B zieht. Dann ist $OD = j$. Zu dem gleichen Resultat würde man, wie die Abbildung erkennen läßt, kommen, wenn man j_2

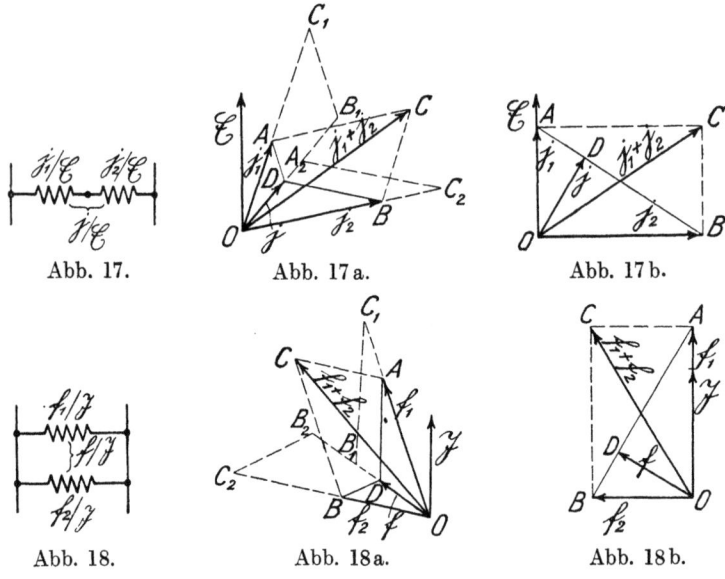

Abb. 17.   Abb. 17a.   Abb. 17b.

Abb. 18.   Abb. 18a.   Abb. 18b.

mit $\dfrac{j_1}{j_1+j_2}$ multipliziert und $DB \parallel A_2C_2$ zieht. In Abb. 18a ist die gleiche Konstruktion zur Ermittelung von $\mathfrak{f}$ ausgeführt.

Liegen j_1 und j_2 senkrecht zueinander (Abb. 17b) (bzw. $\mathfrak{f}_1$ und $\mathfrak{f}_2$ in Abb. 18b), so ist der Vektor $j = OD$ gleich dem Lot auf die Verbindungslinie AB der beiden Vektorspitzen von j_1 und j_2, da das rechtwinklige Dreieck BOC ähnlich dem Dreieck DOA ist. Soll umgekehrt der Leitwert $j = OD$ für die Serienschaltung eines induktionsfreien und eines rein induktiven Widerstandes nach Abb. 17 in seine senkrecht zueinander stehenden Komponenten j_1 und j_2 zerlegt werden, so braucht man nur durch D eine Senkrechte zu OD zu ziehen, welche die Vektoren $j_1 = OA$

Dsgl. für mehr als zwei Scheinwiderstände. 19

und $j_2 = OB$ auf den Koordinatenachsen abschneidet. Die gleiche Konstruktion führt nach Abb. 18b zur Zerlegung von f in f_1 und f_2.

Es sei hier auf den charakteristischen Unterschied der Abb. 15b für parallel geschaltete und 17b für in Serie geschaltete (induktionsfreie und rein induktive) Widerstände besonders aufmerksam gemacht. Das gleiche gilt von Abb. 16b und 18b.

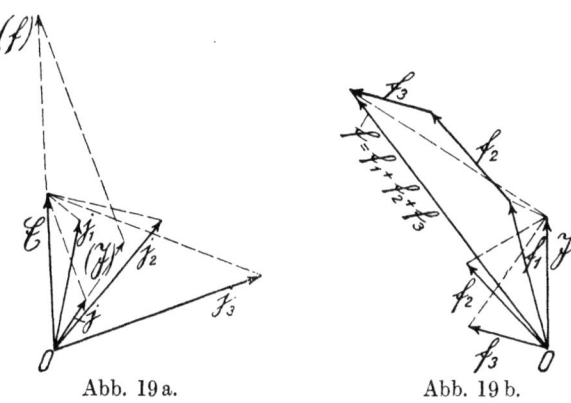

Abb. 19a. Abb. 19b.

Liegen mehr als zwei Widerstände, z. B. drei, in Serie und soll ausnahmsweise mit Scheinleitwerten $j_1/\mathfrak{E}$, $j_2/\mathfrak{E}$, $j_3/\mathfrak{E}$ ähnlich Abb. 17 gerechnet werden, so sind nach Gl. (18) (Abb. 19a, b)

$$\frac{\mathfrak{E}}{\mathfrak{j}} = \frac{\mathfrak{E}}{\mathfrak{j}_1} + \frac{\mathfrak{E}}{\mathfrak{j}_2} + \frac{\mathfrak{E}}{\mathfrak{j}_3} = \frac{\mathfrak{f}_1}{\mathfrak{J}} + \frac{\mathfrak{f}_2}{\mathfrak{J}} + \frac{\mathfrak{f}_3}{\mathfrak{J}} = \frac{\mathfrak{f}_1 + \mathfrak{f}_2 + \mathfrak{f}_3}{\mathfrak{J}} = \frac{\mathfrak{f}}{\mathfrak{J}} \quad (18)$$

zunächst die Vektoren $j_1 j_2 j_3$ aufzutragen (Abb. 19a), darauf sind unter Zugrundelegung eines beliebigen Bezugsstromes $\mathfrak{J}$ die Vektoren $f_1 f_2 f_3$ $\left(f_1 = \mathfrak{J} \dfrac{\mathfrak{E}}{j_1} \ldots \right)$ und ihre vektorielle Summe $f = f_1 + f_2 + f_3$ (Abb. 19b) zu bilden, und schließlich ist $j = \mathfrak{E} \dfrac{\mathfrak{J}}{\mathfrak{f}}$ zu konstruieren (Abb. 19a). Bei diesen Ermittlungen ist wiederholt die Konstruktion Abb. 13, 14 zu benutzen.

γ) Für die Stromverzweigung (Abb. 20) seien die Scheinleitwerte $\dfrac{j_1}{\mathfrak{E}}$, $\dfrac{j_2}{\mathfrak{E}}$ und die Scheinwiderstände $\dfrac{f_3}{\mathfrak{J}}$, $\dfrac{f_4}{\mathfrak{J}}$ gegeben;

2*

Parallel- und Serienschaltung von Widerständen.

dann ist:

$$\frac{j_{12}}{\mathfrak{E}} = \frac{j_1 + j_2}{\mathfrak{E}} = \frac{\mathfrak{J}}{\mathfrak{f}_{12}}, \quad (19\,\mathrm{a}) \qquad \frac{\mathfrak{f}_{34}}{\mathfrak{J}} = \frac{\mathfrak{f}_3 + \mathfrak{f}_4}{\mathfrak{J}}, \qquad (19\,\mathrm{b})$$

$$\frac{\mathfrak{f}}{\mathfrak{J}} = \frac{\mathfrak{f}_{12}}{\mathfrak{J}} + \frac{\mathfrak{f}_{34}}{\mathfrak{J}} = \frac{\mathfrak{E}}{j_1 + j_2} + \frac{\mathfrak{f}_3 + \mathfrak{f}_4}{\mathfrak{J}} = \frac{\mathfrak{E}}{j}, \qquad (20)$$

$$\frac{\mathfrak{f}}{\mathfrak{J}} = \frac{\mathfrak{J}\dfrac{\mathfrak{E}}{j_1 + j_2} + \mathfrak{f}_3 + \mathfrak{f}_4}{\mathfrak{J}} = \frac{\mathfrak{E}}{j}, \quad (21\,\mathrm{a}) \qquad \frac{j}{\mathfrak{E}} = \frac{\mathfrak{J}}{\mathfrak{J}\dfrac{\mathfrak{E}}{j_1 + j_2} + \mathfrak{f}_3 + \mathfrak{f}_4}. \qquad (21\,\mathrm{b})$$

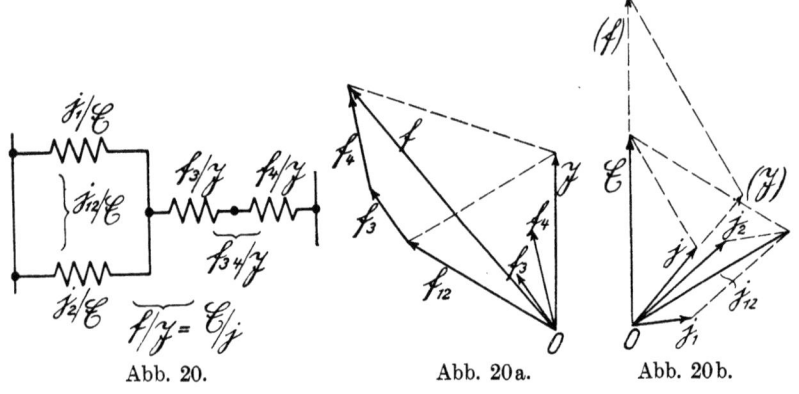

Abb. 20.   Abb. 20a.   Abb. 20b.

Auf der rechten Seite des Diagramms (Abb. 20a, b) sind die Vektorverhältnisse $\dfrac{j_1}{\mathfrak{E}}$ und $\dfrac{j_2}{\mathfrak{E}}$, auf der linken die Verhältnisse $\dfrac{\mathfrak{f}_3}{\mathfrak{J}}$ und $\dfrac{\mathfrak{f}_4}{\mathfrak{J}}$ dargestellt. Aus j_1 und j_2 wird $j_1 + j_2$ gebildet und entsprechend Gl. (19a) $\mathfrak{f}_{12} = \mathfrak{J}\dfrac{\mathfrak{E}}{j_1 + j_2}$ konstruiert und dazu geometrisch $\mathfrak{f}_3$ und $\mathfrak{f}_4$ addiert; dann ist $\dfrac{\mathfrak{f}}{\mathfrak{J}}$, $\left(\mathfrak{f} = \mathfrak{J}\dfrac{\mathfrak{E}}{j_1 + j_2} + \mathfrak{f}_3 + \mathfrak{f}_4\right)$, das gesuchte Vektorverhältnis für die ganze Stromverzweigung oder ihr Scheinwiderstand.

Wird nach Gl. (21b) der Scheinleitwert $\dfrac{j}{\mathfrak{E}}$ bzw. j gesucht, so ist $j = \mathfrak{E}\dfrac{\mathfrak{J}}{\mathfrak{f}}$ zu konstruieren. Dieses ist auf der rechten Diagrammhälfte ausgeführt, indem das Dreieck j, $\mathfrak{E}$ ähnlich dem Dreieck $\mathfrak{J}$, $\mathfrak{f}$ (Abb. 20a) gezeichnet ist.

D. Vektorprodukt.
Wirkleistung, Blindleistung, Gesamtleistung.

Die Leistung einer Wärmekraftmaschine (Kolbendampfmaschine, Gasmaschine) wird bestimmt durch den Inhalt eines Indikatordiagramms (multipliziert mit der Anzahl der Kolbenspiele in der Zeiteinheit). Sie wird also dargestellt durch eine Fläche, deren Größe gleich dem Integral $\int_{v_1}^{v_2} p\,dv$ ist, worin p der Druck und dv die Volumenänderung ist. Es ist daher naheliegend, die Leistungsaufnahme eines elektrischen Stromzweiges auch durch Flächen darzustellen. Während es sich aber bei Kraftmaschinen nur um eine Energieform handelt, kommen in einem elektrischen Stromkreise zwei Leistungsformen zur Wirkung, die wir mit Wirkleistung, $\mathfrak{N}_w = EJ\cos\varphi$, und Blindleistung, $\mathfrak{N}_b = EJ\sin\varphi$, bezeichnen.

Die Wirkleistung $\mathfrak{N}_w$ wird in den Widerständen in Wärme oder in Maschinen in mechanische Leistung umgesetzt, während die Blindleistung $\mathfrak{N}_b$ zwischen den Strom-Erzeugern und -Verbrauchern hin und her pendelt, ohne äußere Arbeit zu leisten. Die Blindleistung wird lediglich im Verlauf einer Halbperiode in den Verbrauchern und in der anderen Halbperiode in den Erzeugern aufgespeichert. Diese beiden in einem Stromkreise auftretenden Leistungen sind nicht gegeneinander zu vertauschen, da sie nicht kommensurabel sind. Nach dem Gesetz von der Erhaltung der Energie werden die in den Stromerzeugern entwickelten Wirkleistungen in den Stromverbrauchern restlos in Wärme oder mechanische Arbeit verwandelt, und ebenso treten die in jenen erzeugten Blindleistungen in diesen wieder als Blindleistungen auf. Dagegen kann sich eine Wirkleistung niemals in eine Blindleistung verwandeln und umgekehrt eine Blindleistung nicht in eine Wirkleistung.

Bedeuten in Abb. 21 $e = OA$ und $i = OC$ Spannungs- und Stromvektor eines Stromzweiges, so läßt sich die Blindleistung $\mathfrak{N}_b$ durch den Inhalt des Parallelogramms $OABC = ei\sin\varphi$ darstellen, worin ei gleich dem Inhalt des Rechtecks $OCFG$ ist ($OG \perp OC$ und $OG = |e|$). Wollen wir auch die Wirkleistung durch eine Fläche darstellen, so müssen wir den Spannungsvektor OA entgegen dem Uhrzeiger um 90° nach $OD = \mathfrak{d}$ verdrehen.

Dann ist der Inhalt des Parallelogramms $ODEC = e\,i\cos\varphi$. Dabei ist als Maßeinheit für die Wirkleistung 1 Wirkvoltamp und als Maßeinheit für die Blindleistung 1 Blindvoltamp zu setzen.

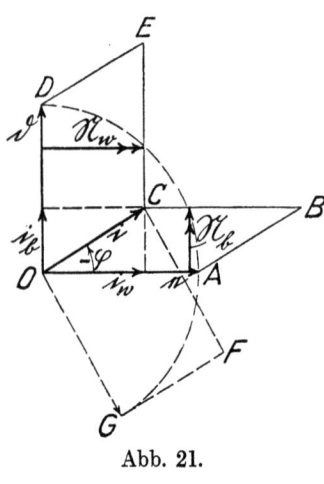

Abb. 21.

Da $|\mathfrak{b}| = |\mathfrak{e}|$ ist, so kann man auch die Wirk- und Blindleistung durch die in Abb. 21 doppelt gefiederten Höhen der Parallelogramme darstellen und diese nach Abb. 21a für einen voreilenden oder nach Abb. 21b für einen nacheilenden Strom vektoriell zur Gesamtleistungsaufnahme $\mathfrak{N}$ zusammensetzen. Durch diese vektorielle Zusammensetzung wird gleichfalls zum Ausdruck gebracht, daß Wirk- und Blindleistung verschiedenartige Größen sind. Da sie aber, hiervon abgesehen, in einem bestimmten Verhältnis stehen,

$$\frac{N_b}{N_w} = \operatorname{tg}\varphi \quad \text{bzw.} \quad N_b^2 + N_w^2 = N^2, \qquad (22)$$

so kann man sie in einer Vektorgleichung

$$\mathfrak{N} = \mathfrak{N}_w + \mathfrak{N}_b \qquad (23)$$

zusammenfassen und mit ihnen ebenso rechnen wie mit Vektoren.

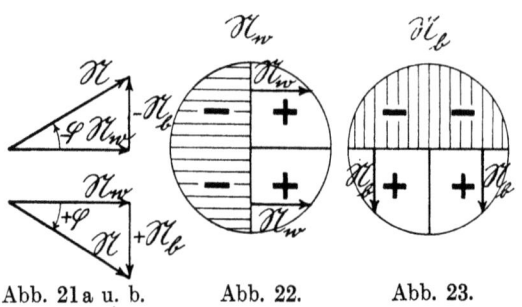

Abb. 21a u. b.   Abb. 22.   Abb. 23.

Nach den Regeln der Vektoranalysis bezeichnet man

$$\mathfrak{N}_w = e\,i\cos\varphi = (\mathfrak{e}\,\mathfrak{i}) \qquad (24)$$

als das innere Produkt und

$$\mathfrak{N}_b = e\,i\sin\varphi = [\mathfrak{e}\,\mathfrak{i}] \qquad (25)$$

als das äußere Produkt.

Gleichwertigkeit der beiden Leistungsformen.

Wir können daher schreiben:

$$\mathfrak{N} = \mathfrak{N}_w + \mathfrak{N}_b = (\mathfrak{e}\mathfrak{i}) + [\mathfrak{e}\mathfrak{i}] = \{\mathfrak{e}\mathfrak{i}\}, \qquad (26)$$

indem wir für die gesamte Leistungsaufnahme $\mathfrak{N}$ eines Stromzweiges als Symbol die { } Hakenklammer einführen und diesem Produkt die Bezeichnung Vektorprodukt[1]) beilegen. Da ferner

$$e i \cos(e, i) = d i \sin(d, i) \qquad (27)$$

ist, so können wir auch

$$(\mathfrak{e}\mathfrak{i}) = [\mathfrak{d}\mathfrak{i}] \qquad (28)$$

schreiben, so daß

$$\mathfrak{N} = [\mathfrak{d}\mathfrak{i}] + [\mathfrak{e}\mathfrak{i}] \qquad (29)$$

wird. Durch Gl. (28) ist gleichsam das innere Produkt $(\mathfrak{e}\mathfrak{i})$ in ein äußeres verwandelt und die Gleichwertigkeit der beiden verschiedenartigen Leistungsformen ausgedrückt.

Bei dem äußeren Produkt $[\mathfrak{e}\mathfrak{i}]$ ist bekanntlich die Reihenfolge der Vektoren zu beachten, da

$$[\mathfrak{e}\mathfrak{i}] = -[\mathfrak{i}\mathfrak{e}] \qquad (30)$$

ist. Diese Tatsache ist damit begründet, daß der

$$\sphericalangle e, i = - \sphericalangle i, e \quad \text{und} \quad \sin e, i = -\sin i, e \qquad (31)$$

ist, und bedeutet, daß die Aufnahme an Blindleistung eines kapazitiven Widerstandes negativ einzusetzen ist, wenn die eines induktiven als positiv angenommen wird. Da wir auch die Wirkleistung $[\mathfrak{d}\mathfrak{i}]$ als äußeres Produkt auffassen wollen, müssen wir auch hier die Reihenfolge der Vektoren beachten. Diese Annahme führt uns aber zu der Unterscheidung eines positiven und negativen Wirkwiderstandes. Wenn wir unter ersterem einen (Ohmschen) Wirkwiderstand verstehen, so taucht die Frage auf, wie wir uns einen negativen Wirkwiderstand vorzustellen haben. Ein positiver Wirkwiderstand verbraucht eine Spannung ir, ein negativer muß daher die gleiche Spannung ir erzeugen. Ein solcher

---

[1]) Vielfach wird auch das innere Produkt als skalares, das äußere als vektorielles bezeichnet. In der Wechselstromtechnik erscheint diese Bezeichnungsweise für zwei verschiedenartige, aber ganz gleichberechtigte Leistungsformen ungeeignet. Außerdem würde die Bezeichnung vektorielles Produkt leicht zu Verwechslungen Anlaß geben mit der hier gewählten Bezeichnung Vektorprodukt für die Gesamtleistung.

verhält sich daher z. B. wie ein im geradlinigen Teil der Charakteristik arbeitender, mit konstanter Geschwindigkeit angetriebener Hauptstromgenerator. Nach Abb. 22 ist die Wirkleistung positiv, wenn i gegenüber e im ersten oder vierten Quadranten liegt, und nach Abb. 23 ist die Blindleistung positiv, wenn i im dritten oder vierten Quadranten liegt. Nach dieser Auffassung ist die Energierichtung (Aufnahme oder Erzeugung) für beide Leistungsformen einheitlich und gleichwertig festgelegt.

Das Vektorprodukt $\{ei\}$, welches die gesamte Leistungsaufnahme eines Stromzweiges kennzeichnen soll, ist nach Abb. 21 gekennzeichnet durch einen Flächeninhalt ei mit der Maßeinheit 1 Voltamp. und den Winkel φ zwischen e und i, wobei dieser Winkel stets von dem Spannungs- nach dem Stromvektor gerechnet werden und entgegen dem Uhrzeigersinn, entsprechend einer kapazitiven Belastung, als negativ angesehen werden soll. Das Vektorprodukt $\{ei\} = \mathfrak{N}$ wird nach Abb. 21a, b als die geometrische (in der symbolischen Rechnungsmethode würde man „komplexe" sagen) Summe der Wirkleistung oder des inneren Produktes $(ei) = [bi] = \mathfrak{N}_w$ und der Blindleistung oder des äußeren Produktes $[ei] = \mathfrak{N}_b$ dargestellt. In den nachfolgenden Darstellungen wird aber die Darstellung durch Flächengrößen (Parallelogramme) nach Abb. 21 bevorzugt, weil sie anschaulicher ist und jederzeit die Entstehung der Produkte aus den Vektoren e, i erkennen läßt. **Dabei genügt es, sich nur die Blindleistung $OABC = \mathfrak{N}_b$ vorzustellen, da das Parallelogramm $ODEC$ der Wirkleistung $\mathfrak{N}_w$ jederzeit dazu ergänzt werden kann.** Das letztere kann daher in der Darstellung unterdrückt werden.

E. Umwandlungen von Vektorverhältnissen.

Ein Vektorverhältnis $\dfrac{i}{e}$ (Abb. 24) bleibt unverändert, wenn beide Vektoren um den gleichen Winkel ωt verdreht werden:

$$\frac{i_1}{e_1} = \frac{i}{e}, \qquad (32)$$

worin $|i_1| = |i|$ und $|e_1| = |e|$ und der Relativwinkel $\sphericalangle e_1, i_1 = \sphericalangle e, i = \varphi$ ist. Das Vektorverhältnis ist daher unabhängig von der Zeit oder eine Invariante.

Spiegelvektoren.

Hierin liegt auch die Begründung, daß man nach Abb. 6 und 7 **einem** Vektor des Vektorverhältnisses $\mathfrak{E}$ bzw. $\mathfrak{J}$ eine konstante Richtung geben kann:

$$\frac{\mathfrak{i}}{\mathfrak{e}} = \frac{\mathfrak{j}}{\mathfrak{E}} = \frac{\mathfrak{J}}{\mathfrak{f}}. \tag{33}$$

Nach Gl. (7) kann man ferner beide Vektoren eines Vektorverhältnisses mit der gleichen reellen Zahl $+\alpha$ bzw. $-\alpha$ multiplizieren:

$$\frac{\mathfrak{i}}{\mathfrak{e}} = \frac{\alpha \mathfrak{i}}{\alpha \mathfrak{e}} = \frac{-\alpha \mathfrak{i}}{-\alpha \mathfrak{e}} \quad \text{(Abb. 24).} \tag{34}$$

Aus Gl. (33) ergibt sich

$$\mathfrak{i} = \mathfrak{e}\,\frac{\mathfrak{j}}{\mathfrak{E}} \quad \text{(Abb. 13).} \tag{35}$$

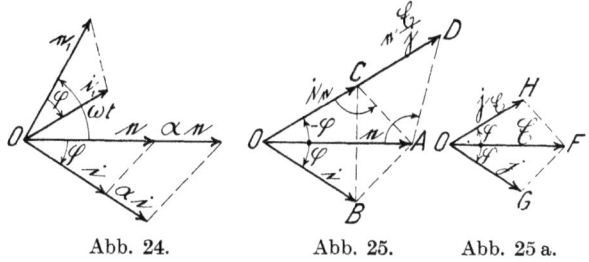

Abb. 24.   Abb. 25.   Abb. 25a.

Die Abb. 13 läßt aber auch erkennen, daß nicht nur die Dreiecke OAB und Oab ähnlich sind, sondern auch die Dreiecke OAa und OBb, entsprechend

$$\mathfrak{i} = \mathfrak{j}\,\frac{\mathfrak{e}}{\mathfrak{E}}. \tag{36}$$

Aus Gl. (35) und (36) ergibt sich, daß die Vektoren $\mathfrak{e}$ und $\mathfrak{j}$ im Zähler in ihrer Reihenfolge beliebig vertauscht werden dürfen. Es gilt also hier das kommutative Gesetz. Ebenso können, wenn mehrere Vektoren im Nenner vorkommen, diese in ihrer Reihenfolge vertauscht werden.

Bei vektoriellen Berechnungen werden häufig auch Spiegelvektoren benutzt, für deren Herleitung und Behandlung nachstehende Regeln gelten. Der **Spiegelvektor soll dabei durch einen Index gekennzeichnet werden, der den spiegelnden Vektor angibt.** So bedeutet $\mathfrak{i}_e$ das Spiegelbild des Strom-

26 Gespiegeltes Vektorbüschel.

vektors i gegenüber der Spannung e. Nach Abb. 25 und 25a ist

$$\frac{i_e}{e} = \frac{j\mathfrak{E}}{\mathfrak{E}}; \qquad i_e = e\,\frac{j\mathfrak{E}}{\mathfrak{E}}. \tag{37}$$

Hierin ist

$$|i_e| = |i| \quad \text{und} \quad \sphericalangle e, i_e = -\sphericalangle e, i = -\varphi. \tag{38}$$

Machen wir andererseits das Dreieck $OAD \sim OBA$, so ist OD gleichphasig mit dem gesuchten Vektor i_e, aber in der Größe verschieden, und zwar ist $OD = e\,\dfrac{e}{i} = e\,\dfrac{\mathfrak{E}}{j}$ und $OC = \dfrac{(OA)^2}{OD} = OD\,\dfrac{(OA)^2}{(OD)^2}$, daher

$$i_e = e\,\frac{\mathfrak{E}}{j}\,\frac{|i|^2}{|\mathfrak{E}|^2}, \tag{39}$$

worin $|i|^2$ bzw. $|\mathfrak{E}|^2$ Skalare mit den Maßeinheiten 1 Amp^2 bzw. 1 Volt^2 sind.

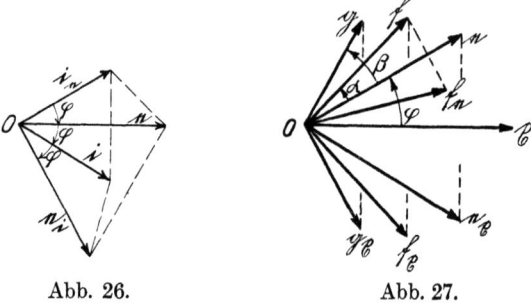

Abb. 26.   Abb. 27.

Sind i und e zwei Vektoren und i_e bzw. e_i die betreffenden Spiegelvektoren, so ist nach Abb. 26

$$\frac{i}{e_i} = \frac{i_e}{e}. \tag{40}$$

Ist ein Büschel von Vektoren $e, \mathfrak{f}, \mathfrak{g}, \ldots$ (Abb. 27) mit feststehenden Phasenwinkeln $\alpha, \beta, \ldots$ gegeneinander gegeben und sollen die Spiegelbilder $e_\mathfrak{x}, \mathfrak{f}_\mathfrak{x}, \mathfrak{g}_\mathfrak{x}$ derselben gegen einen unbekannten Spannungs- oder Stromvektor $\mathfrak{x}$ gebildet werden, so können diese auf das Spiegelbild $e_\mathfrak{x}$ eines dieser Vektoren zurückgeführt oder durch das Vektorverhältnis $\dfrac{e_\mathfrak{x}}{e}$ ausgedrückt werden. Nach Abb. 27 ist

$$\mathfrak{f}_\mathfrak{x} = \mathfrak{f}\,\frac{e}{\mathfrak{f}}\left(\frac{e_\mathfrak{x}}{e}\right)\frac{\mathfrak{f}_\mathfrak{x}}{e_\mathfrak{x}}, \qquad \text{worin} \quad \frac{\mathfrak{f}_\mathfrak{x}}{e_\mathfrak{x}} = \frac{\mathfrak{f}_e}{e}$$

ist, daher ist
$$\mathfrak{f}_{\mathfrak{x}} = \mathfrak{f}_e\left(\frac{e_{\mathfrak{x}}}{e}\right); \quad \mathfrak{g}_{\mathfrak{x}} = \mathfrak{g}_e\left(\frac{e_{\mathfrak{x}}}{e}\right) \ldots \quad (41)$$

Hierin sind $\mathfrak{f}_e$, $\mathfrak{g}_e$, ... die bekannten Spiegelbilder von $\mathfrak{f}$, $\mathfrak{g}$, ... gegen e.

F. Umwandlungen von Vektorprodukten.

Während bei der Multiplikation von Vektoren mit Vektorverhältnissen die Reihenfolge der Vektoren im Zähler und Nenner vertauscht werden darf, ist dieses bei Vektorprodukten nicht zulässig. Es sind aber nicht nur die Vektorprodukte $\{e \cdot i\}$ und $\{i \cdot e\}$, sondern auch $\{e \cdot i\}$ und $-\{i \cdot e\}$ voneinander unterschieden. Das kommutative Gesetz gilt daher hier nicht. Daher werden in allen Fällen, wo eine Verwechslung möglich ist, die Vektoren des Vektorproduktes durch einen Punkt voneinander getrennt, z. B.
$$\left\{e\frac{\mathfrak{f}}{\mathfrak{g}} \cdot i\frac{\mathfrak{h}}{\mathfrak{f}}\right\}.$$

Hierin dürfen zwar e und $\mathfrak{f}$ sowie i und $\mathfrak{h}$ vertauscht werden, dagegen nicht $\mathfrak{f}$ und $\mathfrak{h}$ bzw. $\mathfrak{g}$ und $\mathfrak{f}$; ferner darf das Vektorverhältnis $\frac{\mathfrak{f}}{\mathfrak{g}}$ nicht unverändert auf die rechte und $\frac{\mathfrak{h}}{\mathfrak{f}}$ nicht auf die linke Seite gesetzt werden, da hierdurch der Winkel zwischen den beiden Vektoren verändert würde. Der trennende Punkt bildet gleichsam eine Barriere. Ist dagegen einer der beiden Vektoren mit einer reellen Zahl α multipliziert, so kann diese auf den anderen Vektor übertragen werden, da hiermit keine Verdrehung des Vektors verbunden ist. Es ist daher
$$\{\alpha e \cdot i\} = \{e \cdot \alpha i\} \quad (42)$$
und ebenso nach Abb. 28
$$\{e \cdot i\} = \left\{\alpha e \cdot \frac{i}{\alpha}\right\} = \left\{-\alpha e \cdot \frac{-i}{\alpha}\right\}. \quad (42\text{a})$$

Werden die beiden Vektoren e, i eines Vektorproduktes $\{e, i\}$ um den gleichen Winkel e', e verdreht, d. h. mit dem gleichen Vektorverhältnis $\frac{e'}{e}$ multipliziert (worin $|e'| = |e|$ ist, Abb. 28a), so ändert sich der Wert desselben nicht, da sowohl der Flächeninhalt $ei = |e| \cdot |i|$ wie der Winkel zwischen e und i unverändert bleibt. Wir erhalten daher die Gleichung

$$\{e \cdot i\} = \left\{e \frac{e'}{e} \cdot i \frac{e'}{e}\right\} = \left\{e' \cdot i \frac{e'}{e}\right\}. \tag{43}$$

Das Vektorprodukt ist daher ebenso wie das Vektorverhältnis eine Invariante. Dasselbe bleibt unverändert, wenn der Flächeninhalt und der Winkel zwischen e und i unverändert bleibt, während e und i um den gleichen Winkel verdreht werden können.

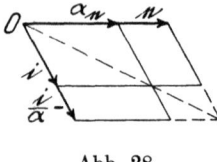

Abb. 28.

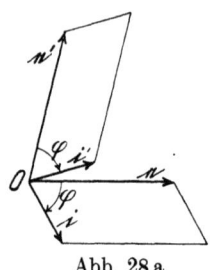

Abb. 28 a.

Die Addition (bzw. Subtraktion) zweier Vektorprodukte $\{e_1 \cdot i_1\} + \{e_2 \cdot i_2\}$ wird nach Abb. 29 in der Weise vorgenommen, daß man das Vektorprodukt $\{e_2 \cdot i_2\} = CDEF$ an das Vektorprodukt $\{e_1 \cdot i_1\} = OABC$ anträgt und in das Vektorprodukt $\{e_1 \cdot i_3\} = CBJK$ verwandelt. Zu dem Zwecke wird $BG \parallel CF$ gezogen und durch den Schnittpunkt H von CG mit DE die

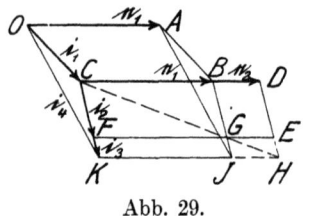

Abb. 29.

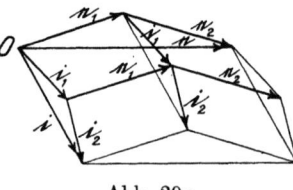

Abb. 29 a.

Parallele HJK zu e_1 gelegt und $i_3 = CK$ gefunden; dann ist $\{e_1 i_3\} = \{e_2 i_2\}$. Nunmehr wird $i_4 = i_1 + i_3$ gebildet, dann ist:

$$\{e_1 \cdot i_4\} = \{e_1 \cdot i_1\} + \{e_2 \cdot i_2\} = \{e_1 \cdot i_1\} + \left\{e_1 \cdot \frac{|e_2|}{|e_1|} i_2\right\} = \left\{e_1 \cdot \left(i_1 + \frac{|e_2|}{|e_1|} i_2\right)\right\}. \tag{44}$$

Soll das zweite Vektorprodukt subtrahiert werden, so ist dasselbe oberhalb der Linie CB anzutragen.

Die Richtigkeit vorstehender Konstruktion ergibt sich aus der Zerlegung der Gesamtleistungen $\mathfrak{N}_1$ bzw. $\mathfrak{N}_2$ in die Wirkleistungen $\mathfrak{N}_{w1}$ bzw. $\mathfrak{N}_{w2}$ und Blindleistungen $\mathfrak{N}_{b1}$ bzw. $\mathfrak{N}_{b2}$; es ist

$$(\mathfrak{N}_1 + \mathfrak{N}_2) = (\mathfrak{N}_{w1} + \mathfrak{N}_{w2}) + (\mathfrak{N}_{b1} + \mathfrak{N}_{b2}). \tag{45}$$

Blindleistung und Wirkleistung eines Vektorproduktes.

Besteht einer der beiden Vektoren eines Vektorproduktes oder beide aus geometrisch zusammengesetzten Teilvektoren, z. B. $e = e_1 + e_2$ und $i = i_1 + i_2$, so ist nach Abb. 29a

$$\{e \cdot i\} = \{(e_1 + e_2) \cdot (i_1 + i_2)\} = \{e_1 \cdot i_1\} + \{e_2 \cdot i_2\} + \{e_1 \cdot i_2\} + \{e_2 \cdot i_1\}. \quad (46)$$

Nach Gl. (44) bis (46) gilt daher für Vektorprodukte das distributive Gesetz.

In Abb. 29a wie auch in den vorhergehenden Abb. 28 und 29 ist nur die Blindleistung dargestellt. Der Beweis für die Wirkleistung ist aber in gleicher Weise zu führen, indem statt der Vektoren e, e_1, e_2 die um $90°$ verdrehten Vektoren $\mathfrak{d}, \mathfrak{d}_1, \mathfrak{d}_2$ eingeführt werden.

Die Wirkleistung sowohl wie die Blindleistung läßt sich unter Benutzung des Spiegelvektors i_e nach Abb. 30 folgendermaßen berechnen:

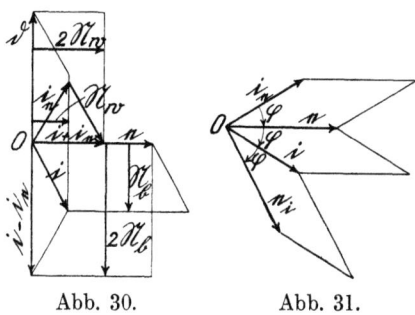

Abb. 30.   Abb. 31.

$$\{e \cdot i\} + \{e \cdot i_e\} = \{e \cdot (i + i_e)\} = 2\mathfrak{N}_w, \quad (47)$$
$$\{e \cdot i\} - \{e \cdot i_e\} = \{e \cdot (i - i_e)\} = 2\mathfrak{N}_b. \quad (48)$$

Bei der Vertauschung der Vektoren eines Vektorproduktes ist folgendes zu beachten:

Sollen in dem Vektorprodukt $\{e \cdot i\}$ die beiden Vektoren gegeneinander vertauscht werden, so muß

1. das Produkt $ei = |e| \cdot |i|$ unverändert bleiben;
2. der Winkel φ, um den der erste Vektor gedreht werden muß, um ihn mit dem zweiten zur Deckung zu bringen, nach Größe und Drehsinn unverändert bleiben.

Diesen Bedingungen wird nach Abb. 31 genügt durch

$$\{e \cdot i\} = \{i \cdot e_i\} = \{i_e \cdot e\}. \quad (49)$$

Von einer solchen Umstellung der Spannungs- und Stromvektoren wird aber im allgemeinen kein Gebrauch gemacht werden, da man bei der Aufstellung von Vektorproduktgleichungen stets in der Lage ist, als ersten Faktor einen Spannungsvektor zu wählen. Die Vertauschung von Strom- und Spannungsvektoren

Vertauschung der Vektoren eines Vektorproduktes.

ist daher im allgemeinen zu vermeiden, weil sich dadurch leicht Fehler in die Rechnung einschleichen können. Vielfach wird dagegen Gebrauch gemacht werden von der Umstellung gleichartiger Vektoren, besonders Spannungsvektoren, oder Vektorverhältnissen innerhalb der { } Haken-Klammern eines Vektorproduktes. Hierfür gelten folgende Regeln. Nach Abb. 32 ist

$$\left\{\mathfrak{g} \cdot \frac{\mathfrak{i}}{\mathfrak{e}} \mathfrak{f}\right\} = \left\{\mathfrak{f}_\mathfrak{g} \cdot \frac{\mathfrak{i}}{\mathfrak{e}} \mathfrak{g}\right\} = \left\{\mathfrak{f} \cdot \frac{\mathfrak{i}}{\mathfrak{e}} \mathfrak{g}_\mathfrak{f}\right\}. \qquad (50)$$

Denn es ist

1. $\dfrac{\mathfrak{g}\mathfrak{i}\mathfrak{f}}{\mathfrak{e}} = \dfrac{\mathfrak{f}_\mathfrak{g}\mathfrak{i}\mathfrak{g}}{\mathfrak{e}} = \dfrac{\mathfrak{f}\mathfrak{i}\mathfrak{g}_\mathfrak{f}}{\mathfrak{e}}$,

2. der Winkel zwischen den beiden Vektoren der drei Vektorprodukte gleich $\alpha + \beta$. Als Gedächtnisregel ist daher zu be-

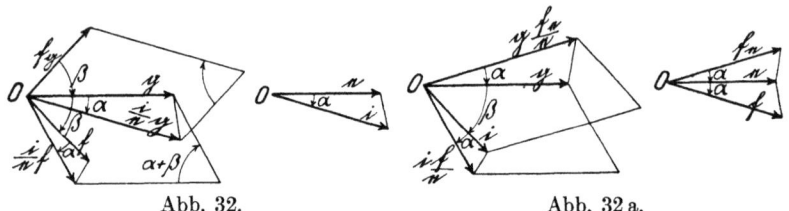

Abb. 32.   Abb. 32a.

merken, daß man bei der Vertauschung zweier gleichartiger Vektoren von einem der beiden das Spiegelbild gegen den anderen einsetzen muß.

Ähnliche Regeln gelten bei der Umstellung von Vektorverhältnissen. Nach Abb. 32a ist

$$\left\{\mathfrak{g} \cdot \mathfrak{i} \, \frac{\mathfrak{f}}{\mathfrak{e}}\right\} = \left\{\mathfrak{g} \, \frac{\mathfrak{f}_\mathfrak{e}}{\mathfrak{e}} \cdot \mathfrak{i}\right\} = \left\{\mathfrak{g} \, \frac{\mathfrak{f}}{\mathfrak{e}_\mathfrak{f}} \cdot \mathfrak{i}\right\} \qquad (51)$$

und

$$\left\{\mathfrak{g} \, \frac{\mathfrak{f}}{\mathfrak{e}} \cdot \mathfrak{i}\right\} = \left\{\mathfrak{g} \cdot \mathfrak{i} \, \frac{\mathfrak{f}_\mathfrak{e}}{\mathfrak{e}}\right\} = \left\{\mathfrak{g} \cdot \mathfrak{i} \, \frac{\mathfrak{f}}{\mathfrak{e}_\mathfrak{f}}\right\}. \qquad (52)$$

Hat das Vektorprodukt die spezielle Form $\left\{\mathfrak{g} \cdot \mathfrak{i} \, \dfrac{\mathfrak{e}_\mathfrak{g}}{\mathfrak{e}}\right\}$, so ist nach Abb. 33

$$\left\{\mathfrak{g} \cdot \mathfrak{i} \, \frac{\mathfrak{e}_\mathfrak{g}}{\mathfrak{e}}\right\} = \left\{\mathfrak{g} \cdot \mathfrak{i} \, \frac{\mathfrak{g}}{\mathfrak{g}_\mathfrak{e}}\right\} = \{\mathfrak{g}_\mathfrak{e} \cdot \mathfrak{i}\} \qquad (53)$$

mit dem Winkel $\alpha + 2\beta$.

Die fast ganz gleichartige geometrische Darstellung eines Vektorverhältnisses $\dfrac{\mathfrak{i}}{\mathfrak{e}}$ und eines Vektorproduktes $\{\mathfrak{e} \cdot \mathfrak{i}\}$ führt

Umwandlung von Vektorgleichungen in Vektorproduktgleichungen. 31

schließlich noch zu einer anderen Ausdrucksweise für das Vektorprodukt. Der Winkel des letzteren ist nämlich auch durch das Vektorverhältnis $\frac{i}{e}$ richtig dargestellt. Damit aber auch der Flächeninhalt ei eingehalten wird, ist das Vektorverhältnis $\frac{i}{e}$ noch mit dem Skalar $|e|^2$ zu multiplizieren. Setzen wir ferner noch $\frac{i}{e} = \frac{j}{\mathfrak{E}}$, so erhalten wir

$$\{e \cdot i\} = \left\{|e|^2 \cdot \frac{i}{e}\right\} = \left\{|e|^2 \cdot \frac{j}{\mathfrak{E}}\right\}. \tag{54}$$

Diese Ausdrucksweise führt aber zu einem Vergleich der Darstellungsweise eines Vektorverhältnisses, eines Vektors und eines Vektorproduktes. Es ist

$$\frac{i}{e} = e^0 \cdot \frac{i}{e}, \qquad i = e^1 \cdot \frac{i}{e}, \qquad \{e \cdot i\} = \left\{|e|^2 \cdot \frac{i}{e}\right\}. \tag{55}$$

Diese drei Formeln unterscheiden sich nur durch die fortschreitenden Potenzen von e, nämlich e^0, e^1, e^2, und lassen die drei charakteristischen Rechnungsgrößen in einem neuen Lichte erscheinen, indem sie sämtlich durch das Vektorverhältnis $\frac{i}{e}$ darzustellen sind.

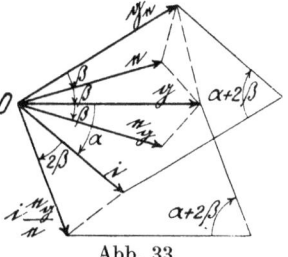

Abb. 33.

G. Umwandlungen von Vektorgleichungen in Vektorproduktgleichungen und umgekehrt. Unterschied zwischen Kreuzproduktgleichungen und Vektorproduktgleichungen.

a) **Umwandlung von Vektorgleichungen in Vektorproduktgleichungen.**

Bisweilen ist es erwünscht, aus einer Vektorverhältnisgleichung (Vektorgleichung) eine Leistungsgleichung (Vektorproduktgleichung) zu entwickeln. Ist nach Abb. 34

$$\frac{i}{e} = \frac{\mathfrak{J}}{\mathfrak{E}}, \tag{56}$$

so ist zwar
$$|\mathfrak{E}||i| = |e||\mathfrak{J}| \tag{57}$$

und
$$\sphericalangle \vec{e, i} = \sphericalangle \vec{\mathfrak{E}, \mathfrak{J}}.$$

32 Umwandlung von Vektorproduktgleichungen in Vektorgleichungen.

Dagegen sind $\{\mathfrak{E}\cdot\mathfrak{i}\}$ und $\{\mathfrak{e}\mathfrak{J}\}$ voneinander verschieden, da nach Abb. 34 die $\sphericalangle\mathfrak{E},\mathfrak{i}$ und $\sphericalangle\mathfrak{e},\mathfrak{J}$ ungleich sind, denn es ist

$$\sphericalangle\mathfrak{E},\mathfrak{i} = 2\varphi + \alpha \quad \text{und} \quad \sphericalangle\mathfrak{e},\mathfrak{J} = -\alpha.$$

Wir schreiben auch Gl. (56), unter Fortlassung der Begrenzungsstriche | | der Vektoren, da durch diese Abkürzung eine Verwechslung mit einer Vektorproduktgleichung nicht zu befürchten ist, in der Form

$$\mathfrak{E}\mathfrak{i} = \mathfrak{e}\mathfrak{J} \tag{58}$$

und nennen eine solche Gleichung, welche lediglich eine andere Schreibweise einer Vektorverhältnisgleichung ist, eine **Kreuzproduktgleichung**. Die Produkte dürfen aber nicht durch { }-Klammern eingefaßt werden, da diese ausdrücklich für Vektorprodukte vorbehalten sind.

Will man daher eine derartige Kreuzproduktgleichung, die aus einer Vektor- oder Vektorverhältnisgleichung entstanden ist, in eine Vektorproduktgleichung verwandeln, so muß man beachten, daß die Winkel der beiden Vektorprodukte gleich sind. Das geschieht nach Abb. 34 durch nachstehende Gleichungen:

$$\{\mathfrak{e}_\mathfrak{i}\cdot\mathfrak{J}\} = \{\mathfrak{e}\cdot\mathfrak{J}_\mathfrak{E}\} = \{\mathfrak{E}\cdot\mathfrak{i}_\mathfrak{E}\} = \{\mathfrak{E}_\mathfrak{i}\cdot\mathfrak{i}\} \quad \text{mit dem } \sphericalangle\alpha + 2\varphi, \tag{59}$$

$$\{\mathfrak{E}\cdot\mathfrak{i}_\mathfrak{e}\} = \{\mathfrak{E}_\mathfrak{J}\cdot\mathfrak{i}\} = \{\mathfrak{e}_\mathfrak{E}\cdot\mathfrak{J}_\mathfrak{E}\} = \{\mathfrak{e}_\mathfrak{i}\cdot\mathfrak{J}_\mathfrak{i}\} \quad \text{mit dem } \sphericalangle\alpha, \tag{60}$$

$$\{\mathfrak{e}\cdot\mathfrak{i}\} = \left\{\mathfrak{E}\cdot\mathfrak{J}\frac{|\mathfrak{i}|^2}{|\mathfrak{J}|^2}\right\} = \left\{\mathfrak{E}\cdot\mathfrak{J}\frac{|\mathfrak{e}|^2}{|\mathfrak{E}|^2}\right\} \quad \text{mit dem } \sphericalangle\varphi. \tag{61}$$

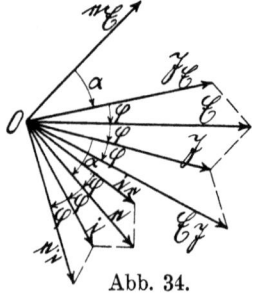

Abb. 34.

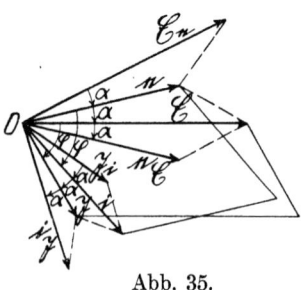

Abb. 35.

b) Umwandlung von Vektorproduktgleichungen in Vektorgleichungen.

Ist nach Abb. 35

$$\{\mathfrak{e}\cdot\mathfrak{i}\} = \{\mathfrak{E}\cdot\mathfrak{J}\}, \tag{62}$$

so ist

$$|\mathfrak{e}||\mathfrak{i}| = |\mathfrak{E}||\mathfrak{J}| \quad \text{oder} \quad \frac{|\mathfrak{e}|}{|\mathfrak{E}|} = \frac{|\mathfrak{J}|}{|\mathfrak{i}|},$$

aber

$$\sphericalangle\mathfrak{e},\mathfrak{E} = -\sphericalangle\mathfrak{J},\mathfrak{i}.$$

Durch Einführung entsprechender Spiegelbilder kann man aber gleiche Winkel erhalten, ohne den numerischen Wert des Kreuzproduktes zu ändern. Hiernach ist

$$\frac{e}{\mathfrak{E}} = \frac{\mathfrak{J}_i}{i} = \frac{\mathfrak{J}}{i_\mathfrak{J}} \text{ mit dem Winkel } \alpha, \tag{63}$$

$$\frac{\mathfrak{J}}{i} = \frac{e}{\mathfrak{E}_e} = \frac{e_\mathfrak{E}}{\mathfrak{E}} \text{ mit dem Winkel } -\alpha. \tag{64}$$

Aus Gl. (63) und (64) ergibt sich

$$e\,i = \mathfrak{E}\mathfrak{J}_i = \mathfrak{E}_e\mathfrak{J}, \tag{65}$$

$$\mathfrak{E}\mathfrak{J} = e\,i_\mathfrak{J} = e_\mathfrak{E}\,i. \tag{66}$$

H. Berechnung der Wirk- und Blindleistung aus der momentanen Leistung.

In den vorhergehenden Abschnitten wurde erörtert, daß in einem Stromzweige zwei ganz verschiedenartige, aber in jeder Beziehung gleichberechtigte Leistungsformen, die Wirkleistung $\mathfrak{N}_w$ und die Blindleistung $\mathfrak{N}_b$, auftreten.

Erstere wurde mit $\mathfrak{N}_w = EJ \cos\varphi$, letztere mit $\mathfrak{N}_b = EJ \sin\varphi$ eingesetzt. Diese beiden Teilleistungen setzen sich geometrisch rechtwinklig, d. h. vektoriell, zusammen zu der Gesamtleistung $\mathfrak{N}$:

$$\mathfrak{N} = \mathfrak{N}_w + \mathfrak{N}_b \tag{67}$$

oder

$$N^2 = N_w^2 + N_b^2. \tag{68}$$

Die Berechnung der (mittleren) Wirkleistung durch Integration der Momentanleistung über eine ganze Periode ist nun wiederholt durchgeführt (vgl. Fränkel: Theorie der Wechselströme, S. 10 u. 16, 1921) und ergibt den Wert $EJ \cos\varphi$. Zur Ermittlung der Blindleistung wurde aber lediglich angenommen, daß sie sich zusammen mit der Wirkleistung zur Scheinleistung EJ ergänzen muß, so daß

$$\mathfrak{N}_b = \sqrt{(EJ)^2 - (EJ\cos\varphi)^2} = EJ \sin\varphi$$

wird.

Dieser Wert für die Blindleistung steht plötzlich wie ein deus ex machina, wie ein unbeweisbarer Lehrsatz, vor uns, gestattet aber keinen tieferen Einblick in das Wesen der Blindleistung. Auch die Zulässigkeit der Zerlegung des Stromes $\mathfrak{J}$ in einen

Effektiver Strom.

Wirkstrom $J\cos\varphi$ und einen Blindstrom $J\sin\varphi$ entbehrt eines Beweises.

Es soll daher nachstehend aus der Gleichung für die Momentanleistung eine gleichartige vektorielle Ausdrucksweise für die Wirk- und Blindleistung abgeleitet werden. Dabei bedeutet in einem Stromkreis mit Widerstand R und Selbstinduktion L

e die momentane Spannung, e_m die maximale und E, $(E^2 = \frac{1}{2} e_m^2)$, die effektive Spannung,

i den momentanen Strom, i_m den maximalen und J, $(J^2 = \frac{1}{2} i_m^2)$, den effektiven Strom,

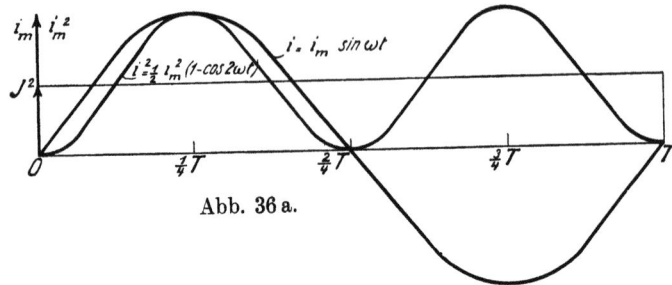

Abb. 36 a.

$R = \dfrac{E}{J}\cos\varphi$ den Wirkwiderstand und $\omega L = \dfrac{E}{J}\sin\varphi$ den Blindwiderstand,

$\omega = \dfrac{2\pi}{T}$ die Kreisfrequenz.

Es ist

$$e = Ri + L\frac{di}{dt} \tag{69}$$

$$i = i_m \sin\omega t = i_m \sin\frac{2\pi t}{T}, \tag{70}$$

$$\frac{di}{dt} = \omega i_m \cos\omega t = \frac{2\pi}{T} i_m \cos\frac{2\pi t}{T}, \tag{71}$$

$$e = R i_m \sin\omega t + \omega L i_m \cos\omega t, \tag{72}$$

$$\left.\begin{aligned} ei &= R i_m^2 \sin^2\omega t + \omega L i_m^2 \sin\omega t \cos\omega t \\ &= EJ\cos\varphi(1 - \cos 2\omega t) + EJ\sin\varphi \sin 2\omega t \\ &= EJ\cos\varphi - EJ\cos\varphi \cos\frac{4\pi t}{T} + EJ\sin\varphi \sin\frac{4\pi t}{T}. \end{aligned}\right\} \tag{73}$$

Die momentane Leistung besteht daher aus drei Teilen, von denen die ersten beiden die Wirkleistung, der letzte die Blindleistung bilden. In Abb. 36a ist über eine ganze Periode T der

Verlauf des Stromes $i = i_m \sin \omega t$ sowie das Quadrat desselben, $i^2 = (i_m \sin \omega t)^2 = \frac{1}{2} i_m^2 (1 - \cos 2 \omega t)$, aufgetragen, wobei die Maßstäbe für i_m (Amp) und i_m^2 (Amp²) so gewählt sind, daß i_m und i_m^2 gleiche Größe besitzen. Der Strom i erscheint als eine einwellige Sinuskurve, i^2 als zweiwellige Sinuskurve, deren Symmetrieachse um den Betrag $J^2 = \frac{1}{2} i_m^2$ gegen die Abszissenachse verschoben ist.

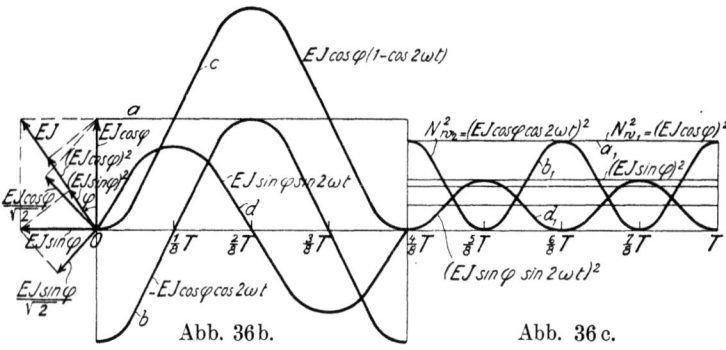

Abb. 36b. Abb. 36c.

In Abb. 36b sind weiterhin über einer halben Periode die Beträge von

a) $EJ \cos \varphi$ (Konstante),
b) $-EJ \cos \varphi \cos 2 \omega t$ sowie
c) deren Summe $EJ \cos \varphi (1 - \cos 2 \omega t)$ und
d) $EJ \sin \varphi \sin 2 \omega t$ aufgetragen.

Die Kurven b, c, d sind ebenso wie die Kurve für i^2 in Abb. 36a zweiwellige Kurven, während der konstante Energiestrom $a = EJ \cos \varphi$ als Welle von unendlich großer Periode aufzufassen ist.

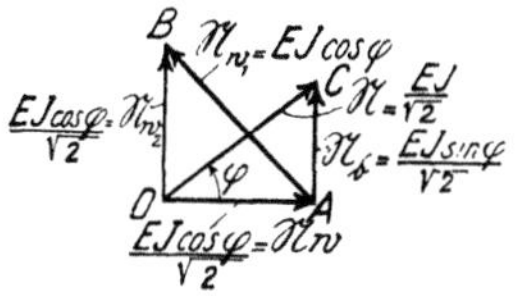

Um nun Wellen mit 90° Phasenverschiebung vektoriell zusammenzusetzen, muß man nach Gl. (68) ihre Quadrate addieren. Sinngemäß müssen bei der Auswertung der drei Wellen a, b und d die Integrale

Abb. 36d.

$$\text{Mittelwert von } a_1 = \frac{1}{T} \int_0^T (EJ \cos \varphi)^2 \, dt = N_{w1}^2, \qquad (74)$$

Quadratischer Mittelwert der Blindleistung.

Mittelwert von $b_1 = \dfrac{1}{T}\int\limits_0^T \left(EJ\cos\varphi\cos\dfrac{4\pi t}{T}\right)^2 dt = N_{w\,2}^2$, (75)

Mittelwert von $d_1 = \dfrac{1}{T}\int\limits_0^T \left(EJ\sin\varphi\sin\dfrac{4\pi t}{T}\right)^2 dt = N_b^2$ (76)

gebildet werden, d. h. die quadratischen Mittel der Augenblickswerte und nicht etwa ihre arithmetischen Mittelwerte, die im Falle b und d gleich Null sein würden. Die Kurven a_1, b_1, d_1 sind in Abb. 36c für eine halbe Periode dargestellt; a_1 ist eine Parallele zur Abszissenachse, während die Kurven b_1 und d_1 vier wellige Kurven darstellen, deren Mittelwert gleich der halben Amplitude ist. Eine Ausrechnung der Integrale Gl. (74) bis (76) würde sich hiernach erübrigen. Der Vollständigkeit halber soll sie aber nachstehend durchgeführt werden.

Für die Integrale Gl. (75) und (76) ist zu beachten, daß

$$\int\limits_0^{2\pi} \sin^2 x\, dx = \left[-\dfrac{\sin 2x}{4} + \dfrac{x}{2}\right]_0^{2\pi} = \pi, \qquad (77)$$

$$\int\limits_0^{2\pi} \cos^2 x\, dx = \left[\dfrac{\sin 2x}{4} + \dfrac{x}{2}\right]_0^{2\pi} = \pi \qquad (78)$$

ist. Damit ergibt sich:

$$N_{w1}^2 = \dfrac{1}{T}\int\limits_0^T (EJ\cos\varphi)^2\, dt = (EJ\cos\varphi)^2\,. \qquad (79)$$

$$\left.\begin{aligned}N_{w\,2}^2 &= \dfrac{1}{T}\int\limits_0^T \left(EJ\cos\varphi\cos\dfrac{4\pi t}{T}\right)^2 dt \\ &= \dfrac{1}{4\pi}(EJ\cos\varphi)^2\int\limits_0^T \cos^2\dfrac{4\pi t}{T}\,d\dfrac{4\pi t}{T} = \tfrac{1}{2}(EJ\cos\varphi)^2,\end{aligned}\right\} \quad (80)$$

$$\left.\begin{aligned}N_b^2 &= \dfrac{1}{T}\int\limits_0^T \left(EJ\sin\varphi\sin\dfrac{4\pi t}{T}\right)^2 dt \\ &= \dfrac{1}{4\pi}(EJ\sin\varphi)^2\int\limits_0^T \sin^2\dfrac{4\pi t}{T}\,d\dfrac{4\pi t}{T} = \tfrac{1}{2}(EJ\sin\varphi)^2\,.\end{aligned}\right\} \quad (81)$$

Vektorielle Zusammensetzung der Wirk- und Blindleistung.

Daraus ergibt sich:
$$\mathfrak{N}_{w1} = EJ\cos\varphi, \tag{82}$$

$$\mathfrak{N}_{w2} = \frac{1}{\sqrt{2}} EJ\cos\varphi, \tag{83}$$

$$\mathfrak{N}_b = \frac{1}{\sqrt{2}} EJ\sin\varphi. \tag{84}$$

Es ist nunmehr zunächst der Vektor
$$\mathfrak{N}_w = \mathfrak{N}_{w1} - \mathfrak{N}_{w2} \tag{85}$$
zu bilden, oder
$$\mathfrak{N}_{w1} = \mathfrak{N}_w + \mathfrak{N}_{w2}, \tag{86}$$
was gleichbedeutend ist mit
$$|\mathfrak{N}_{w1}|^2 = |\mathfrak{N}_w|^2 + |\mathfrak{N}_{w2}|^2, \tag{87}$$

$$(EJ\cos\varphi)^2 = N_w^2 + \tfrac{1}{2}(EJ\cos\varphi)^2, \tag{88}$$

$$N_w^2 = \tfrac{1}{2}(EJ\cos\varphi)^2, \tag{89}$$

$$N_w = \frac{1}{\sqrt{2}} EJ\cos\varphi. \tag{90}$$

Links von Abb. 36b ist die Darstellung von EJ, $EJ\cos\varphi$, $EJ\sin\varphi$, $(EJ\cos\varphi)^2$, $(EJ\sin\varphi)^2$, $\frac{1}{\sqrt{2}}EJ\cos\varphi$, $\frac{1}{\sqrt{2}}EJ\sin\varphi$ gegeben, und in Abb. 36d ist zunächst nach Gl. (87) $N_w = OA$ aus $N_{w1} = AB$ und $N_{w2} = OB$ entsprechend Gl. (82), (83) konstruiert und darauf $\mathfrak{N} = OC$ aus $\mathfrak{N}_w = OA$ und $\mathfrak{N}_b = AC$ [Gl. (84)] gebildet. Ersichtlich ist der $\sphericalangle OAB = 45°$ und $\mathfrak{N}_w = \frac{1}{\sqrt{2}} EJ\cos\varphi$.

Unter der Wirkleistung $EJ\cos\varphi$ und der Blindleistung $EJ\sin\varphi$ hat man sich daher die $\sqrt{2}$fachen quadratischen Mittelwerte der Momentanleistungen vorzustellen. Es ist daher

$$\mathfrak{N} = \mathfrak{N}_w + \mathfrak{N}_b \quad \text{oder} \quad (EJ)^2 = (EJ\cos\varphi)^2 + (EJ\sin\varphi)^2. \tag{91}$$

Die Darstellung Abb. 36a und 36c zeigt, daß die quadratischen Mittelwerte der Leistungen in gleicher Weise gebildet werden wie der quadratische Mittelwert des Stromes J^2 in Abb. 36a, und daß erstere aus vierwelligen, letztere aus zweiwelligen Sinuskurven entstehen.

J. Quadratische Vektorgleichungen und Vektorgleichungen höheren Grades.

Quadratische Vektorgleichungen kommen bei elektrisch oder magnetisch verketteten Stromzweigen vor. Verwandelt man die Vektorverhältnisgleichung

$$\frac{\mathfrak{b}}{\mathfrak{x}} = \frac{\mathfrak{x}}{\mathfrak{c}} \qquad (92)$$

in die Kreuzproduktgleichung

$$\mathfrak{x} \cdot \mathfrak{x} = \mathfrak{b} \cdot \mathfrak{c}, \qquad (93)$$

so entsteht eine quadratische Vektorgleichung. Um aus den beiden bekannten Vektoren $\mathfrak{b}$ und $\mathfrak{c}$ den gesuchten Vektor $\mathfrak{x}$ zu finden, beachten wir, daß nach Gl. (92)

$$\sphericalangle\, \mathfrak{b}, \mathfrak{x} = \sphericalangle\, \mathfrak{x}, \mathfrak{c} \qquad (93\,\text{a})$$

und nach Gl. (93)

$$|\mathfrak{x}| \cdot |\mathfrak{x}| = |\mathfrak{b}| \cdot |\mathfrak{c}|\,; \quad |\mathfrak{x}|^2 = |\mathfrak{b}| \cdot |\mathfrak{c}|\,; \quad |\mathfrak{x}| = \pm \sqrt{|\mathfrak{b}| \cdot |\mathfrak{c}|} \qquad (93\,\text{b})$$

sein muß. Der Vektor $\mathfrak{x}$ liegt daher auf der Winkelhalbierenden von $\mathfrak{b}$ und $\mathfrak{c}$ und ist gleich dem geometrischen Mittelwert von $|\mathfrak{b}|$ und $|\mathfrak{c}|$. Das führt zu der Konstruktion Abb. 37. $OB = \mathfrak{b}$ und $OC = \mathfrak{c}$ sind die bekannten Vektoren, $G_1 O G_2$ die Winkelhalbierende zwischen $\mathfrak{b}$ und $\mathfrak{c}$, DOE eine Senkrechte dazu. Wir machen $OD = OB = |\mathfrak{b}|$ und $OE = OC = |\mathfrak{c}|$. Über DE als Durchmesser wird ein Kreis beschrieben, der die Winkelhalbierende in G_1 und G_2 schneidet. Dann ist $OG_1 = \mathfrak{x}_1$, $OG_2 = \mathfrak{x}_2$. Denn es ist nach einem bekannten Satze $|\mathfrak{x}_1| \cdot |\mathfrak{x}_2| = OG_1 \cdot OG_2 = OD \cdot OE = |\mathfrak{b}| \cdot |\mathfrak{c}|$ und $\sphericalangle\, \mathfrak{b}, \mathfrak{x}_1 = \sphericalangle\, \mathfrak{x}_1, \mathfrak{c}$, daher

$$\frac{\mathfrak{b}}{\mathfrak{x}_1} = \frac{\mathfrak{x}_1}{\mathfrak{c}} \quad \text{bzw.} \quad \frac{\mathfrak{b}}{\mathfrak{x}_2} = \frac{\mathfrak{x}_2}{\mathfrak{c}}.$$

Wir wollen nachstehend statt $\mathfrak{x} \cdot \mathfrak{x}$ [in Gl. (93)] $\mathfrak{x}^2$ schreiben und bestimmen, daß unter $\mathfrak{x}^2$ nicht etwa ein Skalar, wie sonst in der Vektoranalysis üblich, verstanden wird, sondern das Quadrat eines Vektors, aus dem sich durch Wurzelziehen der Vektor $+\mathfrak{x}$ bzw. $-\mathfrak{x}$, also eine gerichtete Größe, entwickeln läßt, während wir für das skalare Produkt die Schreibweise $|\mathfrak{x}|^2$ wählen.

Einfache quadratische Vektorgleichung. 39

Wir schreiben daher Gl. (93) in der Form

$$\mathfrak{x}^2 = \mathfrak{b} \cdot \mathfrak{c}; \qquad \mathfrak{x} = \pm \sqrt{\mathfrak{b} \cdot \mathfrak{c}}. \tag{94}$$

Die Konstruktion Abb. 37 ergibt zwei Lösungen

für $\mathfrak{x}$, nämlich $\mathfrak{x}_1$ und $\mathfrak{x}_2$,

und für den $\sphericalangle \mathfrak{b}, \mathfrak{x}$, nämlich φ_1 und $-\varphi_2 = \varphi_1 - 180°$.

Die Konstruktion bringt zum Ausdruck, daß man von $\mathfrak{b}$ nach $\mathfrak{c}$ in zwei gleichen Winkelsprüngen φ_1, φ_1 oder in den Sprüngen $-\varphi_2$, $-\varphi_2$ gelangen kann.

Die Abb. 37 zeigt eine große Ähnlichkeit mit den früher entwickelten Abb. 6 und 7, wenn man in diesen die Maßstäbe für $\mathfrak{E}$ und $\mathfrak{J}$ so wählt, daß $\mathfrak{E}$ und $\mathfrak{J}$ in der Darstellung gleich groß erscheinen. Aus diesen Abbildungen waren die Gleichungen

$$\mathfrak{j} \mathfrak{f} = \mathfrak{E} \mathfrak{J} \quad [\text{Gl. (14)}]$$

bzw. $\mathfrak{b} \mathfrak{c} = \mathfrak{x}^2 \quad [\text{Gl. (94)}]$

entwickelt.

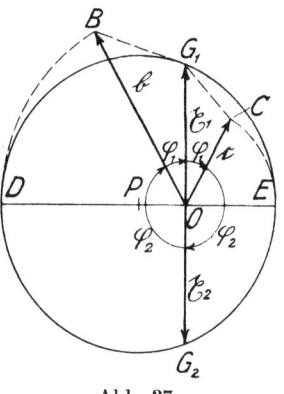

Abb. 37.

Wir hatten bei Abb. 37, Gl. (94), über die Maßeinheiten der Vektoren nichts festgesetzt. In der Regel wird es sich um gleichartige Vektoren (Maßeinheit für $\mathfrak{b}$ und $\mathfrak{c}$, z. B. 1 Volt) handeln. In Gl. (14) handelt es sich aber um verschiedenartige Maßeinheiten (Amp, Volt). Setzen wir nun

$$\mathfrak{j} \mathfrak{f} = \mathfrak{E} \mathfrak{J} = \mathfrak{x}^2,$$

so ergibt sich

$$\mathfrak{x} = \pm \sqrt{\mathfrak{E} \mathfrak{J}},$$

d. h. $\mathfrak{x}$ liegt auf der Winkelhalbierenden zwischen $\mathfrak{E}$ und $\mathfrak{J}$, die in diesem Falle, da $\mathfrak{E}$ und $\mathfrak{J}$ gleiche Richtung haben, mit $\mathfrak{E}$ und $\mathfrak{J}$ zusammenfällt, und $\mathfrak{x}$ ist der geometrische Mittelwert von $\mathfrak{E}$ und $\mathfrak{J}$. Als Maßeinheit für $\mathfrak{x}$ ist aber eine neue Maßeinheit erforderlich, nämlich

$$\sqrt{1 \text{ Amp} \cdot 1 \text{ Volt}}.$$

Gl. (94) stellt die einfachste Form einer quadratischen Vektorgleichung dar.

40   Allgemeine quadratische Vektorgleichung.

Hat eine quadratische Vektorgleichung die spezielle Form

$$\mathfrak{x}^2 - \mathfrak{x}(\mathfrak{b} + \mathfrak{e}) + \mathfrak{b}\mathfrak{e} = 0 \ ^1), \qquad (95)$$

wobei der Faktor von $\mathfrak{x}$ gleich der negativen Summe von $\mathfrak{b}$ und $\mathfrak{e}$ und das dritte Glied gleich dem Kreuzprodukt derselben Vektoren ist, so läßt sich die Gleichung auch in der Form

$$(\mathfrak{x} - \mathfrak{b})(\mathfrak{x} - \mathfrak{e}) = 0 \qquad (96)$$

schreiben, die offenbar die beiden Wurzeln $\mathfrak{x}_1 = \mathfrak{b}$, $\mathfrak{x}_2 = \mathfrak{e}$ ergibt.

Hat schließlich die quadratische Vektorgleichung die allgemeinste Form:

$$\mathfrak{x}^2 - 2\mathfrak{a}\mathfrak{x} = \mathfrak{b}\mathfrak{c}, \qquad (97)$$

so ergänzen wir beide Seiten der Gleichung durch Hinzufügen von $\mathfrak{a}^2$. Dann ist die linke Seite das Quadrat von $\mathfrak{x} - \mathfrak{a}\ ^2)$, und die rechte kann als Kreuzprodukt zweier Vektoren dargestellt werden:

$$\mathfrak{x}^2 - 2\mathfrak{a}\mathfrak{x} + \mathfrak{a}^2 = \mathfrak{a}^2 + \mathfrak{b}\mathfrak{c} = \mathfrak{a}\left(\mathfrak{a} + \mathfrak{b}\frac{\mathfrak{c}}{\mathfrak{a}}\right), \qquad (98)$$

$$\mathfrak{x} - \mathfrak{a} = \pm\sqrt{\mathfrak{a}\left(\mathfrak{a} + \mathfrak{b}\frac{\mathfrak{c}}{\mathfrak{a}}\right)}\ ^3). \qquad (99)$$

Nunmehr wird das Kreuzprodukt unter der Wurzel nach Gl. (94), Abb. 37, in das Quadrat eines Vektors $\mathfrak{y}$ verwandelt:

$$\mathfrak{a}\left(\mathfrak{a} + \mathfrak{b}\frac{\mathfrak{c}}{\mathfrak{a}}\right) = \mathfrak{y}^2. \qquad (100)$$

Dadurch wird

$$\mathfrak{x} - \mathfrak{a} = \pm \mathfrak{y}$$

und

$$\mathfrak{x} = \mathfrak{a} \pm \mathfrak{y}. \qquad (101)$$

Die Konstruktion ist in Abb. 38 durchgeführt. $OA = \mathfrak{a}$, $OB = \mathfrak{b}$, $OC = \mathfrak{c}$ sind die 3 gegebenen Vektoren. Unterhalb von O ist der Vektor $\mathfrak{a}$ nochmals zweimal angetragen: $DO = \mathfrak{a}$, $ED = \mathfrak{a}$.

---

[1]) Setzt man in dieser Gleichung statt $\mathfrak{b} \parallel -\mathfrak{b} \mid \mathfrak{b} \mid -\mathfrak{b}$
und $\mathfrak{e} \mid +\mathfrak{e} \mid -\mathfrak{e} \mid -\mathfrak{e}$, so erhält man Abarten von Gl. (95), die sich nur durch die Vorzeichen der Konstanten unterscheiden.

[2]) Die Zulässigkeit dieser Operation wird zum Schluß dieses Abschnittes nachgewiesen.

[3]) Diese Lösung verdanke ich der freundlichen Mitwirkung des Herrn Dr.-Ing. Pohlhausen.

Lösung der allgemeinen quadratischen Vektorgleichung. 41

Es wird zunächst der Vektor $OF = \mathfrak{b}\dfrac{\mathfrak{c}}{\mathfrak{a}}$ konstruiert, indem $\triangle OBF \sim \triangle OAC$ an OB angetragen wird, dann ist $DF = DO + OF = \mathfrak{a} + \mathfrak{b}\dfrac{\mathfrak{c}}{\mathfrak{a}}$.

Darauf wird $\sqrt{\mathfrak{a}\left(\mathfrak{a} + \mathfrak{b}\dfrac{\mathfrak{c}}{\mathfrak{a}}\right)}$ ermittelt, indem die Winkelhalbierende G_1DG_2 zwischen $DO = \mathfrak{a}$ und $DF = \mathfrak{a} + \mathfrak{b}\dfrac{\mathfrak{c}}{\mathfrak{a}}$ gezogen und die Länge von DG_1 nach Abb. 37 bestimmt wird

zu $DG_1 = +\sqrt{|\mathfrak{a}|\cdot\left|\mathfrak{a} + \mathfrak{b}\dfrac{\mathfrak{c}}{\mathfrak{a}}\right|}$
$= \mathfrak{y}_1$. Schließlich wird

$\mathfrak{x}_1 = \mathfrak{a} + \mathfrak{y}_1 = EG_1$

und $\mathfrak{x}_2 = \mathfrak{a} - \mathfrak{y}_1 = G_1O$

ermittelt.

Die Konstruktion ergibt aber noch einen zweiten Wurzelwert $DG_2 = \mathfrak{y}_2 = -\mathfrak{y}_1$, und damit die weiteren beiden Lösungen $\mathfrak{x}_3 = \mathfrak{a} + \mathfrak{y}_2$, $\mathfrak{x}_4 = \mathfrak{a} - \mathfrak{y}_2$. Die Abbildung läßt aber erkennen, daß $\mathfrak{x}_3 = \mathfrak{x}_2$ und $\mathfrak{x}_4 = \mathfrak{x}_1$ ist.

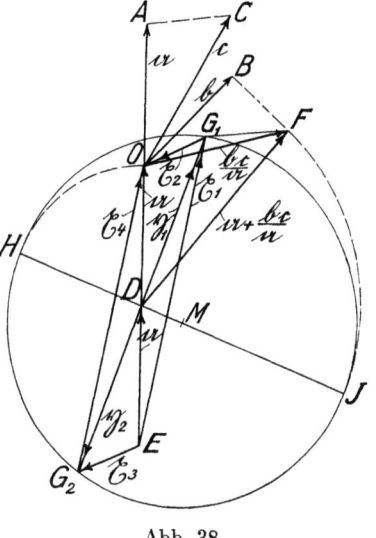

Abb. 38.

Da die Konstruktion nach Abb. 38 etwas umständlich ist, soll nachfolgend noch eine trigonometrische Lösung gegeben werden:

Zu dem Zweck bringen wir die Gl. (97) zunächst auf die Form

$$\mathfrak{x}^2 - 2\mathfrak{a}\mathfrak{x} = \mathfrak{g}^2, \tag{102}$$

indem wir $\mathfrak{g} = \pm\sqrt{\mathfrak{b}\mathfrak{c}}$ nach Abb. 37 konstruieren, wodurch $\mathfrak{g}$ nach Größe und Richtung gegen $\mathfrak{a}$ bestimmt ist.

Nach Gl. (102) und (95) muß nun

$$2\mathfrak{a} = \mathfrak{x}_1 + \mathfrak{x}_2, \tag{103}$$

also $\quad\mathfrak{x}^2 - (\mathfrak{x}_1 + \mathfrak{x}_2)\,\mathfrak{x} = \mathfrak{g}^2 \tag{104}$

oder $\quad\dfrac{\mathfrak{x}}{\mathfrak{g}} = \dfrac{\mathfrak{g}}{\mathfrak{x} - (\mathfrak{x}_1 + \mathfrak{x}_2)} \tag{105}$

42 Quadratische Vektorgleichung, trigonometrische Lösung.

sein. Setzen wir jetzt für $\mathfrak{x}\,\mathfrak{x}_1$ ein, so erhalten wir

$$\frac{\mathfrak{x}_1}{\mathfrak{g}} = \frac{\mathfrak{g}}{-\mathfrak{x}_2}. \tag{106}$$

Daher muß
$$\sphericalangle\,\mathfrak{x}_1,\mathfrak{g} = \sphericalangle\,\mathfrak{g},(-\mathfrak{x}_2) \tag{107}$$
sein.

Ist in Abb. 39 $BC = 2\mathfrak{a}$, $\mathfrak{x}_1 = OC$, $\mathfrak{x}_2 = BO$, so ist Gl. (103) erfüllt. Verschiebt man den von B ausgehenden gegebenen Vektor $\mathfrak{g}$ nach OA, so muß nach Gl. (107) $\sphericalangle COA = \sphericalangle AOB = \varphi$ sein.

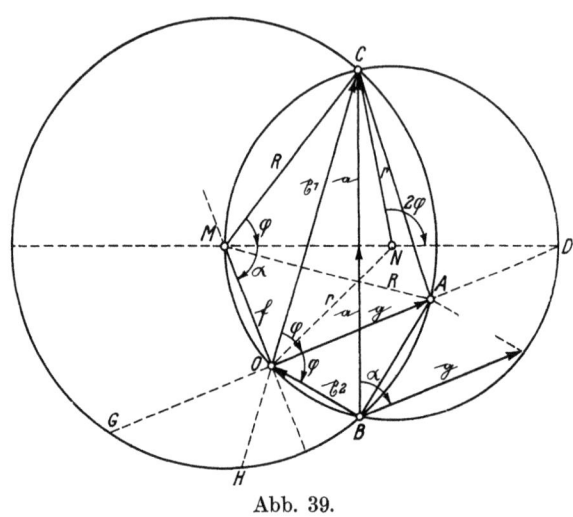

Abb. 39.

Beschreibt man nun einen durch BOC gehenden Kreis mit dem Mittelpunkt N und zieht den Durchmesser $MND \perp BC$, so muß die Verlängerung von OA durch D gehen, weil die Peripheriebogen BD und DC und daher auch die $\sphericalangle BOD = \sphericalangle DOC = \varphi$ gleich sind. Beschreibt man nunmehr einen zweiten Kreis um M durch B und C, so schneidet dieser die Linie OD in A, und $\sphericalangle MOD$ ist gleich $90°$. Es ist nämlich $OH = OB = -|\mathfrak{x}_2|$ und $GO = \mathfrak{g}$, daher nach einem bekannten Satz der Geometrie

$$\mathfrak{g}^2 = \mathfrak{x}_1(-\mathfrak{x}_2),$$

womit der Gl. (106) genügt wird. Bezeichnen wir nun noch $\sphericalangle DMO$ mit α, MO mit f, $MA = MC$ mit R und $NM = NC = NO$

Quadratische Vektorgleichung, trigonometrische Lösung.

mit r, und $\dfrac{a}{g} = \dfrac{|\mathfrak{a}|}{|\mathfrak{g}|} = \varepsilon$, worin ε ein dimensionsloser Skalar (reeller Zahlenwert) ist, so ist

$$R = \frac{a}{\sin \varphi} = \frac{\varepsilon g}{\sin \varphi}, \tag{108}$$

$$r = \frac{a}{\sin 2\varphi} = \frac{\varepsilon g}{\sin 2\varphi} = \frac{\varepsilon g}{2 \sin \varphi \cos \varphi}, \tag{109}$$

$$f = 2r \cos \alpha, \tag{110}$$

$$R^2 = g^2 + f^2 = g^2 + 4r^2 \cos^2 \alpha, \tag{111}$$

$$\frac{\varepsilon^2 g^2}{\sin^2 \varphi} = g^2 + \frac{\varepsilon^2 g^2 \cos^2 \alpha}{\sin^2 \varphi (1 - \sin^2 \varphi)}, \tag{112}$$

$$\sin^4 \varphi - \sin^2 \varphi (1 + \varepsilon^2) = \varepsilon^2 \cos^2 \alpha - \varepsilon^2, \tag{113}$$

$$\sin^2 \varphi = \frac{1+\varepsilon^2}{2} (\pm) \sqrt{\frac{(1-\varepsilon^2)^2}{4} + \varepsilon^2 \cos^2 \alpha}. \tag{114}$$

Das positive Vorzeichen der Wurzel kommt nicht in Frage, weil damit $\sin^2 \varphi > 1$ würde.

In der nachstehenden Tabelle sind nach Gl. (114), (108) und (109) für die Werte $\varepsilon = 0$ bis 1 und $\alpha = 90°$ bis $30°$ die Werte φ, $\dfrac{R}{g}$ und $\dfrac{r}{g}$ berechnet. Durch R und r ist das Dreieck MNC und der Punkt D bestimmt, die Parallele DAO zu $\mathfrak{g}$ ergibt die Punkte O und A sowie $OC = \mathfrak{x}_1$ und $BO = \mathfrak{x}_2$.

Es ist noch nachzuholen, daß wir bei der Entwicklung der Gl. (99) aus Gl. (98) berechtigt waren, aus dem vollständigen Quadrat $\mathfrak{x}^2 - 2\mathfrak{a}\mathfrak{x} + \mathfrak{a}^2 = (\mathfrak{x} - \mathfrak{a})^2$ die Wurzel zu ziehen.

Es sei in Abb. 40 $OA = \mathfrak{a}$, $AB = \mathfrak{b}$, $OB = \mathfrak{c}$,

Wir bilden
$$\mathfrak{c} = \mathfrak{a} + \mathfrak{b}. \tag{115}$$

$$\mathfrak{c}^2 = (\mathfrak{a} + \mathfrak{b})^2 = \mathfrak{a}^2 + 2\mathfrak{a}\mathfrak{b} + \mathfrak{b}^2 = \mathfrak{a}\left(\mathfrak{a} + 2\mathfrak{b} + \mathfrak{b}\frac{\mathfrak{b}}{\mathfrak{a}}\right) \tag{116}$$

und machen $\triangle COB \sim \triangle BOA$ und $\triangle CBD \sim \triangle BOA$, dann fällt BD in die Verlängerung von AB, da die drei Winkel $\alpha + \gamma + \beta$, die den Winkeln des Dreiecks OAB gleich sind, zusammen zwei Rechte betragen. Ferner ist

$$BC = \mathfrak{c}\frac{\mathfrak{b}}{\mathfrak{a}}, \tag{117}$$

Tabelle für die allgemeine quadratische Vektorgleichung.

$\varepsilon = \dfrac{a}{g}$	$\alpha =$	90°	80°	70°	60°	50°	40°	30°
0,0	φ	0	0	0	0	0	0	0
	$R:g$	1,000	1,000	1,000	1,000	1,000	1,000	1,000
	$r:g$	1,000	1,000	1,000	1,000	1,000	1,000	1,000
0,1	φ	5°50′	5°40′	5°30′	5°10′	4°30′	3°40′	3°10′
	$R:g$	1,000	1,000	1,050	1,120	1,300	1,590	1,820
	$r:g$	0,495	0,508	0,524	0,558	0,641	0,782	0,910
0,2	φ	11°30′	11°20′	10°50′	10°0′	8°50′	7°30′	5°40′
	$R:g$	1,000	1,010	1,070	1,160	1,320	1,540	2,000
	$r:g$	0,512	0,520	0,543	0,585	0,660	0,773	1,016
0,3	φ	17°20′	17°10′	16°20′	15°0′	13°0′	10°50′	8°20′
	$R:g$	1,000	1,020	1,070	1,160	1,340	1,610	2,070
	$r:g$	0,528	0,532	0,556	0,600	0,685	0,813	1,045
0,4	φ	23°30′	23°10′	21°50′	19°50′	17°10′	14°10′	10°50′
	$R:g$	1,000	1,020	1,080	1,180	1,350	1,630	2,140
	$r:g$	0,548	0,554	0,580	0,627	0,710	0,843	1,084
0,5	φ	30°0′	29°10′	27°30′	24°40	21°10′	17°20′	13°0′
	$R:g$	1,000	1,020	1,080	1,200	1,390	1,680	2,210
	$r:g$	0,578	0,588	0,611	0,659	0,743	0,880	1,140
0,6	φ	37°0′	36°0′	33°10′	29°30′	25°0′	20°10·	15°20′
	$R:g$	1,000	1,020	1,090	1,220	1,420	1,730	2,260
	$r:g$	0,625	0,632	0,655	0,700	0,783	0,928	1,176
0,7	φ	44°30′	42°50′	39°0′	34°0′	28°30′	22°50′	17°10′
	$R:g$	1,000	1,030	1,110	1,250	1,470	1,810	2,370
	$r:g$	0,700	0,702	0,716	0,755	0,835	0,980	1,240
0,8	φ	53°20′	50°30′	44°40′	38°10′	31°40′	25°10′	18°50′
	$R:g$	1,000	1,040	1,140	1,290	1,520	1,880	2,480
	$r:g$	0,835	0,815	0,800	0,824	0,895	1,040	1,310
0,9	φ	64°0′	58°20′	49°50′	41°50′	34°20′	27°20′	20°10′
	$R:g$	1,000	1,060	1,180	1,350	1,600	1,750	2,600
	$r:g$	1,150	1,007	0,913	0,906	0,968	1,103	1,236
1,0	φ	90°0′	65°0′	54°10′	45°0′	36°40′	29°0′	21°30′
	$R:g$	1,000	1,100	1,230	1,410	1,670	2,060	2,730
	$r:g$	∞	1,307	1,053	1,000	1,044	1,180	1,466

$$BD = BC\,\frac{\mathfrak{a}}{\mathfrak{c}} = \mathfrak{b}\,, \tag{118}$$

$$DC = BC\,\frac{\mathfrak{b}}{\mathfrak{c}} = \mathfrak{c}\,\frac{\mathfrak{b}}{\mathfrak{a}}\,\frac{\mathfrak{b}}{\mathfrak{c}} = \frac{\mathfrak{b}^2}{\mathfrak{a}}\,, \tag{119}$$

$$OC = OA + AB + BD + DC = \mathfrak{a} + \mathfrak{b} + \mathfrak{b} + \frac{\mathfrak{b}^2}{\mathfrak{a}} = \mathfrak{a} + 2\mathfrak{b} + \frac{\mathfrak{b}^2}{\mathfrak{a}}\,. \tag{120}$$

$$(\mathfrak{a} \pm \mathfrak{b})^2 = \mathfrak{a}^2 \pm 2\mathfrak{a}\mathfrak{b} + \mathfrak{b}^2.$$

Andererseits ist

$$\frac{OC}{OB} = \frac{OC}{\mathfrak{c}} = \frac{\mathfrak{c}}{\mathfrak{a}}; \quad OC = \frac{\mathfrak{c}^2}{\mathfrak{a}}; \qquad (121)$$

daher

$$\frac{\mathfrak{c}^2}{\mathfrak{a}} = \mathfrak{a} + 2\mathfrak{b} + \frac{\mathfrak{b}^2}{\mathfrak{a}}; \quad \mathfrak{c}^2 = \mathfrak{a}\left(\mathfrak{a} + 2\mathfrak{b} + \frac{\mathfrak{b}^2}{\mathfrak{a}}\right); \qquad (122)$$

$$(\mathfrak{a} + \mathfrak{b})^2 = \mathfrak{a}\left(\mathfrak{a} + 2\mathfrak{b} + \frac{\mathfrak{b}^2}{\mathfrak{a}}\right) = \mathfrak{a}^2 + 2\mathfrak{a}\mathfrak{b} + \mathfrak{b}^2. \qquad (123)$$

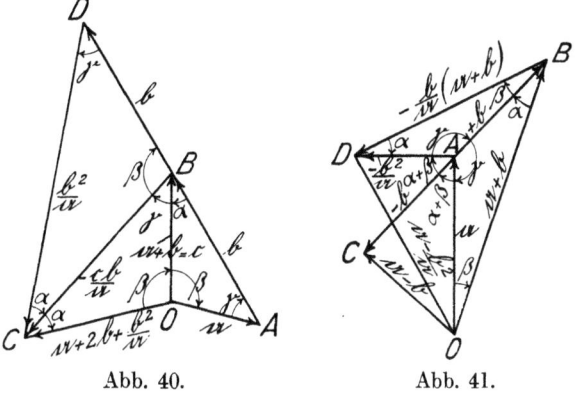

Abb. 40.   Abb. 41.

Setzt man in dieser Gleichung statt $+\mathfrak{b}$ $-\mathfrak{b}$ ein, so erhält man in gleicher Weise

$$(\mathfrak{a} - \mathfrak{b})^2 = \mathfrak{a}\left(\mathfrak{a} - 2\mathfrak{b} + \frac{\mathfrak{b}^2}{\mathfrak{a}}\right) = \mathfrak{a}^2 - 2\mathfrak{a}\mathfrak{b} + \mathfrak{b}^2. \qquad (124)$$

Da wir diese Quadrate aus $\mathfrak{c} = \mathfrak{a} \pm \mathfrak{b}$ entwickelt haben, so ist damit umgekehrt bewiesen, daß

$$\mathfrak{a} \pm \mathfrak{b} = \sqrt{\mathfrak{a}^2 \pm 2\mathfrak{a}\mathfrak{b} + \mathfrak{b}^2} = \sqrt{\mathfrak{a}\left(\mathfrak{a} \pm 2\mathfrak{b} + \frac{\mathfrak{b}^2}{\mathfrak{a}}\right)} \qquad (125)$$

ist. Ebenso sei an Hand der Abb. 41 bewiesen, daß

$$(\mathfrak{a} + \mathfrak{b})(\mathfrak{a} - \mathfrak{b}) = \mathfrak{a}^2 - \mathfrak{b}^2 = \mathfrak{a}\left(\mathfrak{a} - \frac{\mathfrak{b}^2}{\mathfrak{a}}\right) \qquad (126)$$

ist. Es sei $OA = \mathfrak{a}$, $AB = +\mathfrak{b}$, $AC = -\mathfrak{b}$, $OB = \mathfrak{a} + \mathfrak{b}$, $OC = \mathfrak{a} - \mathfrak{b}$. Wir zeichnen ferner $\triangle ABD \sim \triangle AOB$ und ziehen die Linie OD, dann ist $\sphericalangle OAC = \sphericalangle OBD = \alpha + \beta$. Ferner ist

$$BD = -\frac{\mathfrak{b}}{\mathfrak{a}}(\mathfrak{a} + \mathfrak{b}) \quad \text{und} \quad AD = -\frac{\mathfrak{b}^2}{\mathfrak{a}},$$

$$(\mathfrak{a}+\mathfrak{b})(\mathfrak{a}-\mathfrak{b}) = \mathfrak{a}^2 - \mathfrak{b}^2.$$

daher
$$OD = \mathfrak{a} - \frac{\mathfrak{b}^2}{\mathfrak{a}}.$$

Schließlich ist $\triangle OBD \backsim \triangle OAC$, da der $\measuredangle OBD = \measuredangle OAC$ und das Verhältnis zweier Seiten gleich ist:
$$\frac{\mathfrak{a}}{-\mathfrak{b}} = \frac{\mathfrak{a}+\mathfrak{b}}{-\frac{\mathfrak{b}}{\mathfrak{a}}(\mathfrak{a}+\mathfrak{b})} = -\frac{\mathfrak{a}}{\mathfrak{b}}.$$

Daher ist auch
$$\frac{\mathfrak{a}}{\mathfrak{a}-\mathfrak{b}} = \frac{\mathfrak{a}+\mathfrak{b}}{\mathfrak{a}-\frac{\mathfrak{b}^2}{\mathfrak{a}}}$$

oder
$$(\mathfrak{a}+\mathfrak{b})(\mathfrak{a}-\mathfrak{b}) = \mathfrak{a}\left(\mathfrak{a}-\frac{\mathfrak{b}^2}{\mathfrak{a}}\right) = \mathfrak{a}^2 - \mathfrak{b}^2. \tag{127}$$

Nach der Herleitung dieser Sätze ist es ersichtlich, daß man die meisten Regeln der Algebra auf Vektoren übertragen kann, und daß die Summe mehrerer Kreuzprodukte, z. B. $\mathfrak{a}\mathfrak{b} + \mathfrak{c}\mathfrak{b}$, sich immer als das Produkt zweier Vektoren oder das Quadrat eines Vektors, $\mathfrak{g}^2$, auffassen läßt.

Gl. (127) führt noch zu einer Vereinfachung der in Abb. 38 gegebenen Lösung der quadratischen Vektorgleichung
$$\mathfrak{x}^2 - 2\mathfrak{a}\mathfrak{x} = \mathfrak{g}^2 \tag{102}$$
oder
$$(\mathfrak{x}-\mathfrak{a})^2 = \mathfrak{a}^2 + \mathfrak{g}^2. \tag{102a}$$

Die Differenz der Vektorquadrate $\mathfrak{a}^2 - \mathfrak{b}^2$ in Gl. (127) läßt sich ohne umständliche Konstruktionen in das Kreuzprodukt $(\mathfrak{a}+\mathfrak{b})(\mathfrak{a}-\mathfrak{b})$ und dieses in ein Vektorquadrat $\mathfrak{y}^2$ verwandeln. Wenn es daher möglich ist, in Gl. (102a) durch Einführung eines neuen Vektors $\mathfrak{g}_3$ die Summe der Vektorprodukte $\mathfrak{a}^2 + \mathfrak{g}^2$ durch eine Differenz $\mathfrak{a}^2 - \mathfrak{g}_3^2$ zu ersetzen, so ist deren Umwandlung in ein Vektorquadrat
$$\mathfrak{a}^2 - \mathfrak{g}_3^2 = (\mathfrak{a}+\mathfrak{g}_3)(\mathfrak{a}-\mathfrak{g}_3) = \mathfrak{y}^2,$$
aus dem die Wurzel $\pm\mathfrak{y}$ zu ziehen ist, leicht ausführbar. Zu dem Zweck muß $\mathfrak{g}_3^2 = -\mathfrak{g}^2$ gewählt werden. Machen wir nun $|\mathfrak{g}_3| = |\mathfrak{g}|$ und $\mathfrak{g}_3 \perp \mathfrak{g}$, so ist

$$\mathfrak{g}\frac{\mathfrak{g}_3}{\mathfrak{g}}\frac{\mathfrak{g}_3}{\mathfrak{g}} = -\mathfrak{g}, \qquad \text{daher} \qquad \mathfrak{g}_3^2 = -\mathfrak{g}^2.$$

Vereinfachte Lösung der quadratischen Vektorgleichung. 47

In Abb. 41a ist $BA = AC = \mathfrak{a}$; $BG = \mathfrak{g}$; $HB = BJ = \mathfrak{g}_{\mathfrak{z}}$ senkrecht zu $\mathfrak{g}$ angetragen. Dann ist $HA = \mathfrak{a} + \mathfrak{g}_{\mathfrak{z}}$; $JA = \mathfrak{a} - \mathfrak{g}_{\mathfrak{z}}$. Das Kreuzprodukt $(\mathfrak{a} + \mathfrak{g}_{\mathfrak{z}})(\mathfrak{a} - \mathfrak{g}_{\mathfrak{z}})$ wird nach Abb. 37 in das

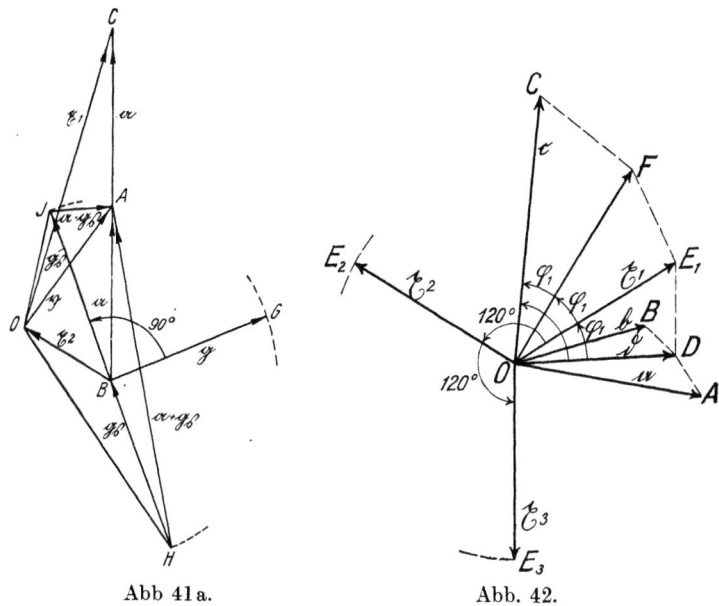

Abb 41a.   Abb. 42.

Vektorquadrat $\mathfrak{y}^2$ $(\mathfrak{y} = \pm AO)$ verwandelt, indem $\sphericalangle HAO = \sphericalangle OAJ$ und $AO = \pm \mathfrak{y} = \sqrt{|\mathfrak{a} + \mathfrak{g}_{\mathfrak{z}}| \cdot |\mathfrak{a} - \mathfrak{g}_{\mathfrak{z}}|}$ konstruiert oder berechnet wird. Dann ist

$$\mathfrak{x}_1 = \mathfrak{a} + \mathfrak{y} = OA + AC = OC$$
und
$$\mathfrak{x}_2 = \mathfrak{a} - \mathfrak{y} = BA + AO = BO$$
gefunden.

Nachdem vorstehend quadratische Vektorgleichungen und ihre Lösungen behandelt sind, sollen nachstehend auch Vektorgleichungen höheren Grades kurz entwickelt werden. Wir beschränken uns dabei auf deren einfachste Form:

$$\mathfrak{x}^3 = \mathfrak{a} \cdot \mathfrak{b} \cdot \mathfrak{c}. \tag{128}$$

Ist in Abb. 42 $OA = \mathfrak{a}$, $OB = \mathfrak{b}$, $OC = \mathfrak{c}$ und $OE_1 = \mathfrak{x}_1$ eine der Lösungen dieser Gleichung, so kann man, wenn nach Abb. 37

$OD = \mathfrak{d}$ und $\mathfrak{d}^2 = \mathfrak{a}\mathfrak{b}$ gesetzt wird, für $OE_1 = \mathfrak{x}_1$ auch schreiben

$$OE_1 = \mathfrak{x}_1 = \mathfrak{d}\frac{\mathfrak{x}_1}{\mathfrak{d}}. \qquad (129)$$

Wenn man ferner $\triangle OE_1F \backsim \triangle ODE_1$ und $\triangle OFC \backsim \triangle ODE_1$, also $\varphi_1 = \tfrac{1}{3} DOC = \tfrac{1}{3}\alpha$ macht, worin $\alpha = \sphericalangle DOC$ ist, so ist

$$OF = \mathfrak{d}\frac{\mathfrak{x}_1}{\mathfrak{d}}\frac{\mathfrak{x}_1}{\mathfrak{d}} \qquad \text{und} \qquad OC = \mathfrak{c} = \mathfrak{d}\frac{\mathfrak{x}_1}{\mathfrak{d}}\frac{\mathfrak{x}_1}{\mathfrak{d}}\frac{\mathfrak{x}_1}{\mathfrak{d}} = \frac{\mathfrak{x}_1^3}{\mathfrak{d}^2}$$

oder $\qquad\qquad\qquad \mathfrak{c}\mathfrak{d}^2 = \mathfrak{a}\mathfrak{b}\mathfrak{c} = \mathfrak{x}_1^3. \qquad (130)$

Die Lösung der Gl. (128) erfolgt daher in der Weise, daß man zunächst das Produkt zweier Vektoren, z. B. $\mathfrak{a}\mathfrak{b}$, in ein Vektorquadrat $\mathfrak{d}^2$ verwandelt und den Winkel DOC in drei Teile teilt. Damit ist die Richtung von $\mathfrak{x}_1$ gefunden. Die Größe von $|\mathfrak{x}_1|$ ergibt sich aus

$$|\mathfrak{x}_1| = \sqrt[3]{|a||b||c|}. \qquad (131)$$

Da $|a|, |b|, |c|$ reelle positive Werte sind, so ergibt sich eine positive reelle Wurzel, die beiden anderen imaginären Wurzeln kommen nicht in Frage. Dagegen ergeben sich für den Winkel φ zwischen OD und OC mehrere reelle Werte, nämlich

$$\varphi_1 = \frac{\alpha}{3}, \qquad \varphi_2 = \frac{\alpha + 2\pi}{3} = \frac{\alpha}{3} + 120°, \qquad \varphi_3 = \frac{\alpha}{3} + 240°.$$

Alle diese drei Winkelwerte entsprechen der Bedingung, daß man in drei gleichen Winkelsprüngen von OD nach OC gelangen kann.

Wir haben vorstehend einen Hilfsvektor $\mathfrak{d}$ benutzt derart, daß $\mathfrak{d}^2 = \mathfrak{a}\mathfrak{b}$ ist. Ebenso hätte man einen Hilfsvektor $\mathfrak{e}$ bzw. $\mathfrak{f}$ bestimmen können derart, daß $\mathfrak{e}^2 = \mathfrak{a}\mathfrak{c}$ bzw. $\mathfrak{f}^2 = \mathfrak{b}\mathfrak{c}$ ist. Das Resultat würde dadurch nicht verändert. Sind allgemein die Winkel zwischen der X-Achse und den drei Vektoren $\mathfrak{a}, \mathfrak{b}, \mathfrak{c}$: α, β, γ, so ist der Winkel zwischen der X-Achse und $\mathfrak{x}_1$ gleich $\tfrac{1}{3}(\alpha + \beta + \gamma)$.

Sind in Gl. (128) die drei Vektoren untereinander gleich ($=\mathfrak{e}$), so ist

$$\mathfrak{x} = \sqrt[3]{\mathfrak{e}^3}.$$

Die Gleichung ergibt drei reelle Wurzeln

$$\mathfrak{x}_1 = \mathfrak{e}_1; \qquad \mathfrak{x}_2 = \mathfrak{e}_2; \qquad \mathfrak{x}_3 = \mathfrak{e}_3.$$

$\mathfrak{e}_1$ ist gleich $\mathfrak{e}$, $\mathfrak{e}_2$ ist um $120°$ und $\mathfrak{e}_3$ um $240°$ gegen $\mathfrak{e}$ verschoben. Setzen wir $\mathfrak{e} = 1$, so ergibt sich eine sehr anschauliche Lösung für die drei Wurzeln der Gleichung $\mathfrak{x} = \sqrt[3]{1}$, nämlich

$\mathfrak{x}_1 = 1$,
$\mathfrak{x}_2 = -\cos 60° + \sin 60° \sqrt{-1} = -\tfrac{1}{2} + \tfrac{1}{2}\sqrt{-3}$,
$\mathfrak{x}_3 = -\cos 60° - \sin 60° \sqrt{-1} = -\tfrac{1}{2} - \tfrac{1}{2}\sqrt{-3}$.

K. Inversion.

Bei den bisherigen Berechnungen sind wir vollständig ohne die in der symbolischen Methode in so überaus reichem Maße verwendete Inversion ausgekommen. Wenn es sich aber darum handelt, die in dem nachfolgenden Kapitel zu entwickelnden geometrischen Orte punktweise durch die Zeichnung zu bestimmen, so bietet die Benutzung von Inversionen (wie auch von anderen nomographischen Zeichenverfahren) tatsächlich große Erleichterungen, da sie die Konstruktion der einzelnen Punkte lediglich durch Zirkel und Dreieck, d. h. ohne Zwischenrechnungen, gestattet.

Die Inversion eines Vektorverhältnisses $\dfrac{\mathfrak{e}}{\mathfrak{i}}$ ist wieder ein Vektorverhältnis $\dfrac{\mathfrak{i}}{\mathfrak{e}}$, aber unter Vertauschung der Maßeinheit $\dfrac{\text{Volt}}{\text{Amp}}$ in $\dfrac{\text{Amp}}{\text{Volt}}$. Dagegen ist der reziproke Wert $\mathfrak{y}$ eines Vektors $\mathfrak{x}$ kein Vektor; wir erhalten aber eine Vektorgleichung, wenn wir statt $\mathfrak{x}$ und $\mathfrak{y}$ die Vektorverhältnisse $\dfrac{\mathfrak{x}}{\mathfrak{c}}$ und $\dfrac{\mathfrak{c}}{\mathfrak{y}}$ benutzen und

$$\mathfrak{x}\mathfrak{y} = \mathfrak{c}^2 \qquad (132)$$

setzen, worin $\mathfrak{c}$ einen Vektor und $\mathfrak{c}^2$ die sog. Inversionspotenz bedeutet. Dann ist

$$\dfrac{\mathfrak{y}}{\mathfrak{c}} = \dfrac{\mathfrak{c}}{\mathfrak{x}}; \qquad \mathfrak{y} = \dfrac{\mathfrak{c}^2}{\mathfrak{x}}. \qquad (133)$$

Gl. (132) ist eine quadratische Gleichung in $\mathfrak{c}$. Es ist daher

1. $\sphericalangle \mathfrak{y}, \mathfrak{c} = \sphericalangle \mathfrak{c}, \mathfrak{x}$;
2. $|\mathfrak{y}||\mathfrak{x}| = |\mathfrak{c}||\mathfrak{c}| = |\mathfrak{c}|^2$.

Legen wir nun den konstanten Vektor $\mathfrak{c}$ in die Abszissenachse als Bezugsvektor für $\mathfrak{x}$, so bildet die Richtung von $\mathfrak{y}$ das Spiegelbild von $\mathfrak{x}$, und der Betrag des neuen Vektors $\mathfrak{y}$ ergibt sich zu

$|\mathfrak{y}| = \dfrac{|\mathfrak{c}|^2}{|\mathfrak{x}|}$. Beschreibt die Spitze von $\mathfrak{x}$ irgendeine Kurve, so beschreibt $\mathfrak{y}$ eine Gegenkurve; der Winkel zweier zugeordneter Strahlen $\mathfrak{x}_n$, $\mathfrak{y}_n$ wird dabei stets durch den Vektor $\mathfrak{c}$ halbiert, und es ist $|\mathfrak{x}_n||\mathfrak{y}_n| = |\mathfrak{c}|^2$.

Wir müssen schließlich noch für die Zeichnung die Maßstäbe von $\mathfrak{x}$, $\mathfrak{y}$ und $\mathfrak{c}$ festlegen. Besitzen $\mathfrak{x}$ und $\mathfrak{y}$ die gleiche Maßeinheit, z. B. 1 Volt, so ist nach Gl. (132) ($\mathfrak{xy} = \mathfrak{c}^2$) die Maßeinheit von $\mathfrak{c}^2$ 1 Volt^2 und diejenige von $\mathfrak{c}$: 1 Volt. In diesem Falle wird daher für die Zeichnung nur ein Maßstab benötigt. Sind aber, wie das die Regel ist, die Maßstäbe für $\mathfrak{x}$ und $\mathfrak{y}$ verschieden, z. B. für $\mathfrak{x}$ 1 Volt und für $\mathfrak{y}$ 1 Amp, so ist der Maßstab für $\mathfrak{c}^2 (= \mathfrak{x} \cdot \mathfrak{y})$: 1 Volt-Amp, also für $\mathfrak{c}$: $\sqrt{1\,\text{Volt-Amp}}$. Sind aber die Maßstäbe für 1 Amp und 1 Volt durch die Strecken OA bzw. OV in Abb. 43a festgelegt, so ist damit auch der Maßstab OP für den Vektor $\mathfrak{c}$ der Inversionspotenz gegeben. OP wird durch den Halbkreis APV über AV ermittelt.

Uns interessieren hier zunächst nur die Inversionen der einfachsten Kurven, der Geraden und des Kreises.

a) Inversion einer Geraden.

Ist in Abb. 43b $\mathfrak{a} + \mathfrak{bv}$ die von der Spitze des Vektors $\mathfrak{x}$ beschriebene Gerade mit der Punktreihe $-3\mathfrak{b}, -2\mathfrak{b}, -\mathfrak{b}, 0, +\mathfrak{b}, +2\mathfrak{b}, +3\mathfrak{b}, \ldots$, $\mathfrak{a}' + \mathfrak{b}'\mathfrak{v}$ ihr Spiegelbild gegen die Abszissenachse mit der Punktreihe $-3\mathfrak{b}', -2\mathfrak{b}', -\mathfrak{b}', 0, +\mathfrak{b}', +2\mathfrak{b}', +3\mathfrak{b}', \ldots$ und $\mathfrak{\hat{s}}'$ die von O auf die Gerade $\mathfrak{a}' + \mathfrak{b}'\mathfrak{v}$ gefällte Senkrechte, so wählen wir zunächst auf $\mathfrak{\hat{s}}'$ einen beliebigen Punkt M als Mittelpunkt eines durch den Ursprung gehenden Kreises mit dem Durchmesser $\mathfrak{b}$. Bezeichnen wir ferner auf einem beliebigen Strahl die Abschnitte von O bis zur Geraden $\mathfrak{a}' + \mathfrak{b}'\mathfrak{v}$ und zum Kreis mit $\mathfrak{x}'$ und $\mathfrak{y}$, so sind die Dreiecke $\mathfrak{\hat{s}}'\mathfrak{x}'$ und $\mathfrak{y}\mathfrak{b}$ spiegelbildlich ähnlich, daher

$$|\mathfrak{x}'||\mathfrak{y}| = |\mathfrak{x}||\mathfrak{y}| = |\mathfrak{\hat{s}}'||\mathfrak{b}| = \text{const.} \tag{134}$$

Bezeichnen wir einen der Schnittpunkte der Geraden mit dem Kreis mit S und die Strecke $OS = |\mathfrak{c}|$, so ist die Strecke $OS = |\mathfrak{c}|$ in bezug auf Gerade und Kreis sich selbst invers. Daher ist

$$|\mathfrak{\hat{s}}'||\mathfrak{b}| = |\mathfrak{c}|^2, \tag{135}$$

also auch $\qquad\qquad |\mathfrak{x}'||\mathfrak{y}| = |\mathfrak{c}|^2.$ \hfill (136)

Inversionspotenz. 51

Beschreiben wir nun mit OS einen Kreisbogen, der die Abszissenachse in C schneidet, so ist $OC = \mathfrak{c}$ der Vektor der Inversionspotenz $\mathfrak{c}^2$, und es ist auch die erste Bedingung $\sphericalangle \mathfrak{y}, \mathfrak{c} = \sphericalangle \mathfrak{c}, \mathfrak{x}$ erfüllt.

Beiden Bedingungen ist gemeinsam genügt durch die Ähnlichkeit der Dreiecke $\mathfrak{y}, \mathfrak{c}$ und $\mathfrak{c}, \mathfrak{x}$.

Wir hatten den Mittelpunkt M des Kreises auf der Senkrechten $\mathfrak{z}'$ beliebig gewählt und daraus den Vektor $\mathfrak{c}$ bestimmt. Ist umgekehrt $\mathfrak{c} = OC$ gegeben, so beschreibt man mit OC einen Kreisbogen CS bis zum Schnittpunkt S mit der Geraden und errichtet auf der Mitte N von OS ein Lot, welches die Senkrechte $\mathfrak{z}'$ in M schneidet, und beschreibt einen Kreis mit dem Radius MO, der danach die Inversion der Geraden $\mathfrak{a} + \mathfrak{b}v$ darstellt.

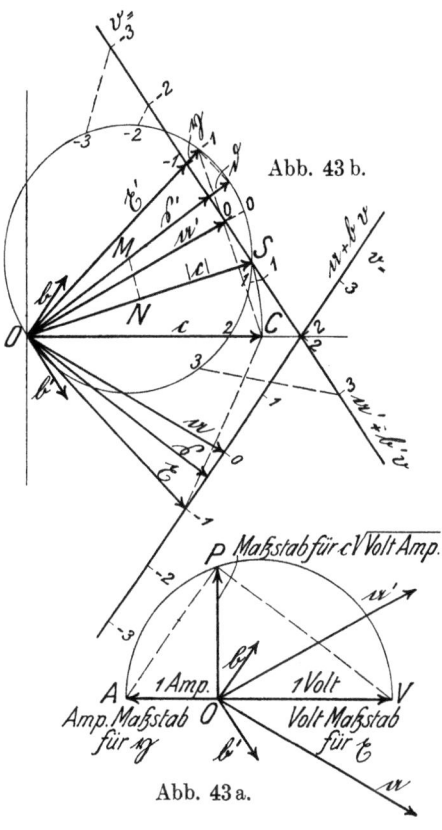

Abb. 43 b.

Abb. 43 a.

Ist $|\mathfrak{c}| < |\mathfrak{z}'|$, so ist $|\mathfrak{b}| = \dfrac{|\mathfrak{c}|^2}{|\mathfrak{z}'|} < |\mathfrak{z}'|$, und der gesuchte Kreis besitzt keine reellen Schnittpunkte mit der Geraden $\mathfrak{a}' + \mathfrak{b}'v$. In diesem Falle ist $\mathfrak{b}$ durch Rechnung oder in bekannter Weise durch Zeichnung zu ermitteln.

Auf dem Kreise ist die Punktreihe $-3, -2, -1, 0, 1, 2, 3$ eingetragen, die der Punktreihe auf der Geraden $\mathfrak{a}' + \mathfrak{b}'v$ entspricht. Ersichtlich ist der Bogenabstand zweier aufeinanderfolgender Punkte ungleich, während die Gerade gleichmäßig ge-

4*

teilt war. Dem Punkt ∞ der Geraden entspricht der Ursprung O auf dem Kreise.

Die Inversion einer durch den Ursprung gehenden Geraden ist das Spiegelbild dieser Geraden, d. h. ein Kreis mit unendlich großem Durchmesser; denn nach Gl. (135) ist

$$\mathfrak{h} = \frac{|\mathfrak{c}|^2}{\bar{\mathfrak{z}}'} = \frac{|\mathfrak{c}|^2}{0} = \infty.$$

b) Inversion eines Kreises.

Unter a) ist nachgewiesen, daß die Inversion einer Geraden durch einen Kreis dargestellt wird, der durch den Ursprung O geht. Umgekehrt ist die Inversion eines Kreises durch den Ursprung eine Gerade, deren Spiegelbild senkrecht auf dem Kreisdurchmesser steht.

Die Inversion eines Kreises A in beliebiger Lage wird in Abb. 44 durch einen Kreis B dargestellt, der mit dem Spiegelbild A' des ersten Kreises in bezug auf den Ursprung ähnlich gelegen ist. Für derartige Kreise in ähnlicher Lage gilt nach einem bekannten Satz der Geometrie die Beziehung

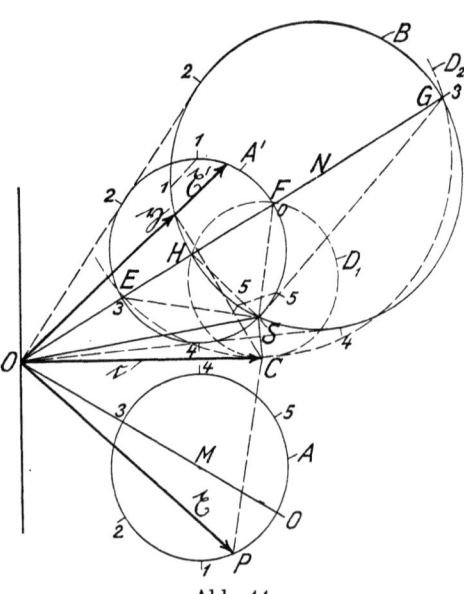

Abb. 44.

$$|\mathfrak{x}'| \, |\mathfrak{y}| = \mathrm{const} = |\mathfrak{c}|^2,$$

worin $|\mathfrak{c}| = OS$ ist (S Schnittpunkt der beiden Kreise A' und B). Drehen wir OS in die Abszissenachse in die Lage OC und bezeichnen OC mit $\mathfrak{c}$, so ist wieder $\dfrac{\mathfrak{y}}{\mathfrak{c}} = \dfrac{\mathfrak{c}}{\mathfrak{x}}$, da

1. $|\mathfrak{x}| \, |\mathfrak{y}| = |\mathfrak{c}|^2$,
2. $\sphericalangle \mathfrak{x}, \mathfrak{c} = \sphericalangle \mathfrak{c}, \mathfrak{y}$

ist. Die beiden Dreiecke $\mathfrak{x}, \mathfrak{c}$ und $\mathfrak{c}, \mathfrak{y}$ sind einander ähnlich.

Ist umgekehrt der Vektor $\mathfrak{c} = OC$ gegeben, so ermittle man den Schnittpunkt S auf dem Kreise A' und beachte, daß die nachstehenden Dreiecke spiegelbildlich ähnlich sind:

$$\triangle OES \sim \triangle OSG,$$

$$\triangle OFS \sim \triangle OSH.$$

Dadurch findet man die beiden Schnittpunkte G und H des gesuchten Kreises B auf dem Strahl ON.

Ist $|\mathfrak{c}| > OF$, so gibt es keinen reellen Schnittpunkt S auf dem Kreise A'. In diesem Falle benutzt man einen Hilfskreis D_1, der die Abszissenachse in C berührt und durch den Punkt F geht. Dieser Kreis schneidet den Strahl ON in H. Ein zweiter Hilfskreis D_2 durch C und E ergibt den Punkt G.

Abb. 44 zeigt noch, daß auch hier die Punktverteilung 0, 1, 2, 3, 4, 5 auf dem Kreise B ungleichmäßig ist, während sie auf dem Kreise A bzw. A' gleichmäßig angenommen war.

L. Geometrische Orte[1]).

Für die Erkenntnis der inneren Vorgänge bei Stromverzweigungen, Transformatoren und Maschinen ist die Auffindung der geometrischen Orte, welche die Veränderungen der dabei auftretenden Vektoren oder anderer Größen darstellen, von erheblichem Wert, da sie über die gesetzmäßigen Beziehungen zwischen Ursache und Wirkung Aufschluß geben. Die Veränderungen können durch die verschiedensten Ursachen bedingt sein. So kann beispielsweise der Widerstand, die Kapazität, die Induktivität, der Scheinwiderstand eines Stromzweiges, die Spannung, der Strom oder die Drehzahl, die Periodenzahl verändert und die Wirkung auf andere Werte untersucht werden. Alle diese Größen lassen sich als (Vektoren oder) Vektorverhältnisse $\dfrac{\mathfrak{i}_x}{\mathfrak{i}}$ $\left(\text{oder } \dfrac{\mathfrak{f}}{\mathfrak{f}_x}\right)$ auffassen, wobei in den letztgenannten beiden Fällen das Vektorverhältnis zu einem reellen Zahlenwert v de-

---

[1]) Vgl. Otto Bloch: Die Ortskurven der graphischen Wechselstromtechnik. Zürich: Rascher & Co. 1917. — Fränkel, A.: Theorie der Wechselströme. Berlin: Julius Springer 1921.

generiert. Wir können also den veränderlichen Vektor $\mathfrak{x}$ als Funktion dieser Größen entwickeln:

$$\mathfrak{x} = f\left(\frac{\mathfrak{i}_\mathfrak{x}}{\mathfrak{j}}\right) \quad \text{bzw.} \quad \mathfrak{x} = f(v). \tag{137}$$

Im nachfolgenden wird je nach Bedarf von beiden Ausdrucksweisen Gebrauch gemacht werden.

Wird als veränderlicher Parameter das Vektorverhältnis $\dfrac{\mathfrak{i}_\mathfrak{x}}{\mathfrak{j}}$ gewählt, so ist zu beachten, daß sich dieses in zwei Teile zerlegen läßt.

Ist z. B. ein bekannter Vektor $\mathfrak{B}'$ (Abb. 45) mit $\dfrac{\mathfrak{i}_\mathfrak{x}}{\mathfrak{j}}$ zu multiplizieren, so bedeutet dieses

1. eine Verdrehung des Vektors $\mathfrak{B}'$ um den Winkel $\sphericalangle \mathfrak{i}_\mathfrak{x}, \mathfrak{j} = \varphi$ und
2. eine Größenveränderung im Verhältnis

$$\frac{|\mathfrak{i}_\mathfrak{x}|}{|\mathfrak{j}_{\mathfrak{x}0}|} = v.$$

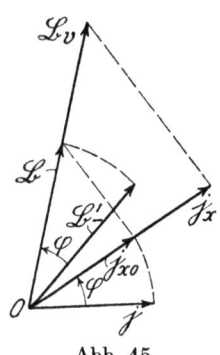

Abb. 45.

Hierin bezeichnet $\mathfrak{j}_{\mathfrak{x}0}$ einen Vektor in der Richtung von $\mathfrak{j}_\mathfrak{x}$, der die gleiche Größe wie $\mathfrak{j}$ besitzt ($\mathfrak{j}_{\mathfrak{x}0} \| \mathfrak{j}_\mathfrak{x}$ und $|\mathfrak{j}_{\mathfrak{x}0}| = |\mathfrak{j}|$). Daher ist

$$\frac{\mathfrak{i}_\mathfrak{x}}{\mathfrak{j}} = \frac{\mathfrak{j}_{\mathfrak{x}0}}{\mathfrak{j}} \cdot \frac{|\mathfrak{i}_\mathfrak{x}|}{|\mathfrak{j}_{\mathfrak{x}0}|} = \frac{\mathfrak{j}_{\mathfrak{x}0}}{\mathfrak{j}} \cdot v = \overset{\frown}{\varphi} v, \tag{138}$$

worin der Faktor $\overset{\frown}{\varphi}$ eine Winkelverdrehung um den $\sphericalangle \varphi$ bezeichnen soll.

$$\mathfrak{B}' \frac{\mathfrak{i}_\mathfrak{x}}{\mathfrak{j}} = \mathfrak{B}' \frac{\mathfrak{j}_{\mathfrak{x}0}}{\mathfrak{j}} \frac{|\mathfrak{i}_\mathfrak{x}|}{|\mathfrak{j}|} = \mathfrak{B}' \overset{\frown}{\varphi} \cdot v = \mathfrak{B}'_\varphi v = \mathfrak{B} v \tag{139}$$

bedeutet daher, daß der Vektor $\mathfrak{B}'$ um den Winkel φ verdreht und im Verhältnis v in seiner Größe verändert werden soll. Zur Abkürzung ist hierbei $\mathfrak{B}'\overset{\frown}{\varphi} = \mathfrak{B}'_\varphi = \mathfrak{B}$ gesetzt. Entsprechend bedeutet

$$\mathfrak{B}\left(\frac{\mathfrak{i}_\mathfrak{x}}{\mathfrak{j}}\right)^2 = \mathfrak{B} \frac{\mathfrak{j}_{\mathfrak{x}0}}{\mathfrak{j}} \frac{\mathfrak{j}_{\mathfrak{x}0}}{\mathfrak{j}} \frac{|\mathfrak{i}_\mathfrak{x}|}{|\mathfrak{j}|} \frac{|\mathfrak{i}_\mathfrak{x}|}{|\mathfrak{j}|} = \mathfrak{B} \overset{\frown}{2\varphi} v^2,$$

daß der Vektor $\mathfrak{B}$ um den Winkel 2φ verdreht und im Verhältnis v^2 in seiner Größe verändert werden soll. Allgemein ist daher

$$\mathfrak{B}\left(\frac{j_\mathfrak{x}}{j}\right)^n = \mathfrak{B}\overset{\frown}{n\varphi} \cdot v^n.$$

Wir wollen nunmehr die Gleichungen der geometrischen Orte, Punkt, Gerade und Kreis entwickeln und im Anschluß daran die Kegelschnitte und Kurven höheren Grades kurz behandeln.

a) Punkt.

Ein Punkt X wird gekennzeichnet durch die Spitze eines Vektors $\mathfrak{x}$.

b) Gerade.

Die Gleichung einer Geraden, welche durch den Ursprung geht, lautet, wenn der Parameter ein reeller Zahlenwert v ist, der zwischen $-\infty$ und $+\infty$ variiert:

$$\mathfrak{x} = v\mathfrak{B}. \tag{140}$$

Für $v = 1$ wird $\mathfrak{x}_1 = \mathfrak{B}$. $\mathfrak{B}$ ist daher ein bekannter Richtungs- und Einheitsvektor für die Gerade, und Gl. (140) stellt einen linear veränderlichen Vektor mit konstantem Phasenwinkel φ dar.

Wird als Parameter das Vektorverhältnis $\dfrac{j_\mathfrak{x}}{j}$ gewählt (Abb. 45), wobei $j_\mathfrak{x}$ nur nach seinem Betrage, aber nicht nach seiner Phase als veränderlich angenommen wird, so lautet die Gleichung der Geraden durch den Ursprung, wie oben unter Gl. (139) entwickelt:

$$\mathfrak{x} = \mathfrak{B}' \frac{j_\mathfrak{x}}{j}. \tag{141}$$

Die Gleichung einer Geraden, welche nicht durch den Ursprung geht, lautet
$$\mathfrak{x} = \mathfrak{A} + \mathfrak{B}v \tag{142}$$
oder
$$\mathfrak{x} = \mathfrak{A} + \mathfrak{B}' \frac{j_\mathfrak{x}}{j}. \tag{143}$$

Hierin gibt der Vektor $\mathfrak{B}$ in Gl. (142) die Richtung der Geraden an ($\mathfrak{B}v$ ist eine Parallele zur Geraden $\mathfrak{A} + \mathfrak{B}v$ durch den Ursprung) und $\mathfrak{A}$ die Verschiebung derselben gegenüber einer Parallelen durch den Ursprung, während der Vektor $\mathfrak{B}'$ in Gl. (143) erst durch Drehung um den Winkel φ mit $\mathfrak{B}$ zur Deckung gebracht wird.

Der Schnittpunkt zweier Geraden

$$\left.\begin{array}{l}\mathfrak{R} = \mathfrak{A} + v\mathfrak{B} \\ \mathfrak{S} = \mathfrak{C} + w\mathfrak{D}\end{array}\right\} \quad (144)$$

wird am einfachsten graphisch ermittelt, indem man die beiden Geraden aufzeichnet und zum Schnitt bringt. Soll der Schnittpunkt in rechtwinkligen Koordinaten rechnerisch bestimmt werden, so hat man die Zahlenwerte v_1, w_1 zu bestimmen, für welche $\mathfrak{R}_1 = \mathfrak{S}_1$ wird. Zu dem Zwecke zerlegt man die Vektoren $\mathfrak{A}, \mathfrak{B}, \mathfrak{C}, \mathfrak{D}$ in ihre rechtwinkligen Komponenten $\mathfrak{A}_1 \mathfrak{A}_2$ usw. und erhält

$$w_1 \mathfrak{D}_1 - v_1 \mathfrak{B}_1 = \mathfrak{A}_1 - \mathfrak{C}_1,$$
$$w_1 \mathfrak{D}_2 - v_1 \mathfrak{B}_2 = \mathfrak{A}_2 - \mathfrak{C}_2,$$
$$v_1 = \frac{(\mathfrak{A}_1 - \mathfrak{C}_1)\mathfrak{D}_2 - (\mathfrak{A}_2 - \mathfrak{C}_2)\mathfrak{D}_1}{\mathfrak{D}_1 \mathfrak{B}_2 - \mathfrak{D}_2 \mathfrak{B}_1}, \quad (145)$$
$$w_1 = \frac{(\mathfrak{A}_1 - \mathfrak{C}_1)\mathfrak{B}_2 - (\mathfrak{A}_2 - \mathfrak{C}_2)\mathfrak{B}_1}{\mathfrak{D}_1 \mathfrak{B}_2 - \mathfrak{D}_2 \mathfrak{B}_1}. \quad (146)$$

Einer dieser beiden Werte v_1 oder w_1 ist in eine der Gl. (144) einzusetzen, um den Vektor $\mathfrak{R}_1 = \mathfrak{S}_1$ zu berechnen.

c) Kreis.

Bei einer veränderlichen Belastung von Stromverzweigungen, Maschinen und Transformatoren ergeben sich für die veränderlichen Spannungs- und Stromvektoren vielfach Kreisdiagramme, die für die Erkenntnis der Vorgänge von großer Bedeutung geworden sind, wie z. B. das Heyland-Diagramm u. a.

Derartige Stromverzweigungen enthalten in der Regel eine Reihe unveränderlicher Leitwerte und einen veränderlichen. Die ersteren können meist zu einem einzigen Ersatzleitwert $\dfrac{\mathfrak{j}}{\mathfrak{E}}$ zusammengefaßt werden, dessen Berechnung und Bedeutung bei den einzelnen Aufgaben klarzustellen ist. Der veränderliche Leitwert $\dfrac{\mathfrak{j}_\mathfrak{x}}{\mathfrak{E}}$ kann nun sowohl nach seinem Betrage $|\mathfrak{j}_\mathfrak{x}|$ wie auch nach seinem Phasenwinkel $(\sphericalangle \mathfrak{j}_\mathfrak{x}, \mathfrak{E})$ verändert werden, ohne daß beide Veränderungen gesetzmäßig zusammenzuhängen brauchen.

Eine gleichzeitige Veränderung beider Parameter würde aber zur Darstellung der Vorgänge Raumflächen benötigen; es empfiehlt sich daher, von einer bestimmten Belastung ausgehend, entweder den **absoluten Betrag des Leitwertes oder seinen Phasenwinkel** zwischen den äußersten Grenzwerten zu verändern. Im ersteren Falle bezeichnen wir den veränderlichen Leitwert mit $\frac{j_r}{\mathfrak{E}}$, im letzteren mit $\frac{j_\varphi}{\mathfrak{E}}$ und entsprechend den veränderlichen Vektor mit i_r bzw. i_φ, wobei wir beispielsweise an das Kreisdiagramm eines Stromvektors denken (für Spannungsvektoren gelten aber die gleichen Formeln).

1. Lineare Veränderung des Leitwertes $\frac{j_r}{\mathfrak{E}}$, während φ konstant bleibt.

Der konstante Leitwert ist in Abb. 46a durch das Vektorverhältnis $\frac{j}{\mathfrak{E}}$, der veränderliche durch $\frac{j_r}{\mathfrak{E}}$ dargestellt; dabei wird angenommen, daß sich j_r von $-\infty$ über 0 bis $+\infty$ unter Beibehaltung der Richtung von j_r ändert[1]). In Abb. 46b ist $i_r = OP$ der veränderliche Stromvektor, dessen Endpunkt P sich bei Änderung der Belastung (j_r) auf einem Kreise mit dem Mittelpunkt M bewegen soll.

Für den Grenzwert $j_r = 0$ rückt der Punkt P nach L, den Leerlaufspunkt, entsprechend dem Leerlaufsstrom l, für den Grenzwert $j_r = \infty$ wandert P nach dem Kurzschlußpunkt K, entsprechend dem Kurzschlußstrom $\mathfrak{k}$. Das veränderliche Dreieck LPK mit der konstanten Grundlinie $LK = \mathfrak{k} - \mathfrak{l}$ und den veränderlichen Seiten $LP = i_r - \mathfrak{l}$ und $PK = \mathfrak{k} - i_r$[1]) besitzt als Kreisdreieck bei P einen konstanten Winkel $LPK = 180° - \varphi$, wenn φ der Winkel zwischen $\mathfrak{k} - i_r$ und $i_r - \mathfrak{l}$ ist, aber ein veränderliches Seitenverhältnis. Ist nun

$$\frac{j_r}{j} = \frac{i_r - \mathfrak{l}}{\mathfrak{k} - i_r}, \tag{147}$$

d. h. ist das $\triangle KPL$ ähnlich dem $\triangle OAB$ (Abb. 46a), so ist Gl. (147) die typische Form einer Kreisgleichung, bei der, der technischen

---

[1]) Die Übersicht in der Zeichnung wird erleichtert, wenn j_r so an j angetragen wird, daß die Pfeilrichtungen von j und j_r einander folgen. Dann folgen sich in gleicher Weise auch die Pfeilrichtungen von $i_r - \mathfrak{l}$ und $\mathfrak{k} - i_r$, s. Fortsetzung.

Verwendung entsprechend, die Konstanten der Gleichung durch Leerlauf- und Kurzschlußstrom ausgedrückt sind. In Gl. (147) ist $\frac{j_{\mathfrak{k}}}{j} = f(i_{\mathfrak{k}})$ dargestellt. In der Regel wird aber umgekehrt

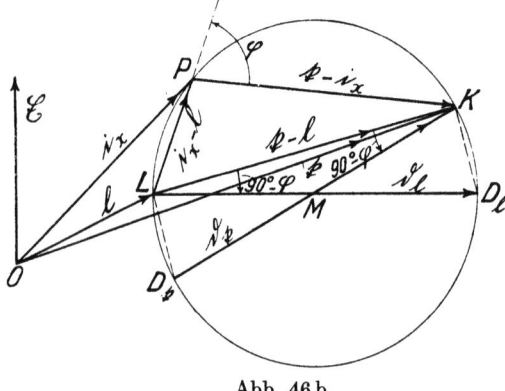

Abb. 46 b.

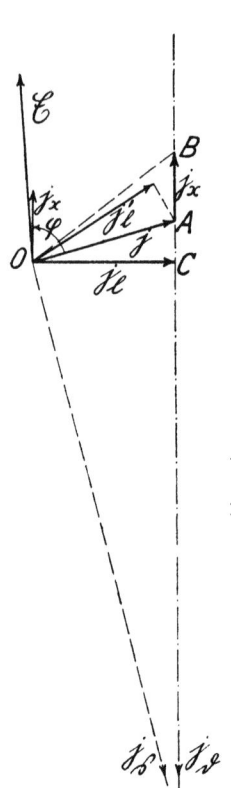

Abb. 46 a.

$i_{\mathfrak{k}} = f\left(\frac{j_{\mathfrak{k}}}{j}\right)$ entwickelt werden. Durch Umrechnung erhält man aus Gl. (147)

$$i_{\mathfrak{k}} = \frac{\mathfrak{l}j + \mathfrak{k}j_{\mathfrak{k}}}{j + j_{\mathfrak{k}}} = \frac{\mathfrak{l} + \mathfrak{k}\frac{j_{\mathfrak{k}}}{j}}{1 + \frac{j_{\mathfrak{k}}}{j}}. \qquad (148)$$

Läßt sich daher ein veränderlicher Vektor durch das Verhältnis zweier linearer Funktionen von $j_{\mathfrak{k}}$ oder $\frac{j_{\mathfrak{k}}}{j}$ darstellen, so liegt stets eine Kreisfunktion vor. Lautet z. B. die Gleichung

$$i_{\mathfrak{k}} = \frac{c_1 + c_2 j_{\mathfrak{k}}}{c_3 + c_4 j_{\mathfrak{k}}}, \qquad (149)$$

so erhält man

für $j_{\mathfrak{k}} = 0$: $\mathfrak{l} = \frac{c_1}{c_3}$; für $j_{\mathfrak{k}} = \infty$: $\mathfrak{k} = \frac{c_2}{c_4}$ (150)

und durch Vergleich mit Gl. (148)

$$j = \frac{c_3}{c_4}.$$

Durch Einsetzung dieser Werte kann man Gl. (149) in Gl. (147) verwandeln.

Den Mittelpunkt M des Kreises erhält man, indem man in den beiden Endpunkten von LK den aus Abb. 46a zu entnehmenden $\sphericalangle\, 90° - \varphi$ anträgt. Der einer bestimmten Belastung $\mathfrak{j}_\mathfrak{k} = AB$ entsprechende Punkt P wird konstruiert, indem man $\sphericalangle LKP = \sphericalangle BOA$ und $\sphericalangle KLP = \sphericalangle OBA$ an LK anträgt. Positiven Werten von $\mathfrak{j}_\mathfrak{k}$ entspricht der Kreisbogen LPK, negativen der gegenüberliegende Kreisbogen. Zur Bestimmung des nach K zeigenden Kreisdurchmessers $\mathfrak{d}_\mathfrak{k} = D_\mathfrak{k} K$ (Vektor!) fällen wir in Abb. 46a das Lot $\mathfrak{j}_\mathfrak{l} = OC$ auf die Richtung von $\mathfrak{j}_\mathfrak{k}$, dann ist

$$\mathfrak{d}_\mathfrak{k} = (\mathfrak{k} - \mathfrak{l}) \frac{\mathfrak{j}}{\mathfrak{j}_\mathfrak{l}}. \qquad (151)$$

Soll statt dessen der von L ausgehende Durchmesser $\mathfrak{d}_\mathfrak{l} = LD_\mathfrak{l}$ bestimmt werden, so errichten wir das Lot OF auf $\mathfrak{j} = OA$ und bezeichnen $\mathfrak{j}_\mathfrak{a} = OF$ und $\mathfrak{j}_\mathfrak{b} = AF$, dann ist

$$\mathfrak{d}_\mathfrak{l} = (\mathfrak{k} - \mathfrak{l}) \frac{\mathfrak{j}_\mathfrak{b}}{\mathfrak{j}_\mathfrak{a}}. \qquad (152)$$

Statt dessen können wir einfacher das Spiegelbild $\mathfrak{j}_\mathfrak{l}'$ von $\mathfrak{j}_\mathfrak{l}$ gegen $\mathfrak{j}$ bilden und

$$\mathfrak{d}_\mathfrak{l} = (\mathfrak{k} - \mathfrak{l}) \frac{\mathfrak{j}}{\mathfrak{j}_\mathfrak{l}'} \qquad (153)$$

schreiben.

Vorstehend ist angenommen, daß sich $\mathfrak{j}_\mathfrak{k}$ linear, d.h. parallel zu einer durch den Ursprung O gehenden Geraden verändert. Ändert sich dagegen $\mathfrak{j}_\mathfrak{k}$ nach einer beliebigen, nicht durch O gehenden Geraden, so kann man $\mathfrak{j}_\mathfrak{k} = \mathfrak{j}_\mathfrak{a} + \mathfrak{j}_\mathfrak{b}$ setzen. Damit ändert sich Gl. (148) in

$$\mathfrak{i}_\mathfrak{k} = \frac{\mathfrak{l}\mathfrak{j} + \mathfrak{k}(\mathfrak{j}_\mathfrak{a} + \mathfrak{j}_\mathfrak{b})}{\mathfrak{j} + (\mathfrak{j}_\mathfrak{a} + \mathfrak{j}_\mathfrak{b})} = \frac{(\mathfrak{l}\mathfrak{j} + \mathfrak{k}\mathfrak{j}_\mathfrak{a}) + \mathfrak{k}\mathfrak{j}_\mathfrak{b}}{(\mathfrak{j} + \mathfrak{j}_\mathfrak{a}) + \mathfrak{j}_\mathfrak{b}}. \qquad (148\mathrm{a})$$

Diese Gleichung stellt gleichfalls eine Kreisfunktion dar.

2. **Änderung der Phasenverschiebung des Leitwertes $\mathfrak{j}_\varphi/\mathfrak{E}$ gegen $\mathfrak{j}/\mathfrak{E}$ oder $\frac{\mathfrak{j}_\varphi}{\mathfrak{j}}$, während der Betrag von $|\mathfrak{j}_\varphi|$ konstant bleibt**[1]**.**

Wenn nach Abb. 47a $|\mathfrak{j}_\varphi| = $ Const, aber φ veränderlich sein soll, so läuft die Spitze von $\mathfrak{j}_\varphi$ auf einem Kreise, und das Verhältnis

---

[1] Die Entwicklung dieses zweiten Kreisdiagrammes ist in der Literatur bisher nicht bekannt.

Kreisgleichung für $j_\varphi/\mathfrak{E}$.

$\dfrac{|j_\varphi|}{|j|}$ ist eine Konstante. Gehen wir nun bei den Diagrammen Abb. 47 a und b von demselben Belastungszustand aus, den wir der Abb. 46 a und b zugrunde gelegt haben, d. h. machen wir die Ausgangsvektoren j_φ und $j_\mathfrak{x}$ gleich, so wird auch das Dreieck LPK in Abb. 47 b identisch mit dem Dreieck LPK in Abb. 46 b, und es ändern sich nur die Bezeichnungen:

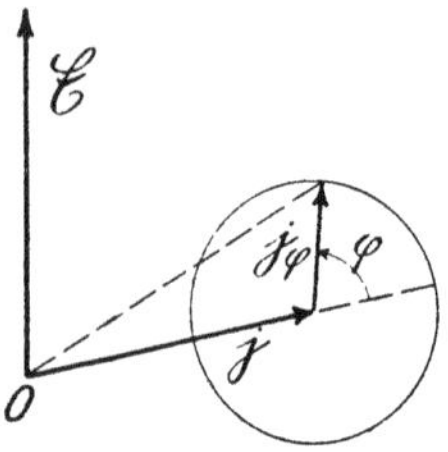

$LP = i_\varphi - \mathfrak{l}$ statt $i_\mathfrak{x} - \mathfrak{l}$,
$PK = \mathfrak{k} - i_\varphi$ statt $\mathfrak{k} - i_\mathfrak{x}$, während die Bezeichnung von
$LK = \mathfrak{k} - \mathfrak{l}$ unverändert bleibt.

Abb. 47 a.

Soll nun das Verhältnis der Dreiecksseiten $LP = |i_\varphi - \mathfrak{l}|$ und $PK = |\mathfrak{k} - i_\varphi|$ konstant bleiben, so muß nach einem bekannten Satze der Geometrie[1]) die Spitze des nunmehr veränderlich angenommenen Vektors $i_\varphi = OP$ sich auf einem Kreise SPT bewegen. Die Gleichungen

$$\frac{j_\varphi}{j} = \frac{i_\varphi - \mathfrak{l}}{\mathfrak{k} - i_\varphi} \qquad (154)$$

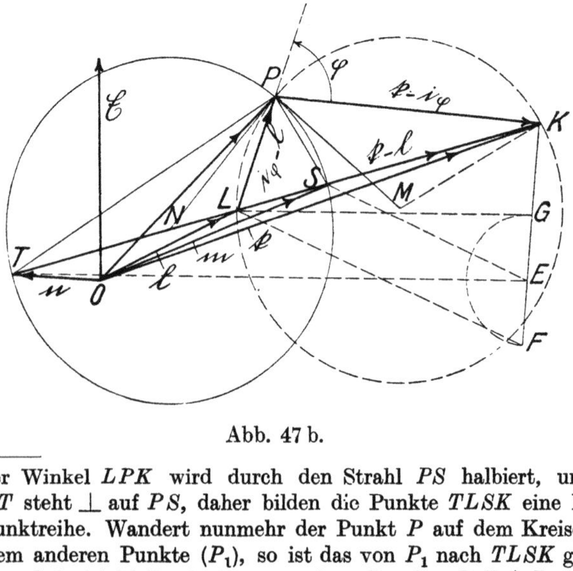

Abb. 47 b.

---

[1]) Der Winkel LPK wird durch den Strahl PS halbiert, und der Strahl PT steht $\perp$ auf PS, daher bilden die Punkte $TLSK$ eine harmonische Punktreihe. Wandert nunmehr der Punkt P auf dem Kreise TPS nach einem anderen Punkte (P_1), so ist das von P_1 nach $TLSK$ gehende Strahlenbüschel gleichfalls ein harmonisches. Da aber $P_1T \perp P_1S$ bleibt, so halbiert P_1S stets den Winkel LP_1K.

oder
$$i_\varphi = \frac{1 + \frac{j_\varphi}{j}\mathfrak{k}}{1 + \frac{j_\varphi}{j}} \qquad (155)$$

stellen daher Kreisgleichungen für einen veränderlichen Wert von φ, aber konstanten Betrag von $|j_\varphi|$ dar. Die in diesen Gleichungen vorkommenden Konstanten $\mathfrak{l}$ und $\mathfrak{k}$ sind der Abb. 46b des unter 1. behandelten Falles entnommen. Es ist aber zu beachten, daß das Vektorverhältnis $\frac{j_\varphi}{j}$ — im Gegensatz zu dem für Fall 1 benutzten Vektorverhältnis $\frac{j_\mathfrak{r}}{j}$ — niemals gleich Null oder ∞ werden kann.

Für $\varphi = 0$ wandert der Punkt P nach S und
für $\varphi = \pi$ wandert der Punkt P nach T.

Durch S und T wird die Grundlinie $LK = \mathfrak{k} - \mathfrak{l}$ harmonisch im Verhältnis $\frac{|j_\varphi|}{|j|}$ geteilt, und es ist

$$LS = (\mathfrak{k} - \mathfrak{l}) \frac{|j_\varphi|}{|j| + |j_\varphi|}, \qquad (156)$$

$$TL = (\mathfrak{k} - \mathfrak{l}) \frac{|j_\varphi|}{|j| - |j_\varphi|}. \qquad (157)$$

Trägt man daher unter einem beliebigen Winkel $KE = |j|$ und $EF = |j_\varphi|$ bzw. $EG = -|j_\varphi|$ auf, so erhält man durch die Parallele ES zu FL den Punkt S und durch die Parallele ET zu GL den Punkt T.

Der Mittelpunkt N des Kreises SPT liegt in der Mitte der Strecke ST, und der Kreisdurchmesser $\mathfrak{d}_\varphi$ ist gleich der Summe $TL + LS$:

$$\mathfrak{d}_\varphi = (\mathfrak{k} - \mathfrak{l}) \frac{2|j| \cdot |j_\varphi|}{|j|^2 - |j_\varphi|^2}. \qquad (158)$$

Dieser Kreis schneidet den Kreis LPK, der aus Abb. 46b übertragen ist, rechtwinklig. Ist daher der Kreis LPK mit dem Mittelpunkt M bereits ermittelt, so ist der Mittelpunkt N des neuen Kreises SPT leicht zu konstruieren, indem man $PN \perp MP$ zieht. NP ist dann der Radius des neuen Kreises.

Soll dieser Kreis nicht auf die Vektoren $\mathfrak{l}$ und $\mathfrak{k}$ bezogen werden, sondern auf den Vektor $\mathfrak{m} = OS$ für $\varphi = 0$ und $\mathfrak{n} = OT$ für $\varphi = \pi$, so muß $\mathfrak{l}$ und $\mathfrak{k}$ in Gl. (154) durch $\mathfrak{m}$ und $\mathfrak{n}$ ausgedrückt werden. Zu dem Zwecke setzen wir

$$\mathfrak{m} = \mathfrak{l} + LS = \mathfrak{l} + (\mathfrak{k} - \mathfrak{l}) \frac{|\mathfrak{j}_\varphi|}{|\mathfrak{j}| + |\mathfrak{j}_\varphi|} = \mathfrak{l} \frac{|\mathfrak{j}|}{|\mathfrak{j}| + |\mathfrak{j}_\varphi|} + \mathfrak{k} \frac{|\mathfrak{j}_\varphi|}{|\mathfrak{j}| + |\mathfrak{j}_\varphi|}, \quad (159)$$

$$\mathfrak{n} = \mathfrak{l} - TL = \mathfrak{l} - (\mathfrak{k} - \mathfrak{l}) \frac{|\mathfrak{j}_\varphi|}{|\mathfrak{j}| - |\mathfrak{j}_\varphi|} = \mathfrak{l} \frac{|\mathfrak{j}|}{|\mathfrak{j}| - |\mathfrak{j}_\varphi|} - \mathfrak{k} \frac{|\mathfrak{j}_\varphi|}{|\mathfrak{j}| - |\mathfrak{j}_\varphi|}. \quad (160)$$

Aus Gl. (159) und (160) ergibt sich:

$$\mathfrak{l} = \frac{\mathfrak{m} + \mathfrak{n}}{2} + \frac{\mathfrak{m} - \mathfrak{n}}{2} \frac{|\mathfrak{j}_\varphi|}{|\mathfrak{j}|}, \quad (161)$$

$$\mathfrak{k} = \frac{\mathfrak{m} + \mathfrak{n}}{2} + \frac{\mathfrak{m} - \mathfrak{n}}{2} \frac{|\mathfrak{j}|}{|\mathfrak{j}_\varphi|}. \quad (162)$$

Diese Werte in Gl. (154), (155) eingesetzt, gibt:

$$\frac{\mathfrak{j}_\varphi}{\mathfrak{j}} = \frac{\mathfrak{i}_\varphi - \mathfrak{l}}{\mathfrak{k} - \mathfrak{i}_\varphi} = \frac{\mathfrak{i}_\varphi - \left[\frac{\mathfrak{m} + \mathfrak{n}}{2} + \frac{\mathfrak{m} - \mathfrak{n}}{2} \frac{|\mathfrak{j}_\varphi|}{|\mathfrak{j}|}\right]}{\frac{\mathfrak{m} + \mathfrak{n}}{2} + \frac{\mathfrak{m} - \mathfrak{n}}{2} \frac{|\mathfrak{j}|}{|\mathfrak{j}_\varphi|} - \mathfrak{i}_\varphi}, \quad (163)$$

$$\mathfrak{i}_\varphi = \frac{\mathfrak{l} + \frac{\mathfrak{j}_\varphi}{\mathfrak{j}} \mathfrak{k}}{1 + \frac{\mathfrak{j}_\varphi}{\mathfrak{j}}} = \frac{\frac{\mathfrak{m} + \mathfrak{n}}{2} + \frac{\mathfrak{m} - \mathfrak{n}}{2} \frac{|\mathfrak{j}_\varphi|}{|\mathfrak{j}|} + \frac{\mathfrak{j}_\varphi}{\mathfrak{j}} \left[\frac{\mathfrak{m} + \mathfrak{n}}{2} + \frac{\mathfrak{m} - \mathfrak{n}}{2} \frac{|\mathfrak{j}|}{|\mathfrak{j}_\varphi|}\right]}{1 + \frac{\mathfrak{j}_\varphi}{\mathfrak{j}}}. \quad (164)$$

Setzen wir in Gl. (164) $\varphi = 0$, so wird

$$\frac{\mathfrak{j}_\varphi}{\mathfrak{j}} = \frac{|\mathfrak{j}_\varphi|}{|\mathfrak{j}|} \quad \text{und} \quad \mathfrak{i}_\varphi = \mathfrak{m},$$

setzen wir dagegen $\varphi = \pi$, so wird

$$\frac{\mathfrak{j}_\varphi}{\mathfrak{j}} = -\frac{|\mathfrak{j}_\varphi|}{|\mathfrak{j}|} \quad \text{und} \quad \mathfrak{i}_\varphi = \mathfrak{n}.$$

Diese Probe zeigt die Richtigkeit der Gl. (164) für die beiden Grenzfälle.

3. **Darstellung der unter 1. entwickelten Kreisgleichung als Funktion eines reellen Parameters v.**
Unter 1. war

$$\mathfrak{i}_\mathfrak{x} = f\left(\frac{\mathfrak{j}_\mathfrak{x}}{\mathfrak{j}}\right)$$

Kreisgleichung für einen reellen Parameter v.

entwickelt. Um nunmehr
$$\mathfrak{i}_{\mathfrak{x}} = f(v)$$
zu bilden, setzen wir
$$\frac{\mathfrak{j}_{\mathfrak{x}}}{\mathfrak{j}} = \frac{\mathfrak{j}_{\mathfrak{x}0}}{\mathfrak{j}} \cdot \frac{\mathfrak{j}_{\mathfrak{x}}}{\mathfrak{j}_{\mathfrak{x}0}} = \frac{\mathfrak{j}_{\mathfrak{x}0}}{\mathfrak{j}} \cdot v = \frac{\mathfrak{d}}{\mathfrak{c}} v \text{ }^1). \tag{165}$$

Hierin ist $\dfrac{\mathfrak{d}}{\mathfrak{c}}$ ein bekanntes konstantes Vektorverhältnis und v ein reeller Zahlenwert, der zwischen $+\infty$ und $-\infty$ variiert.

Setzen wir den Wert $\dfrac{\mathfrak{j}_{\mathfrak{x}}}{\mathfrak{j}}$ aus Gl. (165) in Gl. (148) ein, so erhalten wir:

$$\mathfrak{i}_{\mathfrak{x}} = \frac{1 + \dfrac{\mathfrak{d}}{\mathfrak{c}}\mathfrak{k}v \text{ }^2)}{1 + \dfrac{\mathfrak{d}}{\mathfrak{c}}v} = \frac{\mathfrak{c}1 + \mathfrak{d}\mathfrak{k}v \text{ }^2)}{\mathfrak{c} + \mathfrak{d}v} \tag{166}$$

Diese Gleichung gibt für
$$v = 0 : \mathfrak{i}_{\mathfrak{x}} = 1,$$
$$v = \infty : \mathfrak{i}_{\mathfrak{x}} = \mathfrak{k}.$$

In ähnlicher Weise kann die unter 2. entwickelte Kreisgleichung für veränderliche Werte von φ als Funktion eines reellen Para-

---

[1] In der Einleitung zu diesem Abschnitt hatten wir $|\mathfrak{j}_{\mathfrak{x}0}| = |\mathfrak{j}|$ angenommen, so daß das Vektorverhältnis $\dfrac{\mathfrak{j}_{\mathfrak{x}0}}{\mathfrak{j}}$ lediglich eine Verdrehung, aber keine Größenveränderung eines Vektors zur Folge hat. Auf diese Einschränkung kann hier verzichtet werden.

[2] Nach der symbolischen Methode wird diese Gleichung meist in der Form
$$\mathfrak{i}_{\mathfrak{x}} = \frac{\mathfrak{A} + \mathfrak{B}\mathfrak{v}}{\mathfrak{C} + \mathfrak{D}\mathfrak{v}}$$
geschrieben, worin $\mathfrak{A}, \mathfrak{B}, \mathfrak{C}, \mathfrak{D}$ komplexe Zahlenwerte darstellen. Wir wollen diese Ausdrucksweise mit unserem Ausdruck 1 und 2, Gl. (166), vergleichen. Wählen wir den Ausdruck 1, so ist $\mathfrak{C} = 1$ zu setzen, und es müssen $\mathfrak{A}$ und $\mathfrak{B}$ Vektoren, $\mathfrak{D}$ dagegen ein Vektorverhältnis bedeuten. Man ersieht hieraus, daß die symbolische Rechnungsweise keinerlei Aufschluß gibt über die Maßeinheiten, nach denen die einzelnen Größen zu messen sind, denn $\mathfrak{A}$ und $\mathfrak{B}$ sind tatsächlich Stromvektoren (Maßeinheit: Amp), während $\mathfrak{D}$ ein Vektorverhältnis $\left(\text{Maßeinheit: } \dfrac{\text{Volt}}{\text{Volt}} \text{ bzw. } \dfrac{\text{Amp}}{\text{Amp}}\right)$ ist. Vergleichen wir aber mit der Ausdrucksweise 2, so sind $\mathfrak{A}$ und $\mathfrak{B}$ Kreuzprodukte von Vektoren (Maßeinheit z. B. Volt-Amp.), $\mathfrak{C}$ und $\mathfrak{D}$ dagegen Spannungsvektoren (Maßeinheit Volt). Die symbolische Methode ermangelt hier einer dringend erwünschten Klarheit.

meters v entwickelt werden, indem man $\varphi = v \cdot \pi$ setzt und das Vektorverhältnis $\dfrac{\mathsf{j}_\varphi}{\mathsf{j}}$ in seine beiden Komponenten $\dfrac{|\mathsf{j}_\varphi|}{|\mathsf{j}|} = c$ und $\widehat{\varphi} = \widehat{v\pi}$ zerlegt, also
$$\frac{\mathsf{j}_\varphi}{\mathsf{j}} = c \cdot \widehat{v\pi}$$
schreibt. Es soll aber hier nicht näher darauf eingegangen werden.

d) Kegelschnitte.

Bei der Behandlung der Kegelschnitte beschränken wir uns auf die Parameterdarstellung $\mathfrak{x} = f(v)$.

Die allgemeine Gleichung eines Kegelschnittes — d. i. einer Kurve zweiten Grades — lautet:
$$\mathfrak{x} = \frac{A\mathfrak{l} + B\mathfrak{m}\mathfrak{v} + \mathfrak{k}v^2}{A + Bv + v^2}, \qquad (167)$$

[1])

worin $\mathfrak{x}$, $\mathfrak{k}$, $\mathfrak{l}$, $\mathfrak{m}$ Vektoren, A, B reelle konstante Zahlen und v einen zwischen $+\infty$ und $-\infty$ veränderlichen reellen Zahlenwert bedeuten, so daß nur im Zähler Vektoren vorkommen. Der Beweis ist folgendermaßen zu erbringen: Aus Gl. (167) ergibt sich:
$$(\mathfrak{x} - \mathfrak{l})A + (\mathfrak{x} - \mathfrak{m})Bv + (\mathfrak{x} - \mathfrak{k})v^2 = 0. \qquad (168)$$

---

[1]) Diese Form der Gleichung entsteht aus der allgemeinen Form
$$\mathfrak{x} = \frac{C\mathfrak{l} + D\mathfrak{m}'v + E\mathfrak{k}v^2}{F + Gv + Hv^2}.$$

Soll sich
für $v = 0 : \mathfrak{x} = \mathfrak{l}$ (Leerlaufvektor) und
für $v = \infty : \mathfrak{x} = \mathfrak{k}$ (Kurzschlußvektor)

ergeben, so ist $F = C$ und $H = E$ zu setzen. Dividiert man Zähler und Nenner durch E, so ist
$$\mathfrak{x} = \frac{\dfrac{C}{E}\mathfrak{l} + \dfrac{D}{E}\mathfrak{m}'v + \mathfrak{k}v^2}{\dfrac{C}{E} + \dfrac{G}{E}v + v^2}.$$

Setzt man ferner $\dfrac{D}{E}\mathfrak{m}' = \dfrac{G}{E}\mathfrak{m}$, $\dfrac{C}{E} = A$ und $\dfrac{G}{E} = B$, so ist
$$\mathfrak{x} = \frac{A\mathfrak{l} + B\mathfrak{m}v + \mathfrak{k}v^2}{A + B + v^2}.$$

Es ist daher stets möglich, durch Änderung der **Beträge** der Vektoren gleiche reelle Faktoren $(A, B, 1)$ im Zähler und Nenner des Bruches zu erhalten.

Wir nehmen nun ein beliebiges recht- oder schiefwinkliges Koordinatenkreuz an, zerlegen $\mathfrak{x}$, $\mathfrak{k}$, $\mathfrak{l}$, $\mathfrak{m}$ in ihre Komponenten $\mathfrak{x}_1\mathfrak{x}_2$, $\mathfrak{k}_1\mathfrak{k}_2$, $\mathfrak{l}_1\mathfrak{l}_2$, $\mathfrak{m}_1\mathfrak{m}_2$ und bestimmen die Schnittpunkte einer Geraden $\mathfrak{x}_1 =$ const mit der Kurve, indem wir ihre Ordinaten $\mathfrak{x}_2$ berechnen.

Setzt man in Gl. (168) $\mathfrak{x}_1 = \mathfrak{c}_1$ ein, so entsteht eine quadratische Gleichung in v:

$$(\mathfrak{c}_1 - \mathfrak{l}_1)A + (\mathfrak{c}_1 - \mathfrak{m}_1)Bv + (\mathfrak{c}_1 - \mathfrak{k})v^2 = 0. \qquad (169)$$

Es gibt daher zwei Werte, v', v'', welche der Gleichung genügen. Da ferner

$$\mathfrak{x}_2 = \frac{A\mathfrak{l}_2 + B\mathfrak{m}_2 v + \mathfrak{k}_2 v^2}{A + Bv + v^2} \qquad (170)$$

ist, so erhält man durch Einsetzen obiger Werte v' bzw. v'' zwei Werte $\mathfrak{x}_2'$ bzw. $\mathfrak{x}_2''$ für $\mathfrak{x}_2$. Die Kurve besitzt daher mit der ganz beliebig angenommenen Geraden zwei Schnittpunkte und ist somit eine Kurve zweiten Grades. Sind v', v'' reell, so sind auch $\mathfrak{x}_2'$, $\mathfrak{x}_2''$ reell; sind v', v'' dagegen komplex, so gilt dieses auch von $\mathfrak{x}_2'$, $\mathfrak{x}_2''$. Ist schließlich $v' = v''$, so tangiert die Gerade die Kurve.

Die Art des durch Gl. (167) dargestellten Kegelschnittes — Ellipse, Parabel, Hyperbel — wird durch die Konstanten des Nenners bestimmt. Wird dieser gleich Null, so wird $\mathfrak{x} = \infty$. Dieses ist der Fall für

$$v = -\tfrac{1}{2}\left(B \pm \sqrt{B^2 - 4A}\right). \qquad (171)$$

Je nachdem die Diskriminante

$$B^2 - 4A \gtreqless 0$$

ist, sind die beiden Wurzeln v_1, v_2 der Gl. (171) reell (aber ungleich), gleich oder komplex:

$$\left.\begin{array}{l} B^2 - 4A > 0 \text{ entspricht daher einer Hyperbel,} \\ B^2 - 4A = 0 \quad ,, \qquad ,, \quad ,, \text{ Parabel,} \\ B^2 - 4A < 0 \quad ,, \qquad ,, \quad ,, \text{ Ellipse.} \end{array}\right\} \qquad (172)$$

1. Parabel.

Da für die Parabel $B^2 - 4A = 0$, also $A = \tfrac{1}{4}B^2$ ist, so verändert sich Gl. (167) in

$$\mathfrak{x} = \frac{\tfrac{1}{4}B^2\mathfrak{l} + B\mathfrak{m}v + \mathfrak{k}v^2}{\tfrac{1}{4}B^2 + Bv + v^2} = \mathfrak{k} + \frac{\tfrac{1}{4}B^2(\mathfrak{l} - \mathfrak{k}) + B(\mathfrak{m} - \mathfrak{k})v}{(\tfrac{1}{2}B + v)^2}. \qquad (173)$$

Der letzte Bruch läßt sich weiterhin in zwei Partialbrüche zerlegen, die v nur noch im Nenner enthalten:

$$\mathfrak{x} = \mathfrak{k} + \frac{B(\mathfrak{m}-\mathfrak{k})}{\tfrac{1}{2}B+v} + \frac{\tfrac{1}{4}B^2(\mathfrak{l}+\mathfrak{k}-2\mathfrak{m})}{(\tfrac{1}{2}B+v)^2}. \qquad (174)$$

Setzt man hierin

$$w = \frac{\tfrac{1}{2}B}{\tfrac{1}{2}B+v}, \qquad (175)$$

so ist $\qquad \mathfrak{x} = \mathfrak{k} + 2(\mathfrak{m}-\mathfrak{k})w + (\mathfrak{l}+\mathfrak{k}-2\mathfrak{m})w^2. \qquad (176)$

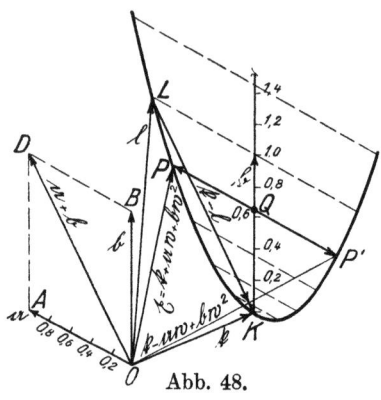

Abb. 48.

Gl. (175) und (176) geben für
$v = 0:\quad w=1$ und $\mathfrak{x}=\mathfrak{l}$,
$v = \infty:\quad w=0$ und $\mathfrak{x}=\mathfrak{k}$,
$v = -\tfrac{1}{2}B:\ w=\infty$ und $\mathfrak{x}=\infty$.

Gl. (176) läßt sich einfacher schreiben:

$$\mathfrak{x} = \mathfrak{k} + \mathfrak{a}w + \mathfrak{b}w^2, \qquad (177)$$

worin
$$\mathfrak{a} = 2(\mathfrak{m}-\mathfrak{k}) \qquad (178)$$
und
$$\mathfrak{b} = \mathfrak{l}+\mathfrak{k}-2\mathfrak{m} \qquad (179)$$

gesetzt ist. Die veränderlichen Werte v und w entsprechen zwei Punktreihen, deren gegenseitige gesetzmäßige Abhängigkeit durch Gl. (175) gegeben ist.

Gl. (177) entspricht einer bekannten Konstruktion der Parabel aus dem Vektor $\mathfrak{k}$, einem Durchmesser $\mathfrak{b}$ und einer zu ihm konjugierten Sehne $\mathfrak{a}$. Die Punkte der Parabel sind in Abb. 48 für die Werte

$w = \pm 0;\ 0{,}2;\ 0{,}4;\ 0{,}6;\ 0{,}8;\ 1{,}0;\ 1{,}2;$
$w^2 = 0;\ 0{,}04;\ 0{,}16;\ 0{,}36;\ 0{,}64;\ 1{,}0;\ 1{,}44.$

konstruiert, wobei die drei Vektoren $\mathfrak{k}$, $\mathfrak{a}$ und $\mathfrak{b}$ als gegeben angenommen und $\mathfrak{b}$ willkürlich in die Ordinatenachse gelegt ist.

Der Vektor $\mathfrak{k} = OK$ zeigt für den Wert $w=0$ die Verschiebung des Punktes K der Kurve gegen den Ursprung O an. Die Tangente im Punkte K ist $\|\mathfrak{a}$. Die Abbildung zeigt die Zusammensetzung des veränderlichen Vektors $\mathfrak{x} = OP$ aus den drei Teilen

$$\mathfrak{k} = OK, \quad \mathfrak{b}w^2 = KQ, \quad \mathfrak{a}w = QP.$$

Setzt man statt $+w$ $-w$, so rückt der Punkt P nach P'.

Hyperbel und Ellipse.

Für $w = 1$ ist $\mathfrak{x} = \mathfrak{k} + \mathfrak{a} + \mathfrak{b}$ entsprechend dem Punkte L.
Aus Gl. (178), (179) ergibt sich aber

$$\mathfrak{a} + \mathfrak{b} = \mathfrak{l} - \mathfrak{k} = -(\mathfrak{k} - \mathfrak{l}). \tag{180}$$

Zieht man daher in Abb. 48 OD parallel und gleich KL, so muß $OD = \mathfrak{a} + \mathfrak{b}$ sein, wie auch die Zeichnung zeigt.

2. Hyperbel und Ellipse.

Die allgemeine Gleichung des Kegelschnittes

$$\mathfrak{x} = \frac{A\mathfrak{l} + B\mathfrak{m}v + \mathfrak{k}v^2}{A + Bv + v^2} \tag{181}$$

läßt sich noch auf eine einfachere Form bringen, die sofort die Art des Kegelschnittes erkennen läßt:

$$\mathfrak{x} = \mathfrak{k} + \frac{A(\mathfrak{l} - \mathfrak{k}) + B(\mathfrak{m} - \mathfrak{k})v}{(A - \tfrac{1}{4}B^2) + \left(v + \dfrac{B}{2}\right)^2}. \tag{182}$$

Setzt man hierin

$$w = v + \frac{B}{2}; \quad v = w - \frac{B}{2} \tag{183}$$

und zur Abkürzung

$$C = (A - \tfrac{1}{4}B^2); \quad \mathfrak{p} = A(\mathfrak{l} - \mathfrak{k}) - \tfrac{1}{2}B^2(\mathfrak{m} - \mathfrak{k}); \quad \mathfrak{q} = B(\mathfrak{m} - \mathfrak{k}), \tag{184}$$

so ist

$$\mathfrak{x} = \mathfrak{k} + \frac{A(\mathfrak{l} - \mathfrak{k}) - \tfrac{1}{2}B^2(\mathfrak{m} - \mathfrak{k}) + B(\mathfrak{m} - \mathfrak{k})w}{(A - \tfrac{1}{4}B^2) + w^2} \tag{185}$$

oder

$$\mathfrak{x} = \mathfrak{k} + \frac{\mathfrak{p} + \mathfrak{q}w}{C + w^2} = \mathfrak{k} + \mathfrak{p}\,\frac{1}{C + w^2} + \mathfrak{q}\,\frac{w}{C + w^2}\,{}^{1}). \tag{186}$$

---

[1]) Es fällt auf, daß Gl. (186) nur vier Konstanten $\mathfrak{k}\,\mathfrak{p}\,\mathfrak{q}\,C$, von denen drei zweidimensional, eine eindimensional ist, Gl. (181) dagegen deren fünf, $\mathfrak{k}\,\mathfrak{l}\,\mathfrak{m}\,A\,B$ (davon drei zweidimensional, zwei eindimensional), enthält. Der Unterschied ist darauf zurückzuführen, daß $\mathfrak{p}$ und $\mathfrak{q}$, wie auch Abb. 49 erkennen läßt, konjugierte Durchmesser der Hyperbel sind. Diese Tatsache ist gleichwertig der fehlenden eindimensionalen Konstante. Dagegen lassen sich natürlich nicht durch die vier Konstanten der Gl. (186) rückwärts die fünf Konstanten der Gl. (181) ausdrücken. Auf die Ermittelung von $\mathfrak{l}$ und $\mathfrak{m}$ mußte daher in der Abb. 49 verzichtet werden. Der Leerlaufpunkt $\mathfrak{l}$ (für $v = 0$) kann daher ein beliebiger Punkt der Hyperbel sein. Ist derselbe gewählt, so ist auch $\mathfrak{m}$ bestimmt.

68 Hyperbel.

α) Ist $C = A - \frac{1}{4} B^2$ negativ, so gibt es zwei Werte von w, nämlich $w_1 = +\sqrt{-C}$ und $w_2 = -\sqrt{-C}$, die den Nenner des zweiten bzw. dritten Gliedes der Gl. (186) zu Null werden lassen. Für diese Werte von w wird $\mathfrak{x} = \infty$. Der Kegelschnitt ist daher eine Hyperbel, deren Asymptoten parallel zu den Vektoren $\mathfrak{p} + \mathfrak{q}\sqrt{-C}$ bzw. $\mathfrak{p} - \mathfrak{q}\sqrt{-C}$ verlaufen.

In Abb. 49 ist die Konstruktion der Hyperbel für $C = -4$ dargestellt an Hand der nachfolgenden Zahlenreihen für $w, \dfrac{1}{C+w^2}, \dfrac{w}{C+w^2}$:

$C = -4,$

$w =$	-5	-4	-3	-2	-1	0	1	2	3	4	5
$w^2 =$	25	16	9	4	1	0	1	4	9	16	25
$C + w^2 =$	21	12	5	0	-3	-4	-3	0	5	12	21
$\dfrac{1}{C+w^2} =$	0,0476	0,083	0,2	∞	$-0,33$	$-0,25$	$-0,33$	∞	0,2	0,083	0,047
$\dfrac{w}{C+w^2} =$	$-0,238$	$-0,333$	$-0,6$	$-\infty$	0,333	0	$-0,33$	∞	0,6	0,333	0,238

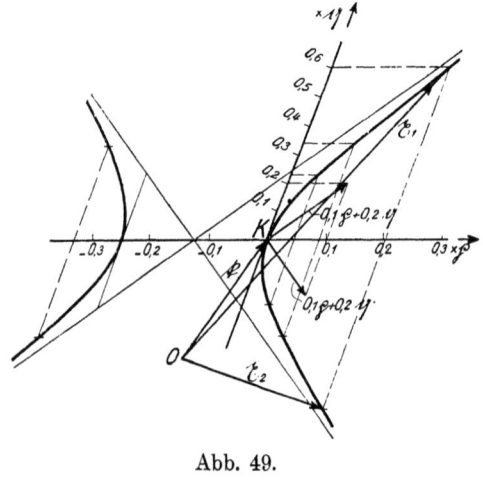

Abb. 49.

Beispielsweise ist für $w = 3$ der Vektor $\mathfrak{x}_1 = \mathfrak{k} + 0,2\mathfrak{p} + 0,6\mathfrak{q}$ und für $w = -3$ der Vektor $\mathfrak{x}_2 = \mathfrak{k} + 0,2\mathfrak{p} - 0,6\mathfrak{q}$ und die Parallelen zu den Asymptoten $\mathfrak{p} + \mathfrak{q}\sqrt{+4} = \mathfrak{p} + 2\mathfrak{q}$ und $\mathfrak{p} - \mathfrak{q}\sqrt{+4} = \mathfrak{p} - 2\mathfrak{q}$ bzw. $0,1(\mathfrak{p} + 2\mathfrak{q})$ und $0,1(\mathfrak{p} - 2\mathfrak{q})$ eingetragen.

β) Ist $C = A - \frac{1}{4} B^2 > 0$, so gibt es keinen Wert w, der den Nenner des zweiten bzw. dritten Gliedes der Gl. (186) zu Null macht; $\mathfrak{x}$ kann daher nicht ∞ werden, und die Kurve ist eine Ellipse.

In Abb. 50 ist die Konstruktion derselben für $C = +4$ an Hand nachfolgender Zahlenreihen dargestellt:

Ellipse.

$w=$	-5	-4	-3	-2	-1	0	1	2	3	4	5	∞,
$v^2=$	25	16	9	4	1	0	1	4	9	16	25	∞,
$c^2=$	29	20	13	8	5	4	5	8	13	20	29	∞,
$\frac{1}{c^2}=$	0,0345	0,050	0,077	0,125	0,20	0,25	0,20	0,125	0,077	0,050	0,0345	0,
$\frac{w}{c^2}=$	$-0,1725$	$-0,20$	$-0,231$	$-0,250$	$-0,20$	0	0,20	0,25	0,231	0,20	0,1725	0.

Beispielsweise ist für $w = 3$ der Vektor

$$\mathfrak{x}_1 = \mathfrak{f} + 0{,}077\,\mathfrak{p} + 0{,}231\,\mathfrak{q}$$

und für $w = -3$

$$\mathfrak{x}_2 = \mathfrak{f} + 0{,}077\,\mathfrak{p} - 0{,}231\,\mathfrak{q}$$

dargestellt.

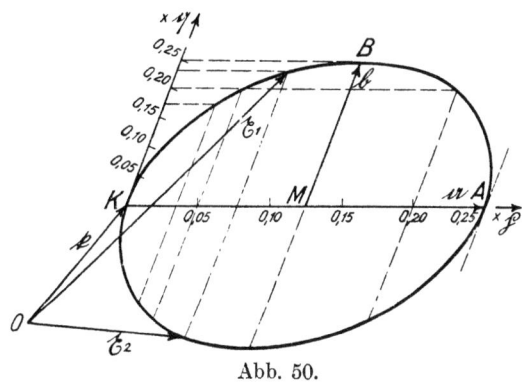

Abb. 50.

γ) Es ist noch zu untersuchen, unter welchen Bedingungen die durch Gl. (186) und Abb. 50 dargestellte Ellipse in einen Kreis degeneriert. Bezeichnen wir in Abb. 50 die beiden zugeordneten Halbmesser der Ellipse mit $\mathfrak{a}$, $\mathfrak{b}$, so muß für den Kreis

$$\mathfrak{a} \perp \mathfrak{b} \tag{187}$$

stehen und

$$|\mathfrak{a}| = |\mathfrak{b}| \tag{188}$$

sein.

Aus Gl. (187) ergibt sich

$$\mathfrak{p} \perp \mathfrak{q}. \tag{189}$$

Ferner ist für $w = 0$, d. i. für den Punkt A, nach Gl. (186)

$$\mathfrak{x} - \mathfrak{f} = KA = 2\mathfrak{a} = \frac{\mathfrak{p}}{C},$$

70   Kreis.

daher
$$\mathfrak{a} = \frac{\mathfrak{p}}{2C} = KM = \frac{\mathfrak{p}}{C + w_B^2}, \qquad (190)$$

wenn w_B der Wert von w ist, der dem Linienzug $OKMB$ entspricht. Daher ist
$$w_B^2 = C, \quad w_B = \sqrt{C} \qquad (191)$$
und nach Gl. (188), (190) und (186):
$$\frac{|\mathfrak{p}|}{C + w_B^2} = \frac{\sqrt{C}\,|\mathfrak{q}|}{C + w_B^2} \quad \text{oder} \quad |\mathfrak{p}| = \sqrt{C}\,|\mathfrak{q}|. \qquad (192)$$

Die Gleichung
$$\mathfrak{x} = \mathfrak{k} + \frac{\mathfrak{p} + \mathfrak{q}w}{C + w^2} \qquad (193)$$
ist daher eine Kreisgleichung, wenn
$$\mathfrak{p} \perp \mathfrak{q} \text{ und } |\mathfrak{p}| = \sqrt{C}\,|\mathfrak{q}|$$
ist.

In Abb. 51 ist für $C = 4$, also $|\mathfrak{p}| = 2|\mathfrak{q}|$ und die Zahlenreihen

$w =$	-4	-3	-2	-1	0	1	2	3	$4 \quad \infty$,
$w^2 =$	16	9	4	1	0	1	4	9	$16 \quad \infty$,
$4 + w^2 =$	20	13	8	5	4	5	8	13	$20 \quad \infty$,
$\dfrac{1}{4 + w^2} =$	$0{,}05$	$0{,}077$	$0{,}125$	$0{,}20$	$0{,}25$	$0{,}20$	$0{,}125$	$0{,}077$	$0{,}05 \quad 0$,
$\dfrac{w}{4 + w^2} =$	$-0{,}20$	$-0{,}231$	$-0{,}250$	$-0{,}20$	$0{,}0$	$0{,}20$	$0{,}25$	$0{,}231$	$0{,}20 \quad 0$.

der Kreis dargestellt.

Wir haben für die Kreisgleichung drei verschiedene Formen aufgestellt:

$$\mathfrak{x} = \frac{\mathfrak{j}\mathfrak{l} + \mathfrak{k}\mathfrak{j}_{\mathfrak{x}}}{\mathfrak{j} + \mathfrak{j}_{\mathfrak{x}}} = \mathfrak{k} + \frac{\mathfrak{j}(\mathfrak{l} - \mathfrak{k})}{\mathfrak{j} + \mathfrak{j}_{\mathfrak{x}}} \quad (148) \quad \bigg| \quad \mathfrak{x} - \mathfrak{k} = \frac{\mathfrak{j}(\mathfrak{l} - \mathfrak{k})}{\mathfrak{j} + \mathfrak{j}_{\mathfrak{x}}} \quad (148\,\text{a})$$

$$\mathfrak{x} = \frac{c\mathfrak{l} + \mathfrak{b}\mathfrak{k}v}{c + \mathfrak{b}v} = \mathfrak{k} + \frac{c(\mathfrak{l} - \mathfrak{k})}{c + \mathfrak{b}v} \quad (166) \quad \bigg| \quad \mathfrak{x} - \mathfrak{k} = \frac{c(\mathfrak{l} - \mathfrak{k})}{c + \mathfrak{b}v} \quad (166\,\text{a})$$

$$\mathfrak{x} = \mathfrak{k} + \frac{\mathfrak{p} + \mathfrak{q}w}{C + w^2} \quad (193) \quad \bigg| \quad \mathfrak{x} - \mathfrak{k} = \frac{\mathfrak{p} + \mathfrak{q}w}{C + w^2} \quad (193\,\text{a})$$

mit $\mathfrak{p} \perp \mathfrak{q}$ und $|\mathfrak{p}| = \sqrt{C}\,|\mathfrak{q}|$.

Die ersten beiden Spezialkreisgleichungen haben unter dem Bruchstrich die Summe zweier ungleichgerichteter Vektoren, die

Verschiedene Formen der Kreisgleichungen.

letzte, welche aus der allgemeinen Gleichung eines Kegelschnittes entwickelt ist, dagegen die Summe zweier reeller Zahlen. Es muß sich daher z. B. Gl. (166a) in die Form der Gl. (193a) verwandeln lassen. Diese Umwandlung soll nachstehend durchgeführt werden, da sie gleichzeitig zeigt, wie man die Vektorsumme im Nenner eliminieren kann, ohne sich dabei komplexer Zahlen wie nach der symbolischen Methode bedienen zu müssen.

In Abb. 52 seien $OC = \mathfrak{c}$, $OD = \mathfrak{d}$, $OD_s = \mathfrak{d}_\mathfrak{s}$ das Spiegelbild von $\mathfrak{d}$; $CA = \mathfrak{d}v$, $CB = \mathfrak{d}_\mathfrak{s} v$ das Spiegelbild von CA; $OA = \mathfrak{c} + \mathfrak{d}v$, $OB = \mathfrak{c} + \mathfrak{d}_\mathfrak{s} v$ das Spiegelbild von OA.

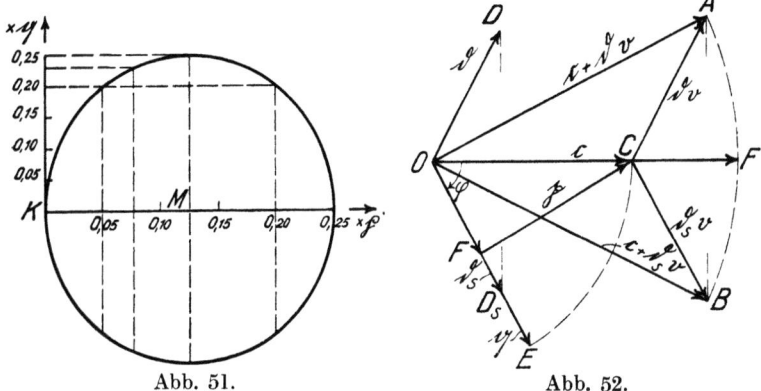

Abb. 51. Abb. 52.

Wir multiplizieren Zähler und Nenner in Gl. (166a) mit $\dfrac{\mathfrak{c} + \mathfrak{d}_\mathfrak{s} v}{\mathfrak{c} + \mathfrak{d}_\mathfrak{s} v}$:

$$\mathfrak{x} - \mathfrak{k} = \frac{\mathfrak{c}(\mathfrak{l} - \mathfrak{k})}{\mathfrak{c} + \mathfrak{d} v} \frac{\mathfrak{c} + \mathfrak{d}_\mathfrak{s} v}{\mathfrak{c} + \mathfrak{d}_\mathfrak{s} v} \tag{194}$$

und beachten, daß nach Gl. (93)

$$(\mathfrak{c} + \mathfrak{d} v)(\mathfrak{c} + \mathfrak{d}_\mathfrak{s} v) = \mathfrak{c}^2 \frac{|\mathfrak{c} + \mathfrak{d} v|^2}{|\mathfrak{c}|^2} = (OF)^2$$

gleich dem Quadrat eines Vektors in der Richtung $\mathfrak{c}$ und vom Betrage $|\mathfrak{c} + \mathfrak{d} v|$, und nach dem Kosinussatz

$$|\mathfrak{c} + \mathfrak{d} v|^2 = |\mathfrak{c}|^2 + 2|\mathfrak{c}||\mathfrak{d}| v \cos\varphi + |\mathfrak{d}|^2 v^2 = |\mathfrak{c}|^2 \left(1 + 2\frac{|\mathfrak{d}|}{|\mathfrak{c}|} v \cos\varphi + \frac{|\mathfrak{d}|^2}{|\mathfrak{c}|^2} v^2\right)$$

ist. Dann ergibt sich

$$(\mathfrak{c} + \mathfrak{d} v)(\mathfrak{c} + \mathfrak{d}_\mathfrak{s} v) = \mathfrak{c}^2 \left(1 + 2\frac{|\mathfrak{d}|}{|\mathfrak{c}|} v \cos\varphi + \frac{|\mathfrak{d}|^2}{|\mathfrak{c}|^2} v^2\right). \tag{195}$$

Umwandlung der Kreisgleichungen.

Setzen wir hierin
$$w = \frac{|\mathfrak{d}|}{|\mathfrak{c}|} v + \cos\varphi,$$
so wird
$$(\mathfrak{c} + \mathfrak{d}v)(\mathfrak{c} + \mathfrak{d}_{\bar{\mathfrak{s}}} v) = \mathfrak{c}^2(1 + w^2 - \cos^2\varphi) = \mathfrak{c}^2(w^2 + \sin^2\varphi),$$
daher
$$\left.\begin{aligned}\mathfrak{x} - \mathfrak{k} &= \frac{\mathfrak{c}(1-\mathfrak{k})(\mathfrak{c}+\mathfrak{d}_{\bar{\mathfrak{s}}} v)}{\mathfrak{c}^2(w^2+\sin\varphi^2)} = \frac{1-\mathfrak{k}}{\mathfrak{c}} \cdot \frac{\mathfrak{c}+\mathfrak{d}_{\bar{\mathfrak{s}}}\frac{|\mathfrak{c}|}{|\mathfrak{d}|}(w-\cos\varphi)}{\sin\varphi^2+w^2}, \\ \mathfrak{x} - \mathfrak{k} &= \frac{1-\mathfrak{k}}{\mathfrak{c}} \cdot \frac{\left(\mathfrak{c}-\mathfrak{d}_{\bar{\mathfrak{s}}}\frac{|\mathfrak{c}|}{|\mathfrak{d}|}\cos\varphi\right)+\mathfrak{d}_{\bar{\mathfrak{s}}}\frac{|\mathfrak{c}|}{|\mathfrak{d}|}w}{\sin\varphi^2+w^2}\end{aligned}\right\} \quad (196)$$

Hierin bedeutet $\mathfrak{d}_{\bar{\mathfrak{s}}}\frac{|\mathfrak{c}|}{|\mathfrak{d}|}$ einen Vektor von der Richtung $\mathfrak{d}_{\bar{\mathfrak{s}}}$ und dem Betrage $|\mathfrak{c}|$, also gleich OE und $\mathfrak{d}_{\bar{\mathfrak{s}}}\frac{|\mathfrak{c}|}{|\mathfrak{d}|}\cos\varphi = OF$, wenn $CF \perp OE$ gezogen ist. Daher ist
$$\mathfrak{c} - \mathfrak{d}_{\bar{\mathfrak{s}}}\frac{|\mathfrak{c}|}{|\mathfrak{d}|}\cos\varphi = FC = OC\sin\varphi.$$

Setzen wir
$$\mathfrak{c} - \mathfrak{d}_{\bar{\mathfrak{s}}}\frac{|\mathfrak{c}|}{|\mathfrak{d}|}\cos\varphi = \mathfrak{p}, \quad \mathfrak{d}_{\bar{\mathfrak{s}}}\frac{|\mathfrak{c}|}{|\mathfrak{d}|} = \mathfrak{q} \quad \text{und} \quad \sin\varphi^2 = C,$$
so erhält Gl. (196) die Form
$$\mathfrak{x} - \mathfrak{k} = \frac{1-\mathfrak{k}}{\mathfrak{c}} \cdot \frac{\mathfrak{p}+\mathfrak{q}w}{C+w^2}. \tag{197}$$

Der konstante Faktor $\frac{1-\mathfrak{k}}{\mathfrak{c}}$ in dieser Gleichung stellt aber lediglich eine konstante Verdrehung und Längenänderung des durch $\frac{\mathfrak{p}+\mathfrak{q}w}{C+w^2}$ gegebenen Vektors dar. Da aber $\frac{\mathfrak{p}+\mathfrak{q}w}{C+w^2}$ nach Gl. (193) einem Kreis durch den Ursprung entspricht, so ergibt Gl. (197) gleichfalls einen Kreis durch den Ursprung, dessen Durchmesser lediglich in seiner Richtung und Größe verändert ist. Ist im besonderen $\frac{1-\mathfrak{k}}{\mathfrak{c}} = 1$, so sind beide Kreise nach Größe und Lage kongruent.

e) Kurven dritten und höheren Grades.

Die überwiegende Zahl der Wechselstromerscheinungen läßt sich durch Kurven ersten und zweiten Grades (besonders Kreise) darstellen. Bei der Berechnung von Wechselstromverzweigungen mit mehrfacher magnetischer Verkettung und besonders von Kollektormotoren kommen aber vielfach auch Kurven höherer Ordnung in Frage. Daher sollen auch diese nachstehend kurz entwickelt werden.

Ähnlich Gl. (167) lassen sich Kurven dritten und höheren Grades entwickeln. So lautet die Gleichung einer Kurve dritten Grades:

$$\mathfrak{x} = \frac{A\mathfrak{l} + B\mathfrak{m}v + C\mathfrak{n}v^2 + \mathfrak{k}v^{3}\,{}^{1)}}{A + Bv + Cv^2 + v^3}, \qquad (198)$$

worin $\mathfrak{l}, \mathfrak{m}, \mathfrak{n}, \mathfrak{k}$ Vektoren und A, B, C, v reelle Zahlenwerte sind. Setzt man den Nenner $A + Bv + Cv^2 + v^3 = 0$, so ergeben sich drei Werte v_1, v_2, v_3, die dieser Bedingung genügen, und der Nenner läßt sich schreiben:

$$A + Bv + Cv^2 + v^3 = (v - v_1)(v - v_2)(v - v_3). \qquad (199)$$

Für die Werte v_1, v_2, v_3 wird daher $\mathfrak{x} = \infty$.

Gl. (198) enthält im Nenner nur reelle Zahlenwerte, aber keine Vektoren. Man kann aber auch ähnlich der Kreisgl. (166) Formeln entwickeln, bei denen im Nenner Vektoren verschiedener Richtung vorkommen. So ist

$$\mathfrak{x} = \frac{A\mathfrak{p} + B\mathfrak{q}v + C\mathfrak{r}v^2}{1 + D\dfrac{\mathfrak{s}}{\mathfrak{t}}v}, \qquad (200)$$

worin wieder $\mathfrak{p}, \mathfrak{q}, \mathfrak{r}, \mathfrak{s}, \mathfrak{t}$ Vektoren und A, B, C, D, v reelle Zahlenwerte sind, gleichfalls eine Kurve dritten Grades. Denn durch Multiplikation des Zählers und Nenners mit dem Spiegelbild $\dfrac{\mathfrak{t} + D\mathfrak{s}'v}{\mathfrak{t}}$ des Nenners gegen $\mathfrak{t}$ werden die Vektoren des Nenners gleichgerichtet [$f(\mathfrak{t}^2)$], während der Zähler eine Vektorfunktion dritten Grades in v wird. Da die Konstruktion derartiger Kurven umständlich ist, gibt Bloch folgende, nach unserer Berechnungsweise umgearbeitete, vereinfachte Konstruktionsweise an:

---
[1]) Siehe Schlußsatz der Fußnote zu Gl. (167), S. 64.

Nach derselben Punktreihe $v = 0, 1, 2, 3, \ldots$ werden die Vektoren
$$\mathfrak{x}_1 = \mathfrak{a} + \mathfrak{b}v \tag{201}$$
einer Geraden und nach Gl. (166)
$$\mathfrak{x}_2 = \frac{\mathfrak{c}\mathfrak{l} + \mathfrak{b}\mathfrak{k}v}{\mathfrak{c} + \mathfrak{b}v} = \frac{\mathfrak{l} + \frac{\mathfrak{b}}{\mathfrak{c}}\mathfrak{k}v}{1 + \frac{\mathfrak{b}}{\mathfrak{c}}v} \tag{202}$$
eines Kreises, den wir uns durch Inversion der Geraden $\mathfrak{c} + \mathfrak{b}v$ entstanden denken, konstruiert und geometrisch addiert; dann ist
$$\mathfrak{x} = \mathfrak{x}_1 + \mathfrak{x}_2 = \mathfrak{a} + \mathfrak{b}v + \frac{\mathfrak{l} + \frac{\mathfrak{b}}{\mathfrak{c}}\mathfrak{k}v}{1 + \frac{\mathfrak{b}}{\mathfrak{c}}v} = \frac{(\mathfrak{a}+\mathfrak{b}v)\left(1 + \frac{\mathfrak{b}}{\mathfrak{c}}v\right) + \mathfrak{l} + \frac{\mathfrak{b}}{\mathfrak{c}}\mathfrak{k}v}{1 + \frac{\mathfrak{b}}{\mathfrak{c}}v}, \tag{203}$$
$$\mathfrak{x} = \frac{(\mathfrak{a} + \mathfrak{l}) + \left[\mathfrak{b} + \frac{\mathfrak{b}}{\mathfrak{c}}(\mathfrak{a} + \mathfrak{k})\right]v + \mathfrak{b}\frac{\mathfrak{b}}{\mathfrak{c}}v^2}{1 + \frac{\mathfrak{b}}{\mathfrak{c}}v} \tag{204}$$

nach Gl. (200) der Vektor einer Kurve dritten Grades. Es ist nun erforderlich, die fünf Konstanten (Vektoren bzw. Vektorverhältnisse) der Gl. (204), nämlich $\mathfrak{a}, \mathfrak{b}, \frac{\mathfrak{b}}{\mathfrak{c}}, \mathfrak{l}, \mathfrak{k}$ durch die gegebenen vier Konstanten der Gl. (200), nämlich $A\mathfrak{p}, B\mathfrak{q}, C\mathfrak{r}, D\frac{\mathfrak{s}}{\mathfrak{t}}$ auszudrücken. Dabei ergibt sich, daß über eine Konstante der ersten Reihe noch frei verfügt werden kann. Wir setzen daher $\mathfrak{k} = 0$, benutzen also für Gl. (202) einen Kreis, bei dem der Kurzschlußpunkt K mit dem Ursprung O zusammenfällt. Dann ist zu setzen:

$$\mathfrak{a} + \mathfrak{l} = A\mathfrak{p}; \quad \mathfrak{b} + \frac{\mathfrak{b}}{\mathfrak{c}}\mathfrak{a} = B\mathfrak{q}; \quad \mathfrak{b}\frac{\mathfrak{b}}{\mathfrak{c}} = C\mathfrak{r}; \quad \frac{\mathfrak{b}}{\mathfrak{c}} = D\frac{\mathfrak{s}}{\mathfrak{t}}. \tag{205}$$

Daraus ergibt sich
$$\frac{\mathfrak{b}}{\mathfrak{c}} = D\frac{\mathfrak{s}}{\mathfrak{t}}; \quad \mathfrak{b} = C\mathfrak{r}\frac{\mathfrak{c}}{\mathfrak{b}}; \quad \mathfrak{a} = (B\mathfrak{q} - \mathfrak{b})\frac{\mathfrak{c}}{\mathfrak{b}}; \quad \mathfrak{l} = A\mathfrak{p} - \mathfrak{a}. \tag{206}$$

In Abb. 53 ist die äußerst einfache Konstruktion der Kurve dargestellt:

Vereinfachte Konstruktion einer Kurve dritten Grades. 75

Gegeben sind in Abb. 53a die Vektoren $A\mathfrak{p} = OE$, $B\mathfrak{q} = OF$, $C\mathfrak{r} = OG$ und das Vektorverhältnis $\dfrac{D\mathfrak{z}}{t} = \dfrac{OH}{OJ}$. Wir konstruieren nun der Reihe nach die Vektoren $\mathfrak{b}, \mathfrak{a}, \mathfrak{l}$ unter Benutzung des gegebenen Vektorverhältnisses $\dfrac{\mathfrak{b}}{\mathfrak{c}} = \dfrac{D\mathfrak{z}}{t} = \dfrac{OH}{OJ}$. (Über die Größe der Vektoren $\mathfrak{c}$ und $\mathfrak{b}$ verfügen wir erst später.) Um

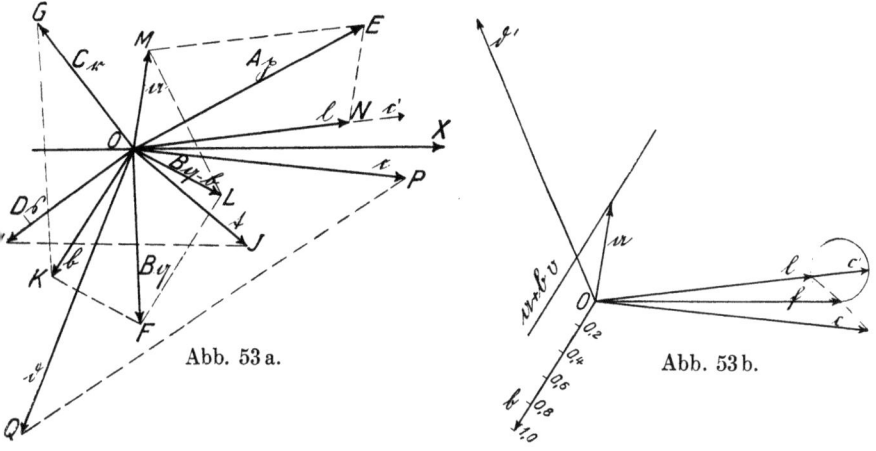

Abb. 53a.   Abb. 53b.

$\mathfrak{b} = C\mathfrak{r}\dfrac{\mathfrak{c}}{\mathfrak{b}} = C\mathfrak{r}\dfrac{t}{D\mathfrak{z}}$ zu konstruieren, tragen wir an $C\mathfrak{r} = OG$ das $\triangle GOK \sim \triangle HOJ$ an, dann ist $OK = \mathfrak{b}$. Ferner ist $\mathfrak{a} = (B\mathfrak{q} - \mathfrak{b})\dfrac{\mathfrak{c}}{\mathfrak{b}}$ zu bilden. Zu dem Zwecke konstruieren wir $B\mathfrak{q} - \mathfrak{b} = OL$, indem $OL \| KF$ und $FL \| KO$ gezeichnet wird. Um $B\mathfrak{q} - \mathfrak{b} = OL$ mit dem Vektorverhältnis $\dfrac{\mathfrak{c}}{\mathfrak{b}} = \dfrac{t}{D\mathfrak{z}}$ zu multiplizieren, konstruieren wir das $\triangle LOM \sim \triangle HOJ$ und finden $\mathfrak{a} = OM$.

Schließlich ist noch $\mathfrak{l} = A\mathfrak{p} - \mathfrak{a}$ zu bilden, indem $ON \| ME$ und $EN \| MO$ gezeichnet wird. Dadurch ergibt sich $\mathfrak{l} = ON$.

Um die Lage des Vektors $\mathfrak{c} = OP$ festzulegen, beachten wir, daß der Vektor der Geraden $\mathfrak{c} + \mathfrak{b}v$, durch deren Inversion der durch Gl. (202) gegebene Kreis entstanden ist, für $v = 0$ gleich $\mathfrak{c}$ ist. Dem Wert $v = 0$ entspricht aber nach Gl. (202) $\mathfrak{x}_2 = \mathfrak{l}$. Die Vektoren $\mathfrak{c}$ und $\mathfrak{l}$ sind somit spiegelbildlich zugeordnete Werte, und der Winkel NOP zwischen $\mathfrak{c}$ und $\mathfrak{l}$ wird daher durch die

76 Vereinfachte Konstruktion einer Kurve dritten Grades.

Abszissenachse OX halbiert, da das Spiegelbild c' von c mit $\mathfrak{x}$ zusammenfallen muß. Dadurch ist die Lage von $\mathfrak{c} = OP$ und entsprechend die Lage von $\mathfrak{b} = OQ$ gegeben, da das Vektorverhältnis $\dfrac{\mathfrak{c}}{\mathfrak{b}}$ bekannt ist. Dagegen sind die Beträge von $\mathfrak{c}$ bzw. $\mathfrak{b}$ nicht festgelegt. Einen derselben, z. B. $\mathfrak{c} = OP$ können wir beliebig wählen. Wie aus Abb. 53c hervorgeht, in der die Inversion

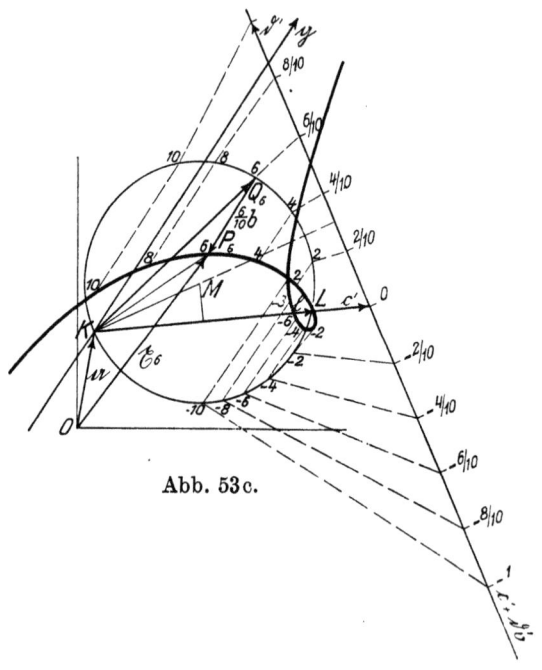

Abb. 53c.

der gespiegelten Geraden $\mathfrak{c}' + \mathfrak{b}'v$ durchgeführt ist, hat auch nur das Verhältnis $\dfrac{\mathfrak{c}'}{\mathfrak{b}'}$, aber nicht der Betrag von $\mathfrak{c}'$ und $\mathfrak{b}'$ Einfluß auf die Lage und Größe des Kreises. Würde $\mathfrak{c}'$ und $\mathfrak{b}'$ doppelt so groß gewählt sein, so würden die einzelnen Strahlen des Strahlenbündels die gleiche Lage haben. Die Vektoren $\mathfrak{a}$, $\mathfrak{b}$, $\mathfrak{c}$ sind aus Abb. 53a nach Abb. 53b übertragen und die zur Inversion der Geraden $\mathfrak{c} + \mathfrak{b}\mathfrak{v}$ erforderlichen Spiegelbilder $\mathfrak{c}'$ und $\mathfrak{b}'$ in dieser Abbildung dargestellt und der Vollständigkeit halber auch der Vektor $\mathfrak{f}$ der Inversionspotenz (durch einen Kreis, der durch die

Kurven vierten Grades. 77

Spitze von $\mathfrak{l}$ und $\mathfrak{c}'$ geht und die Abszissenachse in der Spitze von $\mathfrak{f}$ tangiert) ermittelt. In Abb. 53b ist ferner die Gerade $\mathfrak{a}+\mathfrak{b}v$ dargestellt (von der kein Spiegelbild erforderlich ist). Die Vektoren $\mathfrak{b}$ und $\mathfrak{b}'$ sind in Abb. 53b bzw. c mit einer Teilung versehen, um die Werte $\mathfrak{b}v$ bzw. $\mathfrak{b}'v$ ohne weiteres abgreifen zu können. In Abb. 53c sind nun die Vektoren $KL = \mathfrak{l}$, $\mathfrak{c}'$ und $\mathfrak{b}'$ von dem vorläufigen Ursprung K aus aufgetragen und $KM \perp \mathfrak{b}'$ gezogen. M ist der Mittelpunkt des durch K und L gelegten Inversionskreises, M liegt daher senkrecht über der Mitte von KL. Sodann sind von K aus Strahlen nach den Punkten $\pm \frac{2}{10} \mathfrak{b}'$, $\frac{4}{10} \mathfrak{b}'$, $\frac{6}{10} \mathfrak{b}'$, ... gezogen, welche auf dem Kreise die zugehörigen Punkte $\pm 2, 4, 6, \ldots$ ergeben. Von diesen Kreispunkten aus sind die zugehörigen Vektoren $\pm \frac{2}{10} \mathfrak{b}$, $\frac{4}{10} \mathfrak{b}$, $\frac{6}{10} \mathfrak{b}$, ... parallel $\mathfrak{b}$ (Abb. 53b) angetragen und dadurch die zugehörigen Punkte $\pm 2, 4, 6$ der Kurve dritten Grades ermittelt. Schließlich ist nach Gl. (201) noch der konstante Vektor $\mathfrak{a}$ zu addieren. Zu dem Zweck würde die Kurve um den Vektor $\mathfrak{a}$ zu verschieben sein. Statt dessen denken wir uns den vorläufigen Ursprung K in der Richtung $-\mathfrak{a}$ nach O verschoben. In der Abbildung ist beispielsweise für den Punkt P_6 der Vektor $\mathfrak{r}_6$ eingetragen. Es ist

$$\mathfrak{r}_6 = OK + KQ_6 + Q_6 P_6 = \mathfrak{a} + \frac{\mathfrak{c}\mathfrak{l} + 0{,}6\,\mathfrak{b}\,\mathfrak{f}}{\mathfrak{c} + 0{,}6\,\mathfrak{b}} + 0{,}6\,\mathfrak{b} = OP_6.$$

Dem $v = \infty$ entsprechenden Punkt der Geraden $\mathfrak{c}' + \mathfrak{b}'v$ entspricht der Kurzschlußpunkt K auf dem Kreise; von diesem Punkte aus ist der Strahl $\mathfrak{b}v$, also $\mathfrak{b} \cdot \infty$ anzutragen. Ziehen wir daher $\mathfrak{g} \parallel \mathfrak{b}$, so ist $\mathfrak{g}$ die Asymptote der Kurve.

Die Gleichung einer Kurve vierten Grades kann nach Art der Gl. (198) bzw. (200) lauten:

$$\mathfrak{r} = \frac{A\mathfrak{l} + B\mathfrak{m}v + C\mathfrak{n}v^2 + D\mathfrak{p}v^3 + \mathfrak{f}v^4}{A + Bv + Cv^2 + Dv^3 + v^4} \qquad (207)$$

oder

$$\mathfrak{r} = \frac{A\mathfrak{m} + B\mathfrak{n}v + C\mathfrak{p}v^2 + D\mathfrak{q}v^3}{1 + E\,\dfrac{\mathfrak{s}}{\mathfrak{t}}\,v} \qquad (208)$$

oder auch

$$\mathfrak{r} = \frac{A\mathfrak{m} + B\mathfrak{n}v + C\mathfrak{p}v^2}{\left(1 + D\,\dfrac{\mathfrak{q}}{\mathfrak{r}}\,v\right)\left(1 + E\,\dfrac{\mathfrak{s}}{\mathfrak{t}}\,v\right)}. \qquad (209)$$

Gl. (207) zeigt im Nenner nur reelle Zahlenwerte, d. h. ungerichtete Größen, Gl. (208) und (209) dagegen Vektoren bzw. Vektorverhältnisse. Gl. (209) können wir uns folgendermaßen entstanden denken. Bildet man die Inversion der Gl. (200):

$$\mathfrak{y} = \frac{\mathfrak{c}^2}{\mathfrak{x}} = \frac{1 + D\frac{\mathfrak{z}}{\mathfrak{t}}v}{A\mathfrak{p} + B\mathfrak{q}v + C\mathfrak{r}v^2}\mathfrak{c}^2 \qquad (210)$$

und addiert zu $\mathfrak{y}$ einen konstanten Vektor $\mathfrak{a}$, so entsteht eine Gleichung von der Form der Gl. (209):

$$\mathfrak{a} + \mathfrak{y} = \frac{(\mathfrak{c}^2 + A\mathfrak{p}\mathfrak{a}) + \left(\mathfrak{c}^2 D\frac{\mathfrak{z}}{\mathfrak{t}} + B\mathfrak{q}\mathfrak{a}\right)v + (C\mathfrak{r}\mathfrak{a})v^2}{A\mathfrak{p} + B\mathfrak{q}v + C\mathfrak{r}v^2}. \qquad (211)$$

Man erhält daher durch Inversion einer Kurve dritten Grades eine Kurve vierten Grades, die durch den Ursprung geht, und durch Addition eines konstanten Vektors die Kurve in allgemeiner Lage. Auf diese Weise kann man Kurven höheren Grades aus solchen niederen Grades entwickeln. In dem letzten Anwendungsbeispiel, Abschnitt K, Abb. 109, ist eine Konstruktion für eine Kurve vierten Grades gegeben unter Benutzung des Vektorverhältnisses von zwei einfach zu konstruierenden Parabelvektoren.

M. Berücksichtigung der Eisensättigung.

In dem Kapitel C über Vektorverhältnisse (Scheinwiderstand, Scheinleitwert) ist die Voraussetzung gemacht, daß der durch ein Vektorverhältnis gekennzeichnete Scheinwiderstand bzw. Scheinleitwert eines Stromzweiges eine Konstante ist, d. h. daß die Klemmenspannung dem Strom proportional, und daß die Phasenverschiebung zwischen ihnen unveränderlich ist. Diese Annahme ist bei Stromzweigen berechtigt, die kein Eisen enthalten, bei eisenhaltigen Spulen aber nur, soweit deren Belastung auf dem geradlinigen Teil der Charakteristik liegt. Da die Verwendung konstanter Vektorverhältnisse die Berechnung von Stromverzweigungen äußerst übersichtlich gestaltet, so wird man sich derselben soweit als zulässig bedienen und vielleicht nur das gewonnene Resultat einer Korrektur unterziehen, z. B. bei der Berechnung von Transformatoren und Maschinen, indem man den Einfluß der Sättigung durch Rechnung oder Versuch bestimmt.

Veränderliche Vektorverhältnisse. 79

Es kommen aber bisweilen Fälle vor, bei denen der Grad der Sättigung das Resultat ausschlaggebend beeinflußt oder bei denen die Eisensättigung gerade dazu benutzt wird, um bestimmte Effekte zu erzielen oder Betriebsstörungen zu vermeiden. Ein solcher Fall liegt z. B. bei den Erdschlußspulen vor, bei denen eine möglichst gute Resonanzeinstellung zwar den Erdschlußstrom erwünschterweise herabsetzt, aber die Unsymmetriespannung des Netzmittelpunktes gegen Erde erhöht, ein Nachteil, dem durch entsprechende Eisensättigung entgegengearbeitet werden kann.

Bei einer eisenhaltigen Drossel ist der Scheinwiderstand $\frac{\mathfrak{f}}{\mathfrak{J}_0}$ bzw. der Scheinleitwert $\frac{\mathfrak{j}}{\mathfrak{E}_0}$ nur für den geradlinigen Teil der Charakteristik eine Konstante. Für den übrigen Verlauf derselben ändern sich diese Vektorverhältnisse stetig, und zwar sowohl in bezug auf das Verhältnis der Vektorbeträge, $\frac{|\mathfrak{f}|}{|\mathfrak{J}_0|}$ bzw. $\frac{|\mathfrak{j}|}{|\mathfrak{E}_0|}$, wie auch auf ihren Phasenwinkel φ.

A. Matthias hat in einer Abhandlung „Über das Verhalten der Erdschlußspule im Betrieb" (Arch. f. Elektrotechnik 1923, S. 391) die Berechnung unter Benutzung von Vektorverhältnissen auch auf eisenhaltige Spulen ausgedehnt. Wir folgen hier im wesentlichen seinem Gedankengang, der zu einem graphischen Näherungsverfahren führt, welches nachfolgend zu einem absoluten graphischen Verfahren erweitert wird. Matthias gebührt aber das Verdienst, zuerst die veränderlichen Vektorverhältnisse in die neue Berechnungsweise eingeführt zu haben. Bei dieser Berechnung werden außerdem die — mit der Stärke der Magnetisierung — veränderlichen Eisenverluste der Spule berücksichtigt.

Es ist üblich, die magnetische Charakteristik einer eisenhaltigen Spule bei Belastung mit Gleichstrom in rechtwinkligen Koordinaten darzustellen, wobei die Amperewindungen (oder auch die Feldstärke $\mathfrak{H}$) als Abszissen und die zugehörigen Kraftlinienzahlen (oder auch die Induktion $\mathfrak{B}$) als Ordinaten aufgetragen werden. Wählt man für die Speisung der Spule mit Wechselstrom, d. h. für eine zyklische Magnetisierung derselben, die gleiche Darstellungsweise, so ist zu beachten, daß der Kraftfluß oder die ihm proportionale, vektoriell um 90° nacheilende EMK der Spule nur von dem Magnetisierungsstrom, d. h. der Blindkomponente des Stromes, erzeugt wird, aber nicht von der Wirkkomponente, die im wesentlichen zur Bestreitung der Kupfer- und Eisenverluste (Wirbelströme und Hysteresis) verbraucht und daher auch Verlustkomponente genannt wird. Für unsere Berechnungen müssen wir dagegen das Verhältnis der EMK zum Gesamtstrom (d. i. die geometrische Summe des Blind- und Wirkstromes) bilden. Nach der Darstellung von Matthias (Abb. 54) bedeutet für eine bestimmte Magnetisierung OA den Magnetisierungsstrom, AB die zugehörige, im gleichen Strommaßstab aufgetragene Verlustkomponente und $AF = OE$ die zugehörige, im Spannungsmaßstab gemessene EMK der Spule. Dann ist $\dfrac{OB}{OE}$ das Vektorverhältnis, welches für die vorliegende Magnetisierung den Scheinleitwert der Spule angibt. Bei einer Änderung der Magnetisierung wandert der Punkt B auf der Verlustkurve $\mathfrak{b}$ nach $B_1, B_2, \ldots$, während gleichzeitig der Punkt F auf der Magnetisierungskurve m nach $F_1, F_2, \ldots$ und der Punkt E auf der Ordinatenachse nach $E_1, E_2, \ldots$ wandert. Verbinden wir zur besseren Übersicht die zusammengehörigen Punkte E mit B, E_1 mit B_1, E_2 mit $B_2, \ldots$, so wird der veränderliche Scheinwiderstand durch die Vektorverhältnisse $\dfrac{OE}{OB}, \dfrac{OE_1}{OB_1}, \dfrac{OE_2}{OB_2}, \ldots$ dargestellt, worin OE im Spannungs- und OB im Strommaßstab zu messen ist.

Die Schlußlinien $EB, E_1B_1, E_2B_2, \ldots$ verlaufen nicht parallel, und die Richtungen des Gesamtstromes $OB, OB_1, OB_2, \ldots$ fallen nicht zusammen, woraus schon äußerlich die Ungleichheit der Vektorverhältnisse zu erkennen ist. Nur für Punkte der Magnetisierungslinie m, die unterhalb K, d. h. auf dem geradlinigen Ast der Magnetisierungslinie, liegen, z. B. L, verlaufen die Schlußlinien, z. B. E_lB_l, $E_\mathfrak{k}B_\mathfrak{k}$, parallel. Hieraus ergibt sich, daß das Vektorverhältnis für Punkte zwischen O und K konstant und nur für jenseits K liegende Punkte veränderlich, und zwar zweifach veränderlich ist.

Bezeichnen wir die veränderliche EMK mit $\mathfrak{e}_\mathfrak{x} = OE_\mathfrak{x}$ und den zugehörigen Gesamtstrom mit $\mathfrak{i}_\mathfrak{x} = OB_\mathfrak{x}$, so ist in dem Vektorverhältnis $\dfrac{\mathfrak{i}_\mathfrak{x}}{\mathfrak{e}_\mathfrak{x}}$: $\mathfrak{i}_\mathfrak{x} = f(\mathfrak{e}_\mathfrak{x})$ oder $\mathfrak{e}_\mathfrak{x} = g(\mathfrak{i}_\mathfrak{x})$.

Da die Richtung von $\mathfrak{e}_\mathfrak{x}$ konstant (Richtung der Ordinatenachse) gewählt ist, so können wir ähnlich wie früher eine konstante Bezugsspannung $\mathfrak{E}_0$ wählen und $\dfrac{\mathfrak{j}_\mathfrak{x}}{\mathfrak{E}_0} = \dfrac{\mathfrak{i}_\mathfrak{x}}{\mathfrak{e}_\mathfrak{x}}$ setzen, worin nur

Berechnung und Konstruktion des Scheinleitwertes. 81

der Vektor $\mathfrak{j}_{\mathfrak{k}}$ nach Richtung und Größe veränderlich ist. Wir wählen vorteilhaft $\mathfrak{E}_0 = OE_{\mathfrak{f}}$ und finden beispielsweise für den

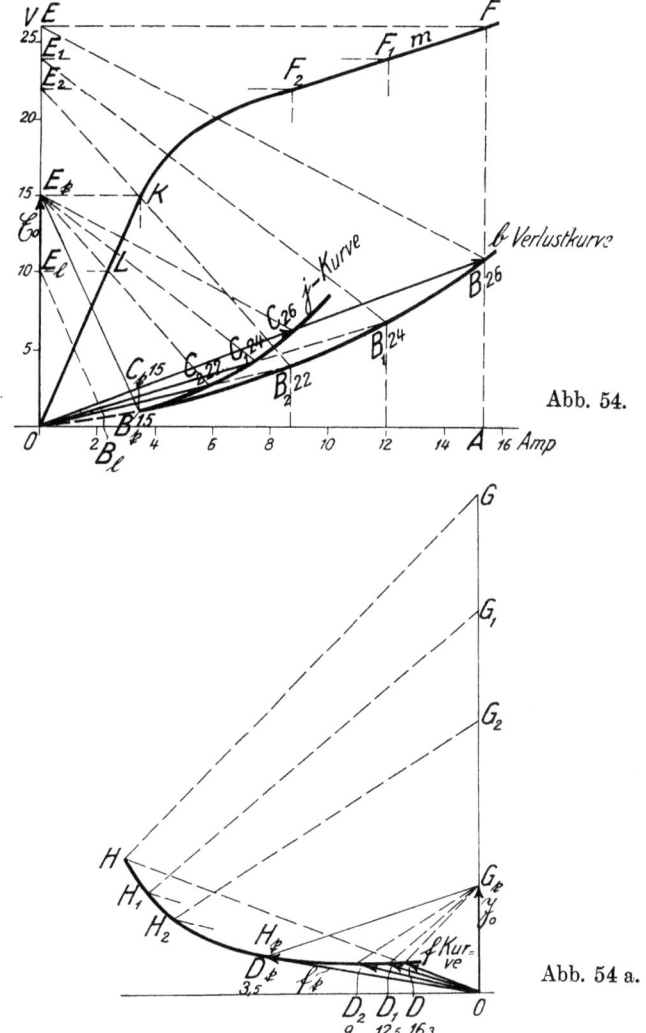

Abb. 54.

Abb. 54 a.

Punkt F den Vektor $\mathfrak{j}$, indem wir $E_{\mathfrak{f}}C \parallel EB$ ziehen und den Schnittpunkt C mit dem Strahl OB konstruieren, dann ist $OC = \mathfrak{j}$. Indem wir die Konstruktion für alle Punkte E, B, E_1, B_1, ... durchführen, finden wir die Punkte $C, C_1, C_2, C_{\mathfrak{f}}$, d. h. $\mathfrak{j}, \mathfrak{j}_1, \mathfrak{j}_2, \mathfrak{j}_{\mathfrak{k}}$, oder den Verlauf der $\mathfrak{j}$-Kurve. Schließlich bezeichnen wir die C-Punkte noch mit den zugehörigen Spannungen 0 bis 15, 20, 22, 24, 26 Volt (in dem Beispiel Abb. 54 ist $\mathfrak{E}_0 = OE_\mathfrak{k} = 15$ Volt) und sind damit in der Lage, zu jedem Dreieck OEC das zugehörige Dreieck OEB zu rekonstruieren, indem wir das Dreieck $OE_\mathfrak{k}C$ im Verhältnis der Spannungen, z. B. $\frac{26}{15}$, vergrößern. Für Spannungen zwischen 0 und 15 Volt liegt der Punkt $C_\mathfrak{k}(=B_\mathfrak{k})$ fest, und nur für höhere Spannungen wandert der Punkt nach C_2, C_1, C, die $\mathfrak{j}$-Kurve beginnt daher erst im Punkt $C_\mathfrak{k}$ und erstreckt sich nur nach rechts bis C bzw. darüber hinaus. Der Vektor $\mathfrak{j}_\mathfrak{k}$ ist daher ein Maß für den veränderlichen Scheinleitwert.

Vorstehend haben wir die Richtung von $e_\mathfrak{k}$ bzw. $\mathfrak{E}_0$ festgehalten; wollen wir dagegen den (veränderlichen) Scheinwiderstand bestimmen, so müssen wir die Richtung des Stromes $i_\mathfrak{k}$ bzw. die eines Bezugsstromes $\mathfrak{J}_0$ festlegen, wofür vorteilhaft $\mathfrak{J}_0 = OG_\mathfrak{k}$ gewählt wird. Dieses ist in Abb. 54a geschehen, indem $\triangle OG_\mathfrak{k}H_\mathfrak{k} \cong \triangle OB_\mathfrak{k}E_\mathfrak{k}$ konstruiert wird. Dann ist $\dfrac{OH_\mathfrak{k}}{OG_\mathfrak{k}} = \dfrac{\mathfrak{f}_\mathfrak{k}}{\mathfrak{J}_0}$ das Vektorverhältnis, welches den Scheinwiderstand für den Punkt K der Magnetisierungskurve angibt. Klappen wir in gleicher Weise die Dreiecke

$$B_2OE_2,\ B_1OE_1,\ BOE$$

in die Lagen

$$G_2OH_2,\ G_1OH_1,\ GOH$$

um, und ziehen durch den Punkt $G_\mathfrak{k}$ die Parallelen

$$D_2G_\mathfrak{k},\ D_1G_\mathfrak{k},\ DG_\mathfrak{k}$$

zu den Schlußlinien

$$H_2G_2,\ H_1G_1,\ HG,$$

so wird das veränderliche Vektorverhältnis durch

$$\frac{OD_2}{\mathfrak{J}_0} = \frac{\mathfrak{f}_2}{\mathfrak{J}_0},\quad \frac{OD_1}{\mathfrak{J}_0} = \frac{\mathfrak{f}_1}{\mathfrak{J}_0},\quad \frac{OD}{\mathfrak{J}_0} = \frac{\mathfrak{f}}{\mathfrak{J}_0}$$

dargestellt. Die Kurve $D_\mathfrak{k}D$ ist daher die gesuchte $\mathfrak{f}$-Kurve und zeigt gegenüber der $\mathfrak{j}$-Kurve einen umgekehrten Verlauf. Zur Vervollständigung tragen wir noch für die D-Punkte die zugehörigen Stromwerte, und zwar für $D_\mathfrak{k}$ (0 bis 3,5 Amp), D_2 (9 Amp), D_1 (12,5 Amp), D (16,3 Amp) ein.

Diese etwas umständliche Konstruktion der j-Kurve bzw. f-Kurve ist nur erforderlich, wenn die Eigenschaften der Magnetisierungslinie durch Rechnung gefunden werden müssen, indem für jeden Punkt derselben zuvor Blindstrom (Magnetisierungsstrom) und Wirkstrom (Kupfer- und Eisenverluste) ermittelt werden. Ist dagegen die Spule vorhanden und können für verschiedene Stärken der Magnetisierung die Werte e, i und $e i \cos \varphi$ gemessen werden, so ist damit auch der Winkel $\varphi \left(\cos \varphi = \dfrac{e i \cos \varphi}{e i} \right)$ für jeden Punkt und das Verhältnis $\dfrac{i}{e}$ bestimmt. Es kann daher an Hand der Messungen die e, i-Kurve ohne weiteres aufgezeichnet werden, wobei beispielsweise die e-Werte gleiche Richtung erhalten, indem sie in die Ordinatenachse gelegt werden. Man kann aber auch gleich einen Schritt weitergehen und die $\mathfrak{E}_0, j$-Kurve auftragen. Setzen wir nämlich

$$\frac{i}{e} = \frac{j}{\mathfrak{E}_0}; \quad \frac{i_1}{e_1} = \frac{j_1}{\mathfrak{E}_0} \ldots,$$

so ist

$$j_1 = i_1 \frac{\mathfrak{E}_0}{e_1} \ldots$$

Wir brauchen daher die gemessenen Werte $i_1, i_2, \ldots$ nur mit den reellen Zahlenwerten $\dfrac{\mathfrak{E}_0}{e_1}, \dfrac{\mathfrak{E}_0}{e_2} \ldots$ zu multiplizieren und die so gefundenen Werte $j_1, j_2, \ldots$ unter den Phasenwinkeln $\varphi_1, \varphi_2, \ldots$ anzutragen, um so ohne weitere Zeichenarbeit die j-Kurve zu erhalten. In gleicher Weise finden wir die f-Kurve, indem wir die Werte $\mathfrak{f}_1 = e_1 \dfrac{\mathfrak{J}_0}{i_1}$, $\mathfrak{f}_2 = e_2 \dfrac{\mathfrak{J}_0}{i_2}, \ldots$ berechnen, indem wir e mit dem reellen Zahlenwert $\dfrac{\mathfrak{J}_0}{i}$ multiplizieren, und $\mathfrak{f}_1, \mathfrak{f}_2, \ldots$ unter den Phasenwinkeln $-\varphi_1, -\varphi_2, \ldots$ an $\mathfrak{J}_0$ antragen.

Wir wollen nunmehr an zwei einfachen Beispielen die Verwendung der f-Kurve bzw. j-Kurve erläutern.

Das erste Beispiel betrifft die Hintereinanderschaltung von Scheinwiderständen und wird daher vorteilhaft durch Benutzung der f-Werte behandelt, das zweite betrifft die Parallelschaltung von Scheinleitwerten, die unter Benutzung der j-Werte berechnet werden.

84 Ungesättigte und gesättigte Drosselspule in Serienschaltung.

1. An einer konstanten Spannung $\mathfrak{E}$ liege in Hintereinanderschaltung eine ungesättigte Drosselspule mit dem konstanten (Scheinwiderstand) Vektorverhältnis $\dfrac{\mathfrak{f}_1}{\mathfrak{J}_0}$ und eine gesättigte Drosselspule mit dem veränderlichen Vektorverhältnis $\dfrac{\mathfrak{f}_2}{\mathfrak{J}_0}$. Es sind der Strom $\mathfrak{J}$ und die Spannungen $\mathfrak{E}_1, \mathfrak{E}_2$ an den beiden Spulen zu bestimmen.

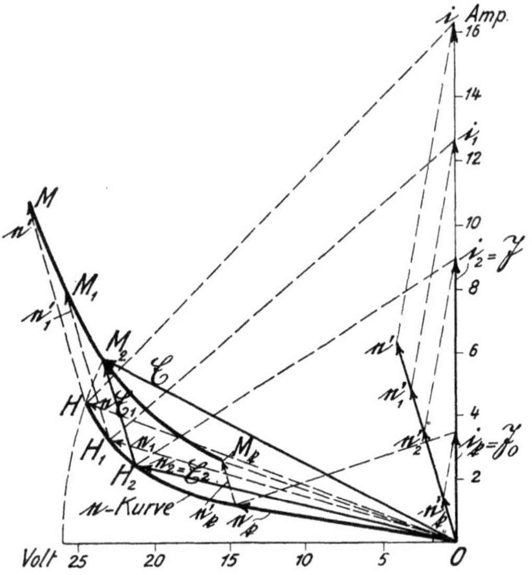

Diese Aufgabe ist so einfach, daß sie, wie Abb. 55 zeigt, mühelos auch mit Vektorverhältnissen ohne konstante Bezugseinheit zu lösen ist. Der Vorteil der Benutzung einer konstanten Bezugseinheit zeigt sich erst bei verwickelteren Stromverzweigungen. Wir wollen aber die Aufgabe ohne (Abb. 55) und mit (Abb. 56) konstanter Bezugseinheit $\mathfrak{J}_0$ lösen.

Abb. 55.

In Abb. 55 ist zunächst angenommen, daß jede der beiden Spulen einzeln von einem Strom konstanter Phase, aber veränderlicher Stärke durchflossen wird. Der Strom wird von i_t bis i_2, i_1, i verändert, dabei wächst die Spannung an der gesättigten Drossel von e_t bis e_2, e_1, e, wobei sich die Spitze von e entlang der e-Kurve bewegt, deren Ermittlung in Abb. 54a erläutert ist. Die Spannung an der ungesättigten Drossel steigt proportional dem Strom von e'_t bis e'_2, e'_1, e'. Addiert man nun die zugehörigen Spannungen $(e_t + e'_t)$, $(e_2 + e'_2)$, $(e_1 + e'_1)$, $(e + e')$, so erhält man eine neue Kurve M_t, M_2, M_1, M, welche die Summe der Spulenspannungen ergibt. Da aber diese Summe gleich der Netzspannung $\mathfrak{E}$ sein soll, so braucht man nur den Schnittpunkt der M-Kurve

Ungesättigte und gesättigte Drosselspule in Serienschaltung. 85

mit einem Kreis mit dem Radius $\mathfrak{E}$ zu suchen und findet dadurch sowohl die Spulenspannungen $\mathfrak{E}_1$, $\mathfrak{E}_2$ wie auch den Strom $\mathfrak{J}$ nach Größe und Phase. In unserem Beispiel ist $\mathfrak{E}_2 = e_2$, $\mathfrak{E}_1 = e_2'$ und $\mathfrak{J} = i_2$.

Schließlich ist es noch erforderlich, das ganze Bild um den Winkel $\mathfrak{E}, \mathfrak{J}$ im Uhrzeigersinne zu verdrehen, da die Phase von $\mathfrak{E}$ und nicht diejenige von $\mathfrak{J}$ als festliegend anzunehmen ist.

Wir wollen nunmehr dieselbe Aufgabe unter Benutzung einer konstanten Bezugseinheit $\mathfrak{J}_0$ für die beiden Vektorverhältnisse berechnen, um eine systematische Lösung für kompliziertere Aufgaben zu entwickeln.

Es ist
$$\mathfrak{E}_1 = \frac{\mathfrak{f}_1}{\mathfrak{J}_0}\mathfrak{J}; \qquad \mathfrak{E}_2 = \frac{\mathfrak{f}_2}{\mathfrak{J}_0}\mathfrak{J} \qquad (212)$$
und
$$\mathfrak{E} = \mathfrak{E}_1 + \mathfrak{E}_2 = \frac{\mathfrak{f}_1 + \mathfrak{f}_2}{\mathfrak{J}_0}\mathfrak{J}, \qquad (213)$$

worin $\mathfrak{f}_1$ eine Konstante und $\mathfrak{f}_2$ eine Funktion von $\mathfrak{J}$ ist. Bei der Aufstellung dieser Bedingungsgleichung müssen wir danach trachten, auf der linken Seite einen gegebenen konstanten Vektor ($\mathfrak{E}$) zu erhalten, um ähnlich wie in Abb. 55 den Schnittpunkt einer Kurve (M, M_1, M_2 M_k) mit einem Kreis ($\mathfrak{E}$) zu konstruieren.

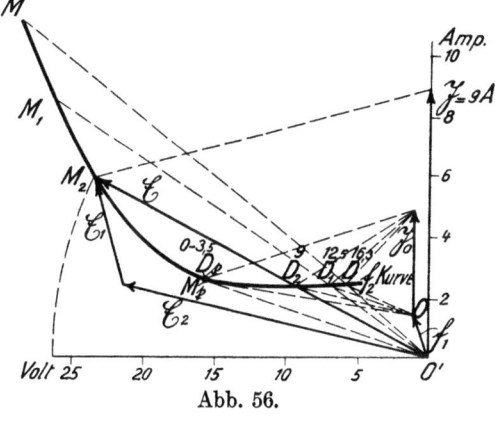

Abb. 56.

In Abb. 56 sei D, D_1, D_2, $D_\mathfrak{k}$ die nach Abb. 54a oder durch Versuche ermittelte $\mathfrak{f}_2$-Kurve für den veränderlichen Vektor $\mathfrak{f}_2$. Bei den einzelnen Punkten dieser Kurve sind die Stromstärken 0 bis 3,5, 9, 12,5, 16,3 Amp, für die sie gelten, eingetragen. Die variablen $\mathfrak{f}_2$-Werte sind OD, OD_1, OD_2, $OD_\mathfrak{k}$. Wir bilden nunmehr den gleichfalls variablen Vektor $\mathfrak{f}_1 + \mathfrak{f}_2$, indem wir den Ursprung O um $-\mathfrak{f}_1$ nach O' verschieben und die Strahlen von O' nach D, D_1, D_2, $D_\mathfrak{k}$ ziehen. Diese Strahlen $\mathfrak{f}_1 + \mathfrak{f}_2$ sind nach Gl. (213) mit den zugehörigen reellen Zahlenverhältnissen $\frac{\mathfrak{F}}{\mathfrak{F}_0}$ zu multiplizieren, in unserem Beispiel also

$$O'D, \quad O'D_1, \quad O'D_2, \quad O'D_t$$

mit $\quad \dfrac{16{,}3}{3{,}5}, \quad \dfrac{12{,}5}{3{,}5}, \quad \dfrac{9}{3{,}5}, \quad 1\,{}^1)$.

Dadurch erhält man die Strahlen

$$O'M, \quad O'M_1, \quad O'M_2, \quad O'M_t,$$

welche die Kurve M, M_1, M_2, M_t ergeben. Ein mit der Spannung $\mathfrak{E}$ um O' beschriebener Kreis schneidet diese Kurve beispielsweise in dem Punkte M_2. Zieht man schließlich $\mathfrak{E}_1 \| OO'$ und $\mathfrak{E}_2 \| OD_2$, so ist das Spannungsdreieck $\mathfrak{E}_2 + \mathfrak{E}_1 = \mathfrak{E}$ vervollständigt.

Der Strom $\mathfrak{J}$, der bei dem Punkte D_2 mit 9 Amp angegeben ist, wird im Strommaßstab, gemessen von O' aus, vertikal aufwärts angetragen. Zum Schluß wird die ganze Figur im Uhrzeigersinne so verdreht, daß $\mathfrak{E}$ vertikal steht.

2. Als zweites Beispiel behandeln wir den Einfluß des Einbaues einer Erdungsdrossel in ein unsymmetrisches Netz in bezug auf die Veränderung der Unsymmetriespannung und die Größe des Erdschlußstromes (des sog. Reststromes) bei Erdschluß einer Phase. Diese Aufgabe hat Matthias in dem angezogenen Aufsatz für ein Drehstromnetz durchgerechnet. Wir wollen die gleiche Aufgabe zur Erleichterung des Verständnisses für ein Einphasennetz durcharbeiten.

Abb. 57 zeigt das Schema ohne Erdschlußspule, Abb. 58 mit Erdschlußspule. In beiden Abbildungen sind $2\mathfrak{e}$ die Zentralenspannung, $\dfrac{\mathfrak{j}_1}{\mathfrak{E}}, \dfrac{\mathfrak{j}_2}{\mathfrak{E}}$ die Scheinleitwerte der beiden Leitungen gegen Erde, die im wesentlichen durch ihre Kapazität gegen Erde, daneben aber auch durch die Ableitungsverluste gekennzeichnet sind und $\mathfrak{i}$ bzw. $\mathfrak{i}_1, \mathfrak{i}_2$ die Ladungsströme. Als Bezugsspannung $\mathfrak{E}$ wählen wir vorteilhaft $\mathfrak{E} = 2\mathfrak{e}$. Durch die Ungleichheit von $\mathfrak{j}_1$ und $\mathfrak{j}_2$ entsteht in Abb. 57 die Unsymmetriespannung e_0 des

---

[1] Am einfachsten und übersichtlichsten wird diese einfache Operation mit dem Rechenschieber ausgeführt, da die graphische Durchführung das Linienbild verwirren würde.

Nullpunktsverschiebung und Erdschlußstrom.   87

Zentralenmittelpunktes gegen Erde. Durch den Einbau der Erdspule mit dem Scheinleitwert $\dfrac{j_\varrho}{\mathfrak{C}}$ in Abb. 58 ändert sich die Unsymmetriespannung auf den Wert e_ϱ.

Für Abb. 57 erhält man

$$i = (e + e_0)\dfrac{j_1}{\mathfrak{C}} = (e - e_0)\dfrac{j_2}{\mathfrak{C}}, \qquad (214)$$

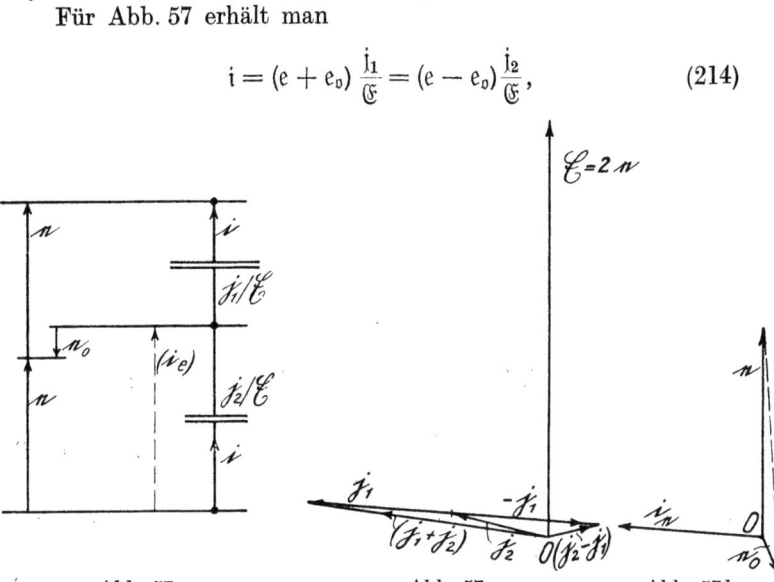

Abb. 57.   Abb. 57a.   Abb. 57b.

woraus sich ergibt:

$$e_0 = e\,\dfrac{j_2 - j_1}{j_1 + j_2}. \qquad (215)$$

In Abb. 57a und b ist die einfache Konstruktion von e_0 an Hand der Gl. (215) ausgeführt, indem das $\triangle e_0, e \sim \triangle (j_2 - j_1), (j_2 + j_1)$ konstruiert ist. Ferner ist

$$i = \dfrac{2e}{\mathfrak{C}}\dfrac{j_1 j_2}{j_1 + j_2} = \dfrac{j_1 j_2}{j_1 + j_2}. \qquad (216)$$

Bei einseitigem Erdschluß, also beispielsweise für $j_2 = \infty$, erhöht sich der Wert von i auf

$$i_e = j_1 \text{ (Abb. 57b)}; \qquad (216\,a)$$

ferner wird hierfür

$$e_{0e} = e, \qquad (217)$$

Erdschlußspule, Nullpunktsverschiebung, Reststrom.

d. h. e_0 ändert seine Größe und Richtung in erheblichem Maße. i_e ist gleichzeitig der Erdschlußstrom, der an der Berührungsstelle der Leitung II mit Erde auftritt.

Für Abb. 58 dagegen ist

$$i_\Omega = i_2 - i_1, \qquad (218)$$

$$i_1 = (e + e_\Omega) \frac{j_1}{\mathfrak{C}}, \qquad (219)$$

$$i_2 = (e - e_\Omega) \frac{j_2}{\mathfrak{C}}, \qquad (220)$$

daher

$$i_\Omega = e_\Omega \frac{j_\Omega}{\mathfrak{C}} = (e - e_\Omega) \frac{j_2}{\mathfrak{C}} - (e + e_\Omega) \frac{j_1}{\mathfrak{C}}, \qquad (221)$$

$$e_\Omega = e \frac{j_2 - j_1}{j_1 + j_2 + j_\Omega}. \qquad (222)$$

Dieser Wert in Gl. (220) eingesetzt, gibt für $\frac{e}{\mathfrak{C}} = \frac{1}{2}$:

$$i_2 = \left[e - e \frac{j_2 - j_1}{j_1 + j_2 + j_\Omega} \right] \frac{j_2}{\mathfrak{C}} = \frac{j_2}{2} \frac{2 j_1 + j_\Omega}{j_1 + j_2 + j_\Omega}. \qquad (223)$$

Bei einseitigem Erdschluß, also beispielsweise für $j_2 = \infty$, erhält man aus Gl. (223) den Reststrom i_r zu

$$i_r = j_1 + \tfrac{1}{2} j_\Omega. \qquad (224)$$

In Abb. 58a und b ist e_Ω nach Gl. (222) und i_r nach Gl. (224) ermittelt. Dabei ist $|j_\Omega|$ etwas kleiner als $|j_1 + j_2|$ angenommen, was einer Unterkompensation der Erdschlußspule entspricht. In Abb. 58a sind die Vektoren $j_2 - j_1$, $j_1 + j_2 + j_\Omega$ und $j_1 + \tfrac{1}{2} j_\Omega$ gebildet, in Abb. 58b das Dreieck e, $e_\Omega \sim (j_1 + j_2 + j_\Omega)$, $(j_2 - j_1)$ und $i_r = j_1 + \tfrac{1}{2} j_\Omega$ konstruiert. Durch einen Vergleich von Abb. 58b mit 57b erkennt man ohne weiteres, daß der Erdschlußstrom sich von i_e auf i_r verringert hat, daß aber gleichzeitig die Unsymmetriespannung sich von dem Wert e_0 auf e_Ω vergrößert hat. Hierbei ist zu berücksichtigen, daß sich die Spannungen e_0 bzw. e_Ω auf den Zustand vor dem Kurzschluß, die Erdschlußströme i_e bzw. i_r auf den Zustand nach dem Kurzschluß beziehen. Es ist aber ersichtlich, daß die Verringerung des Erdschlußstromes durch eine Vergrößerung der Unsymmetriespannung erkauft ist.

Wir wollen nunmehr die beiden durch Gl. (215) und (222) charakterisierten Betriebszustände nach dem Vorgang von

Nullpunktsverschiebung ohne und mit Erdschlußspule.

Matthias miteinander vergleichen und dabei die Sättigung der Erdschlußspule berücksichtigen. Die Division der beiden Gleichungen ergibt, da sich die Zähler der rechten Seiten heben:

$$\frac{e_0}{e_\Omega} = \frac{j_1 + j_2 + j_\Omega}{j_1 + j_2}. \quad (225)$$

In dieser Gleichung nehmen wir, da wir e_Ω mit e_0 vergleichen wollen, e_0 als gegebenen Vektor an und schreiben daher Gl. (225), um wieder auf der linken Seite eine Konstante zu haben:

$$e_0 = e_\Omega \frac{j_1 + j_2 + j_\Omega}{j_1 + j_2}. \quad (226)$$

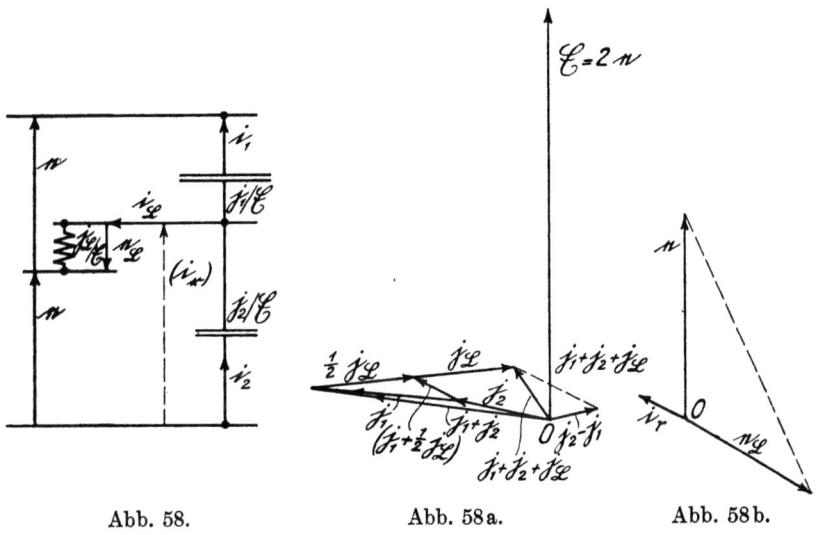

Abb. 58.　　　　　Abb. 58a.　　　　　Abb. 58b.

Wir nehmen ferner an, daß in Abb. 59 die Magnetisierungskurve der Erdschlußdrossel durch die Vektorfunktion $j_\Omega = f(e_\Omega)$, d. i. die j-Kurve der Abb. 54, durch Berechnung oder Versuche ermittelt sei, und bilden für verschiedene zusammengehörige Werte von e_Ω und j_Ω die Vektoren $e'_\Omega = e_\Omega \frac{j_1 + j_2 + j_\Omega}{j_1 + j_2}$. Diese einfache Konstruktion ist in Abb. 59 durchgeführt, wobei die Spannungsvektoren e_Ω und e_0 der Deutlichkeit halber größer als in Abb. 57b und 58b dargestellt sind. Zunächst ist $O'O = j_1 + j_2$ gemacht, d. h. der Nullpunkt O ist um den

90 Nullpunktsverschiebung ohne und mit Erdschlußspule.

Vektor $-(j_1 + j_2)$ verschoben, sodann sind nach den Punkten 15, 20, 22, ... der $j_\mathfrak{L}$-Kurve von O' aus Strahlen gezogen, deren Längen somit gleich $j_1 + j_2 + j_\mathfrak{L}$ sind. Ferner sind auf $O'O$ von O' aus die entsprechend verdrehten Spannungen $(e_{\mathfrak{L}15})$, $(e_{\mathfrak{L}20})$, $(e_{\mathfrak{L}22})$, ... abgetragen (in Wirklichkeit fällt die Richtung von $e_{\mathfrak{L}15}$, $e_{\mathfrak{L}20}$, ... mit $\mathfrak{E}_0$ zusammen; die Verdrehung bezweckt, dem Vektorverhältnis $\dfrac{j_1 + j_2 + j_\mathfrak{L}}{j_1 + j_2}$ eine feste Basis $(j_1 + j_2)$ zu geben) und Parallelen zu $Oj_{\mathfrak{L}15}$, $Oj_{\mathfrak{L}20}$, $Oj_{\mathfrak{L}22}$, ... gezogen. Da-

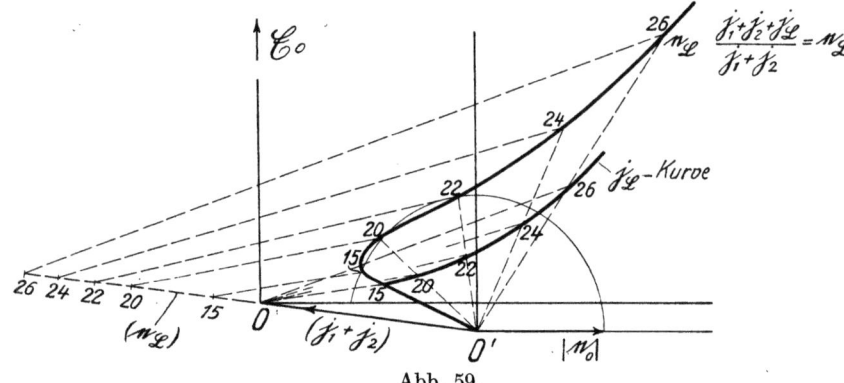

Abb. 59.

durch werden die Punkte 15, 20, 22, ... der von O' ausgehenden Kurve $e'_\mathfrak{L}$ gefunden. Schließlich wird mit $|e_0|$ um O' ein Kreis beschrieben, der die Kurve $e'_\mathfrak{L}$ je nach der Größe von e_0 in einem oder drei Punkten schneidet. In unserem Beispiele schneidet der Kreis die $e'_\mathfrak{L}$-Kurve in drei Punkten, etwa bei 15, 20 und 22, von denen der mittlere einem labilen Zustande entspricht. Von praktischer Bedeutung ist jedoch nur der Punkt 22. Diesem entspricht die Spulenspannung 22 Volt auf dem Strahl $O'O$. Zum Schluß müßte das Diagramm im Uhrzeigersinne so verdreht werden, daß die Richtung von $e_\mathfrak{L}$ oder $O'O$ mit $\mathfrak{E}_0$ zusammenfällt. Aus der Darstellung ist zu ersehen, daß $|e_\mathfrak{L}|$ erheblich größer als $|e_0|$ ist. Maßgebend für die Vergrößerung von $|e_\mathfrak{L}|$ ist der Winkel zwischen $-(j_1 + j_2)$ und $j_\mathfrak{L}$ (Abb. 58a). Je kleiner dieser Winkel ist, desto größer wird $e_\mathfrak{L}$ im Verhältnis zu e_0. Es soll aber hierauf nicht weiter eingegangen werden, da dieses Beispiel lediglich dazu dienen sollte, eine schematische Lösung für die

Berücksichtigung der Eisensättigung zu geben. Es sei nur noch erwähnt, daß bei starker Sättigung die höheren Harmonischen stark hervortreten, die in unserer Berechnung nicht berücksichtigt werden konnten.

N. Leistungsgesetze.

Dem Satz von der Erhaltung der Energie in der Mechanik entspricht der Satz von der Erhaltung der Leistung in der Elektrotechnik. Dieser Satz gilt nicht nur für Gleichstromkreise mit ihrem gleichmäßigen und gleichgerichteten Leistungsfluß, sondern auch für Wechselstromkreise, bei denen außer dem gleichgerichteten Leistungsfluß, dessen Mittelwert wir als Wirkleistung bezeichnen, ein zwischen zwei Energiespeichern hin und her pendelnder Leistungsfluß, die Blindleistung, zu beachten ist. Wird daher von einem Generator oder einem Netz eine Leistung $\mathfrak{N}$ abgegeben, die in mehreren Stromzweigen 1, 2, 3, ... verbraucht wird, und bezeichnen wir den Verbrauch dieser Zweige mit $\mathfrak{N}_1 \mathfrak{N}_2, \mathfrak{N}_3, \ldots$, so ist

$$\mathfrak{N} = \mathfrak{N}_1 + \mathfrak{N}_2 + \mathfrak{N}_3 \ldots \tag{227}$$

oder
$$\{\mathfrak{E}\mathfrak{J}\} = \{\mathfrak{E}_1 \mathfrak{J}_1\} + \{\mathfrak{E}_2 \mathfrak{J}_2\} + \{\mathfrak{E}_3 \mathfrak{J}_3\} \ldots \tag{227a}$$

In dieser Gleichung, die als Vektorproduktgleichung aufzufassen ist, kann jede der angegebenen Leistungen sich aus Wirk- und Blindleistung zusammensetzen.

Ist $\mathfrak{N} = \mathfrak{N}_w + \mathfrak{N}_b$, $\mathfrak{N}_1 = \mathfrak{N}_{w1} + \mathfrak{N}_{b1}$, $\mathfrak{N}_2 = \mathfrak{N}_{w2} + \mathfrak{N}_{b2}, \ldots$, so kann man obige Vektorgleichung zerlegen in:

$$\mathfrak{N}_w = \mathfrak{N}_{w1} + \mathfrak{N}_{w2} + \mathfrak{N}_{w3} \ldots \tag{228}$$

und
$$\mathfrak{N}_b = \mathfrak{N}_{b1} + \mathfrak{N}_{b2} + \mathfrak{N}_{b3} \ldots \tag{229}$$

Den Begriff eines Stromzweiges können wir ferner dahin erweitern, daß darunter nicht nur feste (Schein-)Widerstände verstanden werden, sondern auch Motoren bzw. Generatoren, in denen elektrische in mechanische Leistung verwandelt wird oder umgekehrt.

Mechanische Leistung und Wirkleistung sind durchaus äquivalent, und man kann sich die Entnahme einer mechanischen Leistung jederzeit ersetzt denken durch die Belastung des Netzes mit einem Wirkwiderstand. Um diesen Ersatzwiderstand in die Rechnung einzuführen, müssen wir das Vektorverhältnis $\dfrac{\mathfrak{j}}{\mathfrak{E}}$, das seinen Wirkleitwert, oder $\dfrac{\mathfrak{f}}{\mathfrak{J}}$, das seinen Wirkwiderstand darstellt, ermitteln, wobei zu beachten ist, daß $\mathfrak{i}$ und $\mathfrak{E}$ bzw. $\mathfrak{f}$ und $\mathfrak{J}$ gleiche Richtung ($\varphi = 0$) haben. Bezeichnen wir mit N die mechanische Wirkleistung in Watt, mit e_w die Wirkspannung, d. i. die Komponente der Spannung in der Richtung des Stromes, bzw. mit i_w den Wirkstrom, d. i. die Komponente des Stromes in der Richtung der Spannung, und mit w den Ersatzwiderstand, so ist

$$\frac{1}{w} = \frac{\mathfrak{i}}{\mathfrak{E}} = \frac{N}{e_w^2}\left(\frac{A}{V}\right), \tag{230}$$

$$w = \frac{\mathfrak{f}}{\mathfrak{J}} = \frac{N}{i_w^2}\left(\frac{V}{A}\right), \tag{230a}$$

$$\frac{\mathfrak{i}}{\mathfrak{E}} = \frac{\mathfrak{J}}{\mathfrak{f}}. \tag{230b}$$

Durch diese einfache Substitution sind wir in der Lage, die Umwandlung elektrischer Leistung in mechanische in unseren Rechnungen zu berücksichtigen, wenn Strom und Gegenspannung des Motors durch Rechnung oder Versuch ermittelt sind. Es ist dabei zu beachten, daß die Vektorverhältnisse $\dfrac{\mathfrak{i}}{\mathfrak{E}}$ bzw. $\dfrac{\mathfrak{f}}{\mathfrak{J}}$ für den Ersatz-Leitwert bzw. -Widerstand reelle Zahlenwerte sind, die nur mit dem Verhältnis der Maßeinheiten A und V zu multiplizieren sind.

Im Abschnitt C ist auseinandergesetzt, daß die von einem Stromzweige aufgenommene Gesamtleistung durch das Vektorprodukt z. B. $\{e \cdot i\}$ ausgedrückt wird. Dieses Vektorprodukt, das sich geometrisch aus der von dem Stromzweig aufgenommenen Wirk- und Blindleistung zusammensetzt, kann daher in seinem ersten Teil sowohl eine elektrische Wirkleistung (Joulesche Wärme) wie auch eine mechanische Wirkleistung enthalten.

Die Aufstellung von Leistungsgleichungen (Vektorproduktgleichungen) wird sich stets empfehlen, wenn man sich über die von den einzelnen Stromzweigen oder Maschinen aufgenommenen Leistungen Rechenschaft abgeben will. Dabei wird man bis zum Schluß der Rechnung mit den Gesamtleistungen (Vektorprodukten { }) operieren und diese erst zum Schluß in ihre Wirkleistungen und Blindleistungen zerlegen oder mit Hilfe der im Abschnitt G gegebenen Regeln die Vektorproduktgleichungen in Vektorgleichungen umwandeln.

Änderung der Leistungsaufnahme bei Stromänderung. 93

Die Leistungsgleichungen bieten offenbar die umfassendste Berechnungsart, da sie die Zusammenfassung der verschiedensten Leistungsformen in einer Gleichung und damit ein tieferes Eindringen in das Wesen der betrachteten Vorgänge gestatten.

Wir wollen nunmehr untersuchen, wie sich die Leistungsaufnahme einer Stromverzweigung ändert,

1. wenn der (Schein-)Widerstand und damit der Strom eines Stromzweiges willkürlich geändert wird;
2. wenn die Spannung zwischen einem Knotenpunkt und einem Speisepunkt willkürlich geändert wird.

Da die Berechnung verschiedene Resultate für
a) unverkettete und
b) verkettete Stromkreise
ergibt, so wollen wir die Untersuchung auf beide ausdehnen.

a) Änderung der Leistungsaufnahme mehrerer in Serie geschalteter Widerstände infolge Änderung eines dieser Widerstände (Änderung des Stromes).

An einer konstanten Wechselspannung $\mathfrak{E}$ (Abb. 60a) liegen ein veränderlicher Scheinwiderstand $\dfrac{\mathfrak{f}_1}{\mathfrak{J}}$ und ein unveränderlicher $\dfrac{\mathfrak{f}_2}{\mathfrak{J}}$ (Abb. 60), welche von dem Strom i durchflossen werden und die Spannungsverluste e_1 und e_2 erzeugen. Dann ist

$$\mathfrak{E} = e_1 + e_2 \tag{231}$$

und

$$\frac{e_1}{e_2} = \frac{\mathfrak{f}_1}{\mathfrak{f}_2}, \tag{231a}$$

ferner, da der Scheinwiderstand der beiden Widerstände $\dfrac{\mathfrak{f}_1 + \mathfrak{f}_2}{\mathfrak{J}}$ ist,

$$i = \mathfrak{J} \cdot \frac{\mathfrak{E}}{\mathfrak{f}_1 + \mathfrak{f}_2}. \tag{232}$$

Die von dem Netz abgegebene Leistung ist $\mathfrak{N} = \{\mathfrak{E} \cdot i\}$, die von den beiden Stromzweigen aufgenommene Leistung

$$\mathfrak{N}_1 = \{e_1 \cdot i\} \quad \text{bzw.} \quad \mathfrak{N}_2 = \{e_2 \cdot i\}. \tag{233}$$

Daher ist
$$\mathfrak{N} = \mathfrak{N}_1 + \mathfrak{N}_2$$
oder
$$\{\mathfrak{E} \cdot i\} = \{e_1 \cdot i\} + \{e_2 \cdot i\}. \tag{234}$$

Wir betrachten nunmehr einen zweiten Gleichgewichtszustand, bei dem durch Änderung des Widerstandes $\frac{\mathfrak{f}_1}{\mathfrak{J}}$ auf den Wert $\frac{\mathfrak{f}_I}{\mathfrak{J}}$, (Abb. 60) ein Strom i′ und die Spannungen e_I und e_{II} entstehen. Dabei verschiebt sich der Knotenpunkt P um den Vektor $e_\mathfrak{x}$

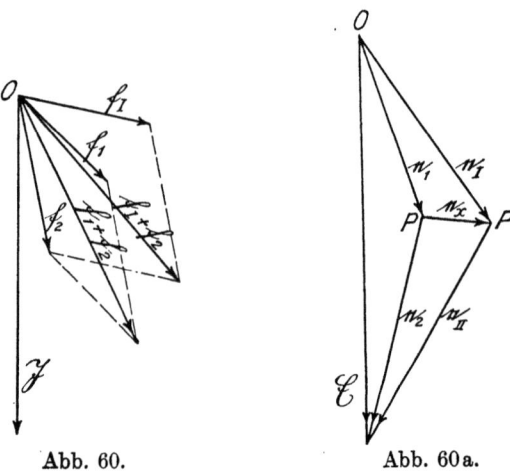

Abb. 60. Abb. 60a.

nach P'; die Leistung des Netzes wird mit $\mathfrak{N}'$ und die der Stromzweige mit $\mathfrak{N}_I$, $\mathfrak{N}_{II}$ bezeichnet. Dann ist:

$$e_I = e_1 + e_\mathfrak{x}; \quad e_{II} = e_2 - e_\mathfrak{x} \tag{235}$$

und
$$\frac{e_2}{e_{II}} = \frac{i}{i'}, \tag{236}$$

da $\frac{e_2}{i} = \frac{e_{II}}{i'} = \frac{\mathfrak{f}_2}{\mathfrak{J}} = \text{const}$ ist, und

$$\mathfrak{N}' = \mathfrak{N}_I + \mathfrak{N}_{II} \tag{237}$$

oder
$$\left. \begin{array}{l} \{\mathfrak{E} \cdot i'\} = \{e_I \cdot i'\} + \{e_{II} \cdot i'\} = \{(e_1 + e_\mathfrak{x}) \cdot i'\} + \{(e_2 - e_\mathfrak{x}) \cdot i'\} \\ = \{e_1 \cdot i'\} + \{e_2 \cdot i'\}. \end{array} \right\} \tag{238}$$

Die Änderung der Leistungsabgabe bzw. -aufnahme beim Übergang vom ersten Zustand zum zweiten ist daher:

$$\mathfrak{N} - \mathfrak{N}' = \{\mathfrak{E} \cdot (i - i')\} = \{e_1 \cdot (i - i')\} + \{e_2 \cdot (i - i')\}. \tag{239}$$

Erstes Leistungsgesetz.

Hierin ist $i - i'$ die vektorielle Differenz der beiden Ströme i und i'. Für eine unendlich kleine Änderung von i ergibt sich

$$d\,\mathfrak{N} = \{\mathfrak{E} \cdot d\,i\} \tag{239a}$$

oder

$$\frac{d\{\mathfrak{N}\}}{d\,i} = \mathfrak{E}. \tag{239b}$$

Wir haben hierbei $\mathfrak{N}$ in $\{\ \}$ gesetzt, um darzustellen, daß $\mathfrak{E} \cdot d\,i$ ein Vektorprodukt ist.

Diese nahezu selbstverständlichen Gleichungen gewinnen eine erhöhte Bedeutung, wenn man sie auf die Schaltleistung von Generatorschaltern bezieht, d. h. wenn man nicht ein Netz konstanter Spannung, sondern einen Generator mit eigenem inneren Spannungsabfall zugrunde legt und insonderheit die Abschaltung eines Kurzschlusses in Rechnung zieht. Wir betrachten hier die Spannung e_2 als den inneren Spannungsabfall des Generators bei dem Strom i, oder als Grenzfall bei dem Kurzschlußstrom i_t und die konstante Spannung $\mathfrak{E}$ als die EMK des Generators $\mathfrak{E}_l$ bei dem Strom 0, d. h. seine Leerlaufs-EMK. Unter diesen Annahmen ist die abzuschaltende Energie

$$\mathfrak{N} = \{\mathfrak{E}_l \cdot i\} \quad \text{bzw.} \quad \{\mathfrak{E}_l \cdot i_t\}. \tag{240}$$

Hiernach ist die Schaltleistung gleich dem Vektorprodukt aus dem Strom vor der Abschaltung und der Spannung nach der Öffnung des Stromkreises. Diesen Satz bezeichnen wir als das erste Leistungsgesetz.

Das Vektorprodukt $\{\mathfrak{E}_l \cdot i_t\}$ enthält einen bestimmten Betrag an Wirkleistung $\mathfrak{N}_w = E_l i_t \cos\varphi$ und Blindleistung $\mathfrak{N}_b = E_l i_k \sin\varphi$, die sich vektoriell zur Gesamtleistung $\mathfrak{N} = \mathfrak{N}_b + \mathfrak{N}_w$ oder

$$|\mathfrak{N}| = \sqrt{|\mathfrak{N}_b|^2 + |\mathfrak{N}_w|^2} \tag{241}$$

zusammensetzen.

Während nun in unseren Rechnungen Wirk- und Blindleistung als inkommensurable Größen streng voneinander unterschieden werden, wirken bei dem Abschaltvorgang beide Leistungsformen in gleicher Weise, wenn auch in verschiedenem Maße, auf die Erwärmung der Kontakte, die Gas- und Funkenbildung ein. Beide Leistungen begrenzen daher gemeinsam die Abschaltleistung eines Schalters, und es ist von hohem praktischen Interesse, festzustellen, welche Gesamtleistung ein Schalter bewältigen kann, dessen Belastung aus Wirk- und Blindleistung besteht. Es ist bekannt, daß ein Schalter bei induktionsfreier Belastung eine erheblich größere Leistung (Wirkvoltampere) abschalten kann als bei rein induktiver Belastung (Blindvoltampere). Bezeichnen wir nach Abb. 61 die Gesamtleistung bei einer Phasenverschiebung φ mit $\mathfrak{N}_\varphi = AB$, die Wirkleistung $\mathfrak{N}_\varphi \cos\varphi = AC$ und die Blindleistung $\mathfrak{N}_\varphi \sin\varphi = CB$, und ist ferner die rein induktive Belastung (in kVA), die der Schalter bewältigen kann, α ($\alpha < 1$) mal so groß als die rein induktionsfreie (in kW), so ist, wenn wir alle Leistungen auf die maximal abschaltbare induktive Belastung $\mathfrak{N}$ beziehen, von der Komponente $\mathfrak{N}_\varphi \cos\varphi$ nur der Betrag $\alpha \mathfrak{N}_\varphi \cos\varphi = DC$ neben der induktiven Komponente $\mathfrak{N}_\varphi \sin\varphi$ in Rechnung zu stellen. Die geometrische Zusammensetzung von $DC = \alpha \mathfrak{N}_\varphi \cos\varphi$ und $CB = \mathfrak{N}_\varphi \sin\varphi$ ergibt den Wert $\mathfrak{N} = DB$, der für den betreffenden Schalter eine Konstante ist und gleichzeitig die maximal abschaltbare rein induktive Belastung darstellt. Aus der Abbildung ergibt sich:

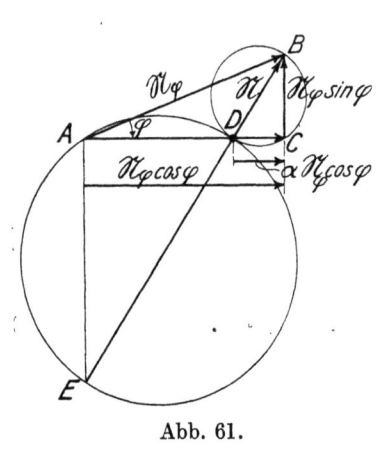

Abb. 61.

$$\mathfrak{N} = \alpha \mathfrak{N}_\varphi \cos\varphi + \mathfrak{N}_\varphi \sin\varphi \tag{242}$$

oder

$$N^2 = N_\varphi^2 [(\alpha \cos\varphi)^2 + \sin^2\varphi] = N_\varphi^2 [1 - (1-\alpha^2)\cos^2\varphi], \tag{243}$$

$$N_\varphi = \frac{N}{\sqrt{\alpha^2 \cos^2\varphi + \sin^2\varphi}} = \frac{N}{\sqrt{1 - (1-\alpha^2)\cos^2\varphi}}. \tag{244}$$

Da der Winkel $DCB = 90°$ und das Verhältnis $\dfrac{AD}{DC} = \dfrac{1-\alpha}{\alpha}$ ist, so bewegen sich die Punkte A und C, wenn wir DB festhalten, aber den Winkel φ veränderlich machen, auf zwei Kreisen, deren Durchmesser DE und DB sich gleichfalls wie $\dfrac{1-\alpha}{\alpha}$ verhalten.

Sowohl die Abbildung wie die Gl. (244) ergibt für

$$\varphi = 0: \quad N_\varphi = \frac{N}{\alpha} = EB$$

und für

$$\varphi = 90°: \quad N_\varphi = N = DB.$$

Gewöhnlich wird die maximale Schaltleistung in Voltampere ohne Berücksichtigung des Phasenwinkels angegeben, wobei an vorwiegend induktive Belastung gedacht wird ($\varphi = 90°$). Diese Annahme ist nach obigem nur dann zulässig, wenn der Punkt A in der Nähe von D liegt. Andernfalls ist $AB > DB$. Wenn man daher die Leistung eines Schalters in Voltampere angibt, so sollte man dabei immer den Phasenwinkel zwischen Kurzschlußstrom und Leerlaufspannung angeben. Zu einer eindeutigen Bestimmung der Schaltleistung ist ferner die Kenntnis des Zahlenfaktors α erforderlich.

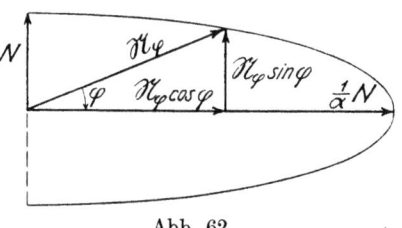

Abb. 62.

In Abb. 62 ist $\mathfrak{N}_\varphi$ als Funktion von φ aufgetragen. Man erkennt, daß die Spitze von $\mathfrak{N}_\varphi$ sich auf einer Ellipse bewegt, was auch aus Gl. (243) hervorgeht, wenn $\mathfrak{N}_\varphi \cos\varphi = x$ und $\mathfrak{N}_\varphi \sin\varphi = y$ gesetzt wird. Damit geht Gl. (243) über in

$$N^2 = \alpha^2 x^2 + y^2$$

oder

$$1 = \frac{x^2}{\left(\dfrac{N}{\alpha}\right)^2} + \frac{y^2}{N^2}. \tag{245}$$

Das ist aber die Gleichung einer Ellipse mit den Halbachsen $\dfrac{N}{\alpha}$ und N. Die obere Hälfte der Abb. 62 gilt für nacheilenden, die untere für voreilenden Strom und der zweite nicht dargestellte Teil der Ellipse für $\varphi > \pm 90°$. In diesem Falle wirkt die Synchronmaschine nicht als Generator, sondern als Motor oder Phasenschieber.

Bei der Darstellung Abb. 61 ist angenommen, daß die beiden Leistungen $\alpha \mathfrak{N}_\varphi \cos\varphi$ und $\mathfrak{N}_\varphi \sin\varphi$ geometrisch zusammengesetzt werden müssen. Diese Annahme ist zwar an sich plausibel, ihre Richtigkeit müßte aber durch Versuche noch bestätigt werden.

98 Änderung der Leistungsaufnahme bei Spannungsänderung.

b) Änderung der Leistungsaufnahme mehrerer Widerstände in verketteter Schaltung infolge Änderung eines dieser Widerstände.

Wir nehmen nach Abb. 63 und 63a ein Drehstromnetz ABC an, welches durch drei Scheinwiderstände (Abb. 63a), deren Leitwerte durch die Vektorverhältnisse $\dfrac{j}{\mathfrak{E}}, \dfrac{\varkappa}{\mathfrak{E}}, \dfrac{\lambda}{\mathfrak{E}}$ mit der Bezugseinheit $\mathfrak{E} = BC$ dargestellt werden, im Stern belastet ist. Hierbei bildet sich ein Knotenpunkt P, und an den Widerständen treten die Spannungen $\mathfrak{e}, \mathfrak{f}, \mathfrak{g}$ auf. Die zugehörigen Ströme $\mathfrak{i}, \mathfrak{k}, \mathfrak{l}$ sind der Übersichtlichkeit halber in der Abbildung fortgelassen.

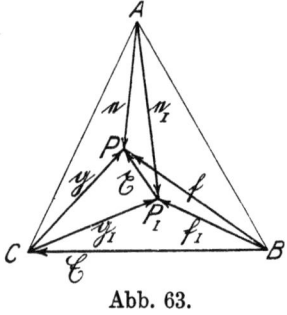

Abb. 63.

Wir nehmen nun an, daß der Strom $\mathfrak{i}$ ganz unterbrochen wird, entsprechend $\mathfrak{j} = 0$ und der Verschiebung des Knotenpunktes P nach P_I, und wollen die dabei auftretende Änderung der Leistungsaufnahme bestimmen.

Die Spannungen für den zweiten Zustand bezeichnen wir mit
$$\mathfrak{e}_I, \mathfrak{f}_I, \mathfrak{g}_I$$
und die Ströme mit
$$\mathfrak{i}_I (= 0), \mathfrak{k}_I, \mathfrak{l}_I.$$

Dann ist

$$\mathfrak{i} = \dfrac{\mathfrak{j}}{\mathfrak{E}} \mathfrak{e}; \qquad \mathfrak{k} = \dfrac{\varkappa}{\mathfrak{E}} \mathfrak{f}; \qquad \mathfrak{l} = \dfrac{\lambda}{\mathfrak{E}} \mathfrak{g}; \qquad \mathfrak{i} + \mathfrak{k} + \mathfrak{l} = 0; \qquad (246)$$

$$\mathfrak{i}_I = 0; \qquad \mathfrak{k}_I = \dfrac{\varkappa}{\mathfrak{E}} \mathfrak{f}_I; \qquad \mathfrak{l}_I = \dfrac{\lambda}{\mathfrak{E}} \mathfrak{g}_I; \qquad \mathfrak{k}_I + \mathfrak{l}_I = 0. \qquad (247)$$

Bezeichnen wir schließlich noch die Leistungsaufnahmen für die beiden Zustände mit $\mathfrak{N}$ bzw. $\mathfrak{N}_I$, so ist

$$\mathfrak{N} = \{\mathfrak{e} \cdot \mathfrak{i} + \mathfrak{f} \cdot \mathfrak{k} + \mathfrak{g} \cdot \mathfrak{l}\}, \qquad (248)$$

$$\mathfrak{N}_I = \{\mathfrak{f}_I \cdot \mathfrak{k}_I + \mathfrak{g}_I \cdot \mathfrak{l}_I\} \qquad (249)$$

und die Änderung der Leistungsaufnahme:

$$\mathfrak{N} - \mathfrak{N}_I = \{\mathfrak{e} \cdot \mathfrak{i} + \mathfrak{f} \cdot \mathfrak{k} + \mathfrak{g} \cdot \mathfrak{l}\} - \{\mathfrak{f}_I \cdot \mathfrak{k}_I + \mathfrak{g}_I \cdot \mathfrak{l}_I\}. \qquad (250)$$

Änderung der Leistungsaufnahme bei Spannungsänderung.

Bei der Zustandsänderung hat sich der Knotenpunkt P um den Vektor $\mathfrak{x}$ nach P_I verschoben. Es ist daher

$$\mathfrak{e} = \mathfrak{e}_I + \mathfrak{x}, \quad \mathfrak{f} = \mathfrak{f}_I + \mathfrak{x}, \quad \mathfrak{g} = \mathfrak{g}_I + \mathfrak{x}. \tag{251}$$

Setzen wir die Werte der Gl. (251) in Gl. (250) ein, so erhalten wir

$$\mathfrak{N} - \mathfrak{N}_I = \{(\mathfrak{e}_I + \mathfrak{x}) \cdot \mathfrak{i} + (\mathfrak{f}_I + \mathfrak{x}) \cdot \mathfrak{k} + (\mathfrak{g}_I + \mathfrak{x}) \cdot \mathfrak{l} - \mathfrak{f}_I \cdot \mathfrak{k}_I - \mathfrak{g}_I \cdot \mathfrak{l}_I\}, \tag{252}$$

$$\mathfrak{N} - \mathfrak{N}_I = \{\mathfrak{e}_I \cdot \mathfrak{i}\} + \{\mathfrak{x} \cdot (\mathfrak{i} + \mathfrak{k} + \mathfrak{l})\} + \{\mathfrak{f}_I \cdot (\mathfrak{k} - \mathfrak{k}_I) + \mathfrak{g}_I \cdot (\mathfrak{l} - \mathfrak{l}_I)\}. \tag{252a}$$

Das zweite Glied der Gl. (252a) ist gleich Null, da $\mathfrak{i} + \mathfrak{k} + \mathfrak{l} = 0$ ist. Ferner ist aber nach Gl. (246), (247) und (251)

$$\mathfrak{k} - \mathfrak{k}_I = \frac{\varkappa}{\mathfrak{E}} \mathfrak{x}, \qquad \mathfrak{l} - \mathfrak{l}_I = \frac{\lambda}{\mathfrak{E}} \mathfrak{x} \tag{253}$$

und nach Gl. (247)

$$\varkappa \mathfrak{f}_I + \lambda \mathfrak{g}_I = 0, \qquad \frac{\mathfrak{f}_I}{\mathfrak{g}_I} = \frac{-\lambda}{\varkappa}; \tag{254}$$

da außerdem $\mathfrak{f}_I - \mathfrak{g}_I = \mathfrak{E}$ ist, so wird

$$\mathfrak{f}_I = +\frac{\lambda}{\varkappa + \lambda} \mathfrak{E}, \qquad \mathfrak{g}_I = -\frac{\varkappa}{\varkappa + \lambda} \mathfrak{E}. \tag{255}$$

Setzen wir die Werte aus Gl. (253) und (255) in Gl. (252a) ein, so erhalten wir

$$\mathfrak{N} - \mathfrak{N}_I = \{\mathfrak{e}_I \cdot \mathfrak{i}\} + \left\{\frac{\lambda}{\varkappa + \lambda} \mathfrak{E} \cdot \frac{\varkappa}{\mathfrak{E}} \mathfrak{x} - \frac{\varkappa}{\varkappa + \lambda} \mathfrak{E} \cdot \frac{\lambda}{\mathfrak{E}} \mathfrak{x}\right\}. \tag{256}$$

Nunmehr transportieren wir in dem zweiten Klammerausdruck die Vektorverhältnisse $\dfrac{\lambda}{\varkappa + \lambda}$ bzw. $\dfrac{\varkappa}{\varkappa + \lambda}$ auf die rechte Seite, wobei wir nach Kap. F Gl. (52) für die Zähler die Spiegelvektoren $\lambda_{(\varkappa+\lambda)}$ bzw. $\varkappa_{(\varkappa+\lambda)}$ einsetzen müssen. Zur Vereinfachung bezeichnen wir diese mit

$$\lambda' = \lambda_{(\varkappa+\lambda)} \quad \text{bzw.} \quad \varkappa' = \varkappa_{(\varkappa+\lambda)}$$

und erhalten

$$\mathfrak{N} - \mathfrak{N}_I = \{\mathfrak{e}_I \cdot \mathfrak{i}\} + \left\{\mathfrak{E} \cdot \left(\lambda' \frac{\varkappa}{\varkappa + \lambda} - \varkappa' \frac{\lambda}{\varkappa + \lambda}\right) \frac{\mathfrak{x}}{\mathfrak{E}}\right\}. \tag{257}$$

Die zweite Klammer läßt sich nun noch bedeutend vereinfachen. In Abb. 63a sind dargestellt $\varkappa = OF$, $\lambda = OD$, $\varkappa + \lambda = OG$ (das Dreieck BP_IC der Abb. 63 ist nach Gl. (254) dem Dreieck ODG ähnlich) und die Spiegelvektoren $\varkappa' = LF$ und $\lambda' = OH$.

7*

100 Änderung der Leistungsaufnahme bei Spannungsänderung.

Wir haben nunmehr den Vektor $\lambda' \dfrac{\varkappa}{\varkappa+\lambda}$ zu bilden, indem wir λ' mit dem Vektorverhältnis $\dfrac{\varkappa}{\varkappa+\lambda} = \dfrac{OF}{OG}$ multiplizieren oder $\triangle HOK$ ähnlich $\triangle GOF$ konstruieren. Da nun $OHFG$ ein symmetrisches Trapez und $FH \parallel GO$ ist, so fällt K in die Verlängerung von FH, da der $\measuredangle OHK = \measuredangle HOG = \measuredangle OGF$ ist. OK ist somit der gesuchte Vektor $\lambda' \dfrac{\varkappa}{\varkappa+\lambda}$. In gleicher Weise wird der Vektor $-\varkappa' \dfrac{\lambda}{\varkappa+\lambda}$ konstruiert, indem $-\varkappa' = FL$ mit dem Vektorverhältnis $\dfrac{\lambda}{\varkappa+\lambda}$ multipliziert wird. Es ergibt sich dabei

$$-\varkappa' \frac{\lambda}{\varkappa+\lambda} = KL,$$

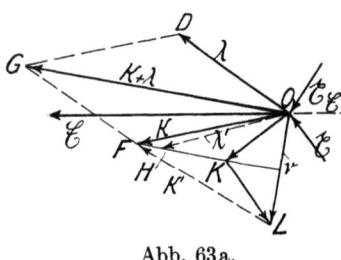

Abb. 63a.

wobei KL symmetrisch zu KO in bezug auf FK liegt. Bezeichnen wir OL mit ν, so ist

$$\nu = \lambda' \frac{\varkappa}{\varkappa+\lambda} - \varkappa' \frac{\lambda}{\varkappa+\lambda}$$

ein gegebener, aus $\varkappa$ und λ leicht zu konstruierender Vektor; ν ist gleich der doppelten Höhe des aus $\varkappa$ und λ gebildeten Dreiecks GFO und steht $\perp$ auf $\varkappa + \lambda$. Aus der Abbildung ist ferner abzulesen, daß

$$\nu = \varkappa - \varkappa' = \lambda' - \lambda$$

ist. Wir erhalten schließlich:

$$\mathfrak{N} - \mathfrak{N}_I = \{\mathfrak{e}_I \cdot \mathfrak{i}\} + \left\{\mathfrak{E} \cdot \nu \frac{\mathfrak{x}}{\mathfrak{E}}\right\}. \tag{258}$$

Das erste Vektorprodukt der rechten Seite entspricht vollständig der Leistungsänderung für unverkettete Stromkreise [Gl. (240)], die wir als das erste Leistungsgesetz bezeichnet haben; das zweite Vektorprodukt tritt für verkettete Stromzweige hinzu. In diesem zweiten Glied können wir noch den Bezugsvektor $\mathfrak{E}$ eliminieren, indem wir das Vektorverhältnis $\dfrac{\mathfrak{x}}{\mathfrak{E}}$ unter Benutzung des Spiegelvektors $\mathfrak{x}_{\mathfrak{E}}$ auf die linke Seite transportieren. Wir erhalten dann

$$\mathfrak{N} - \mathfrak{N}_I = \{\mathfrak{e}_I \cdot \mathfrak{i}\} + \{\mathfrak{x}_{\mathfrak{E}} \cdot \nu\}. \tag{259}$$

Änderung der Leistungsaufnahme bei Spannungsänderung. 101

Hierin ist $\mathfrak{x}_\mathfrak{E}$ der Spiegelvektor von $\mathfrak{x}$ gegen $\mathfrak{E}$. In Abb. 63a ist sowohl $\mathfrak{x}$ wie auch $\mathfrak{x}_\mathfrak{E}$ eingetragen. Fällt $\mathfrak{x}_\mathfrak{E}$ in die Richtung von ν, so stellt das zweite Glied lediglich eine (positive oder negative) Wirkleistung dar; steht $\mathfrak{x}_\mathfrak{E}$ senkrecht zu ν, so handelt es sich um eine Blindleistung, bei geneigter Lage von $\mathfrak{x}_\mathfrak{E}$ zu ν sind die Komponenten von $\mathfrak{x}_\mathfrak{E}$ in der Richtung von ν und senkrecht dazu zu bilden, um den Anteil an Wirk- und Blindleistung zu ermitteln. Haben schließlich $\varkappa$ und λ und somit auch $\varkappa + \lambda$ gleiche Richtung, so ist ν und damit auch das zweite Vektorprodukt gleich Null. Dieser Fall tritt unter anderem auch dann ein, wenn die Belastung der beiden Stromzweige PB und PC (Abb. 63) induktionsfrei oder rein induktiv ist.

Wird der erste Stromkreis nicht völlig unterbrochen, sondern ändert sich der Strom nur von i auf i' bzw. die Spannung $\mathfrak{x}_\mathfrak{E}$ auf $\mathfrak{x}'_\mathfrak{E}$, so verwandelt sich die Gl. (258) in

$$\mathfrak{N} - \mathfrak{N}' = \{\mathfrak{e}_I \cdot (\mathfrak{i} - \mathfrak{i}')\} + \{(\mathfrak{x}_\mathfrak{E} - \mathfrak{x}'_\mathfrak{E}) \cdot \nu\} \qquad (260)$$

oder für eine unendlich kleine Stromänderung

$$d\mathfrak{N} = \{\mathfrak{e}_I \cdot d\mathfrak{i}\} + \{d\mathfrak{x}_\mathfrak{E} \cdot \nu\}. \qquad (260\,\text{a})$$

Für induktionsfreie oder rein induktive Belastung der Stromzweige verschwindet auch hier das zweite Vektorprodukt in Gl. (260) und (260a), da hierbei $\nu = 0$ wird.

Vorstehend haben wir die Änderung der Leistungsaufnahme für unverkettete und verkettete Stromkreise infolge der Stromänderung (Widerstandsänderung) in einem Stromzweige untersucht. Wir wollen nunmehr die Änderung der Leistungsaufnahme bei künstlicher Änderung der Spannung an den Stromzweigen ermitteln, wobei die Scheinwiderstände der Stromzweige unverändert beibehalten werden.

Diese Aufgabe tritt bei der Verschiebung des Nullpunktes einer Stromverzweigung, z. B. durch Anlegen einer Erdschlußspule, auf. Wir wollen hierbei zunächst den Fall IIb für verkettete Stromzweige berechnen und den Fall IIa für unverkettete Stromzweige als Sonderfall daraus ableiten.

c) Änderung der Leistungsaufnahme mehrerer Widerstände in verketteter (unverketteter) Schaltung infolge Änderung der Spannung an denselben.

Als Beispiel benutzen wir wieder ein in Sternschaltung belastetes Drehstromnetz (Abb. 64). $\mathfrak{E}_1, \mathfrak{E}_2, \mathfrak{E}_3$ seien die verketteten

Leistungsaufnahme verketteter Stromkreise.

Drehstromspannungen, $\mathfrak{e}, \mathfrak{f}, \mathfrak{g}$ die Sternspannungen und $\mathfrak{i}, \mathfrak{k}, \mathfrak{l}$ die zugehörigen (in der Abbildung nicht dargestellten) Ströme der drei Stromzweige, deren Leitwerte durch die Vektorverhältnisse $\dfrac{\mathfrak{j}}{\mathfrak{E}}, \dfrac{\varkappa}{\mathfrak{E}}, \dfrac{\lambda}{\mathfrak{E}}$ gegeben werden. Es ist daher

$$\mathfrak{i} = \dfrac{\mathfrak{j}}{\mathfrak{E}}\mathfrak{e}; \qquad \mathfrak{k} = \dfrac{\varkappa}{\mathfrak{E}}\mathfrak{f}; \qquad \mathfrak{l} = \dfrac{\lambda}{\mathfrak{E}}\mathfrak{g}; \qquad \mathfrak{i}+\mathfrak{k}+\mathfrak{l} = 0. \qquad (261)$$

Ist von den drei Spannungen $\mathfrak{e}, \mathfrak{f}, \mathfrak{g}$ eine, z. B. $\mathfrak{e}$, bestimmt, so sind damit auch die beiden anderen, $\mathfrak{f}$ und $\mathfrak{g}$, gegeben, denn es ist

$$\mathfrak{f} = \mathfrak{e} - \mathfrak{E}_3, \qquad \mathfrak{g} = \mathfrak{e} + \mathfrak{E}_2. \qquad (262)$$

Hiermit wird Gl. (261)

$$\mathfrak{i}+\mathfrak{k}+\mathfrak{l} = \dfrac{\mathfrak{j}}{\mathfrak{E}}\mathfrak{e} + \dfrac{\varkappa}{\mathfrak{E}}(\mathfrak{e}-\mathfrak{E}_3) + \dfrac{\lambda}{\mathfrak{E}}(\mathfrak{e}+\mathfrak{E}_2) = 0,$$

$$\mathfrak{e} = \dfrac{\varkappa\mathfrak{E}_3 - \lambda\mathfrak{E}_2}{\mathfrak{j}+\varkappa+\lambda}. \qquad (263)$$

Die Konstruktion dieses Vektors wie auch die der übrigen Größen wird später behandelt werden.

Wir werden aber nachfolgend noch eine andere Berechnungsweise mit Hilfe der Leistungsgesetze kennen lernen, die besonders bei komplizierteren Aufgaben, z. B. Verkettungen mit mehreren Knotenpunkten, leicht zum Ziele führt. Nach dieser Abschweifung wollen wir die Leistungsaufnahme der Stromzweige bestimmen, und zwar 1. für den Gleichgewichtszustand und 2. für eine Störung desselben. Zu letzterem Zwecke denken wir uns in Abb. 64 zwischen A und dem Sternpunkt Q eine Hilfsspannung $\mathfrak{e} + d\mathfrak{x}$ oder zwischen einem künstlichen Potentialpunkt P und dem Knotenpunkt Q eine Spannung $d\mathfrak{x}$ gelegt, die eine Verschiebung des Knotenpunktes P nach Q um den Betrag $d\mathfrak{x}$ zur Folge hat. Dadurch entstehen die neuen Sternspannungen

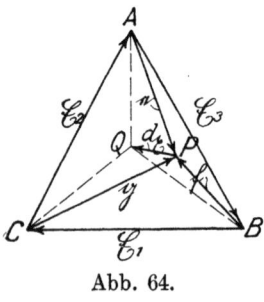

Abb. 64.

$$AQ = \mathfrak{e}+d\mathfrak{x}; \qquad BQ = \mathfrak{f}+d\mathfrak{x}; \qquad CQ = \mathfrak{g}+d\mathfrak{x}.$$

Die Ströme ändern sich dadurch in

$$\mathfrak{i}\,\dfrac{\mathfrak{e}+d\mathfrak{x}}{\mathfrak{e}}; \qquad \mathfrak{k}\,\dfrac{\mathfrak{f}+d\mathfrak{x}}{\mathfrak{f}}; \qquad \mathfrak{l}\,\dfrac{\mathfrak{g}+d\mathfrak{x}}{\mathfrak{g}}.$$

Zweites Leistungsgesetz.

Während sich daher die Spannungen vektoriell um denselben Betrag $d\mathfrak{x}$ ändern, ändern sich die Ströme um ungleiche Beträge, nämlich um

$$d\mathfrak{i} = \mathfrak{i}\,\frac{d\mathfrak{x}}{\mathfrak{e}}; \qquad d\mathfrak{k} = \mathfrak{k}\,\frac{d\mathfrak{x}}{\mathfrak{f}}; \qquad d\mathfrak{l} = \mathfrak{l}\,\frac{d\mathfrak{x}}{\mathfrak{g}}. \tag{264}$$

Die Summe der Ströme, die durch die Hilfsspannung $d\mathfrak{x}$ abgeführt werden, ist:

$$d\mathfrak{i} + d\mathfrak{k} + d\mathfrak{l} = \left(\frac{\mathfrak{i}}{\mathfrak{e}} + \frac{\mathfrak{k}}{\mathfrak{f}} + \frac{\mathfrak{l}}{\mathfrak{g}}\right) d\mathfrak{x} = \frac{\mathfrak{j} + \varkappa + \lambda}{\mathfrak{E}}\,d\mathfrak{x} = \frac{\mu}{\mathfrak{E}}\,d\mathfrak{x}, \tag{265}$$

worin $\mu = \mathfrak{j} + \varkappa + \lambda$ gesetzt ist.

Wenn $|d\mathfrak{x}|$ nach seinem Betrage als konstant angenommen und nur die Richtung von $d\mathfrak{x}$ verändert wird, so hat der abgeführte Strom, da $\dfrac{\mathfrak{j} + \varkappa + \lambda}{\mathfrak{E}} = \dfrac{\mu}{\mathfrak{E}}$ ein konstantes Vektorverhältnis ist, eine konstante Größe, und seine Phasenverschiebung gegen $d\mathfrak{x}$ ist gleichfalls konstant. Das gleiche gilt auch für eine endliche Verschiebung $\mathfrak{x}$.

Bezeichnen wir nun die Leistungsaufnahme der drei Stromzweige im Gleichgewichtszustande mit $\mathfrak{N}$, so ist

$$\mathfrak{N} = \{\mathfrak{e}\cdot\mathfrak{i} + \mathfrak{f}\cdot\mathfrak{k} + \mathfrak{g}\cdot\mathfrak{l}\}. \tag{266}$$

Die Änderung $d\mathfrak{N}$ bei einer Verschiebung des Knotenpunktes um den Vektor $d\mathfrak{x}$ erhält man durch Differentiation der Gl. (266) sowohl nach den Spannungen wie nach den Strömen:

$$d\mathfrak{N} = \{d\mathfrak{x}\cdot(\mathfrak{i} + \mathfrak{k} + \mathfrak{l})\} + \{\mathfrak{e}\cdot d\mathfrak{i} + \mathfrak{f}\cdot d\mathfrak{k} + \mathfrak{g}\cdot d\mathfrak{l}\} = d\mathfrak{N}_e + d\mathfrak{N}_i, \tag{267}$$

worin $d\mathfrak{N}_e$ die Leistungsänderung durch die Spannungsänderungen und $d\mathfrak{N}_i$ die Leistungsänderung durch die Stromänderungen bedeutet.

Da $\mathfrak{i} + \mathfrak{k} + \mathfrak{l} = 0$ ist, so ist das erste Glied stets gleich Null. Daher ist

$$\frac{\partial\{\mathfrak{N}_e\}}{\partial\mathfrak{x}} = \mathfrak{i} + \mathfrak{k} + \mathfrak{l} = 0. \tag{268}$$

Diese Gleichung bezeichnen wir als das zweite Leistungsgesetz. Es bringt zum Ausdruck, daß die partielle Derivierte der Leistungsaufnahme nach der Spannung für einen Gleichgewichtszustand gleich Null ist.

Stromverzweigung mit einem Knotenpunkt.

Mit Hilfe dieses zweiten Leistungsgesetzes lassen sich in gleicher Weise wie nach den Kirchhoffschen Gesetzen [Gl. (263)] die Vektorgleichungen für einen oder mehrere Knotenpunkte ermitteln.

1. **Ermittlung für einen Knotenpunkt (ein Freiheitsgrad).** Als Beispiel benutzen wir das sternförmig belastete Drehstromnetz Abb. 64. Die Leistungsaufnahme der drei Stromzweige ist:
$$\mathfrak{N} = \{\mathfrak{e} \cdot \mathfrak{i} + \mathfrak{f} \cdot \mathfrak{k} + \mathfrak{g} \cdot \mathfrak{l}\}. \tag{269}$$

Die in dieser Gleichung vorkommenden sechs Unbekannten sind voneinander abhängig, wir können sie sämtlich durch eine z. B. $\mathfrak{e}$, ausdrücken. Nach Gl. (262) ist
$$\mathfrak{f} = \mathfrak{e} - \mathfrak{E}_3; \quad \mathfrak{g} = \mathfrak{e} + \mathfrak{E}_2$$
und nach Gl. (261)
$$\mathfrak{i} = \frac{\mathfrak{j}}{\mathfrak{E}}\mathfrak{e}; \quad \mathfrak{k} = \frac{\varkappa}{\mathfrak{E}}(\mathfrak{e} - \mathfrak{E}_3); \quad \mathfrak{l} = \frac{\lambda}{\mathfrak{E}}(\mathfrak{e} + \mathfrak{E}_2),$$
daher
$$\mathfrak{N} = \left\{\mathfrak{e} \cdot \frac{\mathfrak{j}}{\mathfrak{E}}\mathfrak{e} + (\mathfrak{e} - \mathfrak{E}_3) \cdot \frac{\varkappa}{\mathfrak{E}}(\mathfrak{e} - \mathfrak{E}_3) + (\mathfrak{e} + \mathfrak{E}_2) \cdot \frac{\lambda}{\mathfrak{E}}(\mathfrak{e} + \mathfrak{E}_2)\right\}. \tag{270}$$

Diese Gleichung differentiieren wir nach den links stehenden Spannungsvektoren der einzelnen Produkte und lassen die Differentiation nach den rechts stehenden Stromfaktoren unberücksichtigt. Dann ist
$$\frac{\partial \{\mathfrak{N}\}}{\partial \mathfrak{e}} = \frac{\mathfrak{j}}{\mathfrak{E}}\mathfrak{e} + \frac{\varkappa}{\mathfrak{E}}(\mathfrak{e} - \mathfrak{E}_3) + \frac{\lambda}{\mathfrak{E}}(\mathfrak{e} + \mathfrak{E}_2) = 0, \tag{271}$$
woraus
$$\mathfrak{e} = \frac{\varkappa \mathfrak{E}_3 - \lambda \mathfrak{E}_2}{\mathfrak{j} + \varkappa + \lambda} \tag{272}$$
folgt. Das ist das gleiche Resultat, wie in Gl. (263) mit Hilfe des Kirchhoffschen Gesetzes entwickelt.

2. **Ermittlung für zwei Knotenpunkte (zwei Freiheitsgrade).** Als Beispiel benutzen wir eine nicht abgeglichene Wheatstonesche Brücke (Abb. 65), welche in den Punkten A, B durch die konstante Spannung $\mathfrak{E}$ gespeist wird. Dadurch entstehen in den fünf Stromkreisen die Spannungen

$$\mathfrak{e}_1, \mathfrak{e}_2, \mathfrak{e}_3, \mathfrak{e}_4, \mathfrak{e}_5$$

Stromverzweigung mit mehreren Knotenpunkten.   105

und die Ströme

$$i_1 = \frac{j_1}{\mathfrak{C}} e_1; \quad i_2 = \frac{j_2}{\mathfrak{C}} e_2; \quad i_3 = \frac{j_3}{\mathfrak{C}} e_3; \quad i_4 = \frac{j_4}{\mathfrak{C}} e_4; \quad i_5 = \frac{j_5}{\mathfrak{C}} e_5.$$

Diese zehn Unbekannten lassen sich als lineare Funktionen von zwei derselben, z. B. e_1 und e_3, darstellen, denn durch diese sind die Potentialpunkte C und D eindeutig bestimmt. Wir erhalten daher

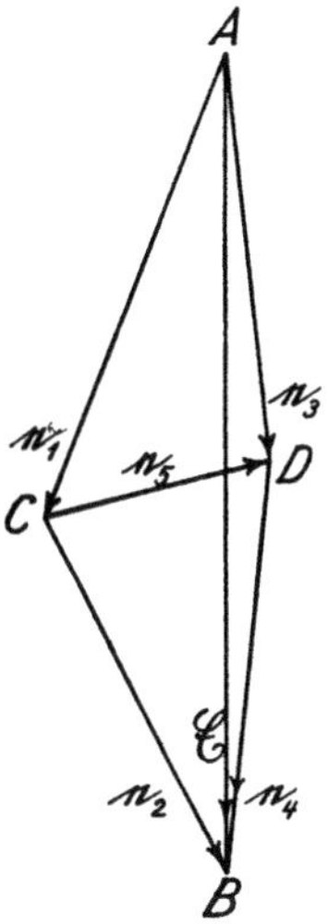

$$\left.\begin{array}{lll} e_1 = e_1, & i_1 = \dfrac{j_1}{\mathfrak{C}} e_1, & d e_1 = d e_1, \\[4pt] e_2 = \mathfrak{C} - e_1, & i_2 = \dfrac{j_2}{\mathfrak{C}}(\mathfrak{C} - e_1), & d e_2 = -d e_1, \\[4pt] e_3 = e_3, & i_3 = \dfrac{j_3}{\mathfrak{C}} e_3, & d e_3 = d e_3, \\[4pt] e_4 = \mathfrak{C} - e_3, & i_4 = \dfrac{j_4}{\mathfrak{C}}(\mathfrak{C} - e_3), & d e_4 = -d e_3, \\[4pt] e_5 = e_3 - e_1, & i_5 = \dfrac{j_5}{\mathfrak{C}}(e_3 - e_1), & d e_5 = d e_3 - d e_1, \end{array}\right\} \quad (273)$$

$$\mathfrak{N} = \{e_1 \cdot i_1 + e_2 \cdot i_2 + e_3 \cdot i_3 + e_4 \cdot i_4 + e_5 \cdot i_5\}, \quad (274)$$

$$\left.\begin{array}{l}\mathfrak{N} = \Big\{e_1 \cdot \dfrac{j_1}{\mathfrak{C}} e_1 + (\mathfrak{C} - e_1) \cdot \dfrac{j_2}{\mathfrak{C}}(\mathfrak{C} - e_1) + e_3 \cdot \dfrac{j_3}{\mathfrak{C}} e_3 \\[6pt] \qquad + (\mathfrak{C} - e_3) \cdot \dfrac{j_4}{\mathfrak{C}}(\mathfrak{C} - e_3) + (e_3 - e_1) \cdot \dfrac{j_5}{\mathfrak{C}}(e_3 - e_1)\Big\}.\end{array}\right\} \quad (275)$$

Abb. 65.

Diese Gleichung haben wir nach den links stehenden Spannungsvektoren, welche sämtlich durch e_1 und e_3 ausgedrückt sind, zu differentiieren. Die dabei entstehenden partiellen Differentiale $\dfrac{\partial \mathfrak{N}_e}{\partial e_1}$ und $\dfrac{\partial \mathfrak{N}_e}{\partial e_3}$ sind gleich Null zu setzen, da im ersten Falle e_3, im letzten e_1 als konstant angenommen werden kann. Wir erhalten daher

$$\frac{\partial \{\mathfrak{N}_e\}}{\partial e_1} = \frac{j_1}{\mathfrak{C}} e_1 - \frac{j_2}{\mathfrak{C}}(\mathfrak{C} - e_1) - \frac{j_5}{\mathfrak{C}}(e_3 - e_1) = 0, \quad (276)$$

$$\frac{\partial \{\mathfrak{N}_e\}}{\partial e_3} = \frac{j_3}{\mathfrak{C}} e_3 - \frac{j_4}{\mathfrak{C}}(\mathfrak{C} - e_3) + \frac{j_5}{\mathfrak{C}}(e_3 - e_1) = 0. \quad (277)$$

Leistungsänderung infolge der Stromänderung.

Aus Gl. (276) und (277) entstehen die nachfolgenden beiden, in e_1 und e_3 linearen Bestimmungsgleichungen:

$$(j_1 + j_2 + j_5)e_1 - j_5 e_3 - j_2 \mathfrak{E} = 0 \tag{278}$$

und

$$j_5 e_1 - (j_3 + j_4 + j_5) e_3 + j_4 \mathfrak{E} = 0, \tag{279}$$

woraus sich

$$e_1 = \mathfrak{E} \frac{j_2(j_3 + j_4) + j_5(j_2 + j_4)}{(j_1 + j_2)(j_3 + j_4) + j_5(j_1 + j_2 + j_3 + j_4)}, \tag{280}$$

$$e_3 = \mathfrak{E} \frac{j_4(j_1 + j_2) + j_5(j_2 + j_4)}{(j_1 + j_2)(j_3 + j_4) + j_5(j_1 + j_2 + j_3 + j_4)} \tag{281}$$

ergibt.

Die Berechnung der übrigen Spannungen und Ströme soll nicht weiter durchgeführt werden (vgl. II. Teil), da es hier nur darauf ankam, den Ansatz der Rechnung mit Hilfe des zweiten Leistungsgesetzes zu entwickeln.

Nach dieser Abschweifung kehren wir wieder zurück zu der Gl. (267):

$$d\mathfrak{N} = \{d\mathfrak{x} \cdot (\mathfrak{i} + \mathfrak{k} + \mathfrak{l})\} + \{\mathfrak{e} \cdot d\mathfrak{i} + \mathfrak{f} \cdot d\mathfrak{k} + \mathfrak{g} \cdot d\mathfrak{l}\} = d\mathfrak{N}_e + d\mathfrak{N}_i.$$

Wir hatten gefunden, daß das erste Glied, $d\mathfrak{N}_e$, die Leistungsänderung infolge der Spannungsänderung, stets gleich Null ist. Wir wollen nunmehr das zweite Glied, die Leistungsänderung infolge der Stromänderung näher untersuchen. Setzen wir die Werte für $d\mathfrak{i}, d\mathfrak{k}, d\mathfrak{l}$ aus Gl. (264) in obige Gleichung ein, so erhalten wir:

$$d\mathfrak{N}_i = \left\{\mathfrak{e} \cdot \mathfrak{i} \frac{d\mathfrak{x}}{\mathfrak{e}} + \mathfrak{f} \cdot \mathfrak{k} \frac{d\mathfrak{x}}{\mathfrak{f}} + \mathfrak{g} \cdot \mathfrak{l} \frac{d\mathfrak{x}}{\mathfrak{g}}\right\}. \tag{282}$$

Vertauschen wir in den Zählern dieser Vektorprodukte $\mathfrak{e}$ gegen $d\mathfrak{x}$, $\mathfrak{f}$ gegen $d\mathfrak{x}$ und $\mathfrak{g}$ gegen $d\mathfrak{x}$, wobei wir nach Gl. (50) die Spiegelvektoren $\mathfrak{e}_\mathfrak{x}, \mathfrak{f}_\mathfrak{x}, \mathfrak{g}_\mathfrak{x}$ von $\mathfrak{e}, \mathfrak{f}, \mathfrak{g}$ gegen $d\mathfrak{x}$ einführen müssen, so erhalten wir:

$$d\mathfrak{N}_i = \left\{d\mathfrak{x} \cdot \left(\mathfrak{i}\frac{\mathfrak{e}_\mathfrak{x}}{\mathfrak{e}} + \mathfrak{k}\frac{\mathfrak{f}_\mathfrak{x}}{\mathfrak{f}} + \mathfrak{l}\frac{\mathfrak{g}_\mathfrak{x}}{\mathfrak{g}}\right)\right\} \tag{283}$$

oder nach Gl. (41) und (53):

$$d\mathfrak{N}_i = \left\{d\mathfrak{x} \cdot \left(\mathfrak{i} + \mathfrak{k}\frac{\mathfrak{f}_e}{\mathfrak{f}} + \mathfrak{l}\frac{\mathfrak{g}_e}{\mathfrak{g}}\right)\frac{\mathfrak{e}_\mathfrak{x}}{\mathfrak{e}}\right\} = \left\{d\mathfrak{x} \cdot \mathfrak{m}\frac{\mathfrak{e}_\mathfrak{x}}{\mathfrak{e}}\right\} = \{d\mathfrak{x}_e \cdot \mathfrak{m}\}, \tag{284}$$

$$\frac{d\{\mathfrak{N}_i\}}{d\mathfrak{x}_e} = \mathfrak{m} = \text{Const.} \tag{285}$$

Leistungsänderung infolge der Stromänderung. 107

Hierin sind
die Spiegelbilder von
gegen $\mathfrak{e}$ und

$\mathfrak{f}_e, \mathfrak{g}_e, \mathfrak{x}_e$
$\mathfrak{f}, \mathfrak{g}, \mathfrak{x}$

$$\mathfrak{m} = \mathfrak{i} + \mathfrak{k}\frac{\mathfrak{f}_e}{\mathfrak{f}} + \mathfrak{l}\frac{\mathfrak{g}_e}{\mathfrak{g}} \qquad (286)$$

ein neuer konstanter, d. h. von $\mathfrak{x}$ unabhängiger Vektor, der sich leicht darstellen läßt. Die Konstruktion ist in Abb. 66 und 66a durchgeführt.

In Abb. 66 sind außer den Spannungen $\mathfrak{e}, \mathfrak{f}, \mathfrak{g}$ auch die zugehörigen Ströme $\mathfrak{i}, \mathfrak{k}, \mathfrak{l}$ eingetragen. Zur Bildung des Vektors $\mathfrak{k}\frac{\mathfrak{f}_e}{\mathfrak{f}}$

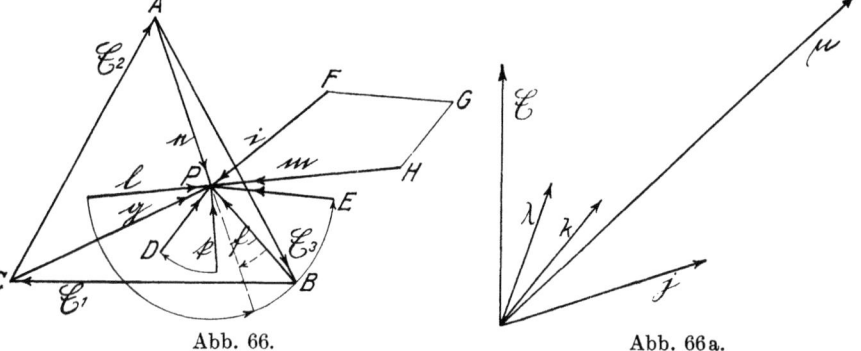

Abb. 66.   Abb. 66a.

in Gl. (286) ist $\mathfrak{k}$ ohne Änderung seines Betrages um den Winkel $\frac{\mathfrak{f}_e}{\mathfrak{f}}$ $(= 2 \sphericalangle \mathfrak{f}, \mathfrak{e})$ zu verdrehen, wobei der im Nenner stehende Vektor ($\mathfrak{f}$) an $\mathfrak{k}$ anzulegen ist. Durch diese durch einen Kreisbogen angedeutete Verdrehung kommt $\mathfrak{k}$ in die Lage $DP = \mathfrak{k}\frac{\mathfrak{f}_e}{\mathfrak{f}}$. In gleicher Weise wird $EP = \mathfrak{l}\frac{\mathfrak{g}_e}{\mathfrak{g}}$ konstruiert. Den Vektor $\mathfrak{m}$ erhält man dann durch den Linienzug $PFGH$ gleich HP, wobei $FP = \mathfrak{i}$, $GF = EP = \mathfrak{l}\frac{\mathfrak{g}_e}{\mathfrak{g}}$ und $HG = DP = \mathfrak{k}\frac{\mathfrak{f}_e}{\mathfrak{f}}$ gemacht ist. Der Vektor $\mathfrak{m}$ wird nur bei induktionsfreier Belastung in allen drei Stromzweigen gleich Null, denn in diesem Falle bilden $\mathfrak{k}\frac{\mathfrak{f}_e}{\mathfrak{f}}$ und $\mathfrak{l}\frac{\mathfrak{g}_e}{\mathfrak{g}}$ die Spiegelbilder von $\mathfrak{k}$ bzw. $\mathfrak{l}$ gegen $\mathfrak{e}$ und geben mit $\mathfrak{i}$ zusammen den Wert Null.

Bei der Entwicklung der Gl. (286) haben wir den Vektor $\mathfrak{e}$ als veränderlich angenommen und dadurch einen neuen Vektor $\mathfrak{m}$ erhalten. Ebenso hätten wir auch $\mathfrak{f}$ bzw. $\mathfrak{g}$ veränderlich annehmen können und hätten dann einen neuen Vektor $\mathfrak{n}$ bzw. $\mathfrak{p}$ erhalten. Nach Gl. (284) muß

$$\left\{d\mathfrak{x}\cdot\mathfrak{m}\frac{\mathfrak{e}_\mathfrak{x}}{\mathfrak{e}}\right\}=\left\{d\mathfrak{x}\cdot\mathfrak{n}\frac{\mathfrak{f}_\mathfrak{x}}{\mathfrak{f}}\right\}=\left\{d\mathfrak{x}\cdot\mathfrak{p}\frac{\mathfrak{g}_\mathfrak{x}}{\mathfrak{g}}\right\}$$

sein oder

$$\mathfrak{m}\frac{\mathfrak{e}_\mathfrak{x}}{\mathfrak{e}}=\mathfrak{n}\frac{\mathfrak{f}_\mathfrak{x}}{\mathfrak{f}}=\mathfrak{p}\frac{\mathfrak{g}_\mathfrak{x}}{\mathfrak{g}};\quad \frac{\mathfrak{m}}{\mathfrak{n}}=\frac{\mathfrak{e}}{\mathfrak{e}_\mathfrak{x}}\cdot\frac{\mathfrak{f}_\mathfrak{x}}{\mathfrak{f}};\quad \frac{\mathfrak{m}}{\mathfrak{p}}=\frac{\mathfrak{e}}{\mathfrak{e}_\mathfrak{x}}\frac{\mathfrak{g}_\mathfrak{x}}{\mathfrak{g}}$$

oder nach Gl. (40) und (41)

$$\frac{\mathfrak{m}}{\mathfrak{n}}=\frac{\mathfrak{e}}{\mathfrak{e}_\mathfrak{f}};\quad \frac{\mathfrak{m}}{\mathfrak{p}}=\frac{\mathfrak{e}}{\mathfrak{e}_\mathfrak{g}}$$

oder allgemein

$$\mathfrak{m}:\mathfrak{n}:\mathfrak{p}=\mathfrak{e}:\mathfrak{e}_\mathfrak{f}:\mathfrak{e}_\mathfrak{g}=\mathfrak{f}_\mathfrak{e}:\mathfrak{f}:\mathfrak{f}_\mathfrak{g}=\mathfrak{g}_\mathfrak{e}:\mathfrak{g}_\mathfrak{f}:\mathfrak{g}. \tag{287}$$

Ferner muß $|\mathfrak{m}|=|\mathfrak{n}|=|\mathfrak{p}|$ sein.

Wird der Sternpunkt P nicht um einen unendlich kleinen, sondern um einen endlichen Betrag, nämlich um den Spannungsvektor $\mathfrak{x}$, verschoben, so ist:

$$\begin{aligned}\mathfrak{N}_\mathfrak{x}&=\left\{(\mathfrak{e}+\mathfrak{x})\cdot\mathfrak{i}\frac{\mathfrak{e}+\mathfrak{x}}{\mathfrak{e}}+(\mathfrak{f}+\mathfrak{x})\cdot\mathfrak{k}\frac{\mathfrak{f}+\mathfrak{x}}{\mathfrak{f}}+(\mathfrak{g}+\mathfrak{x})\cdot\mathfrak{l}\frac{\mathfrak{g}+\mathfrak{x}}{\mathfrak{g}}\right\}\\ &=\{\mathfrak{e}\cdot\mathfrak{i}+\mathfrak{f}\cdot\mathfrak{k}+\mathfrak{g}\cdot\mathfrak{l}\}+\{\mathfrak{x}\cdot(\mathfrak{i}+\mathfrak{k}+\mathfrak{l})\}\\ &\quad +\left\{\mathfrak{e}\cdot\mathfrak{i}\frac{\mathfrak{x}}{\mathfrak{e}}+\mathfrak{f}\cdot\mathfrak{k}\frac{\mathfrak{x}}{\mathfrak{f}}+\mathfrak{g}\cdot\mathfrak{l}\frac{\mathfrak{x}}{\mathfrak{g}}\right\}+\left\{\mathfrak{x}\cdot\left(\frac{\mathfrak{i}}{\mathfrak{e}}+\frac{\mathfrak{k}}{\mathfrak{f}}+\frac{\mathfrak{l}}{\mathfrak{g}}\right)\mathfrak{x}\right\}.\end{aligned} \tag{288}$$

Das erste Glied ist gleich der Leistungsaufnahme $\mathfrak{N}$ im Gleichgewichtszustande, das zweite ist gleich Null, da $\mathfrak{i}+\mathfrak{k}+\mathfrak{l}=0$ ist. Daher ist

$$\mathfrak{N}_\mathfrak{x}-\mathfrak{N}=\left\{\mathfrak{e}\cdot\mathfrak{i}\frac{\mathfrak{x}}{\mathfrak{e}}+\mathfrak{f}\cdot\mathfrak{k}\frac{\mathfrak{x}}{\mathfrak{f}}+\mathfrak{g}\cdot\mathfrak{l}\frac{\mathfrak{x}}{\mathfrak{g}}\right\}+\left\{\mathfrak{x}\cdot\left(\frac{\mathfrak{i}}{\mathfrak{e}}+\frac{\mathfrak{k}}{\mathfrak{f}}+\frac{\mathfrak{l}}{\mathfrak{g}}\right)\mathfrak{x}\right\}. \tag{289}$$

Vertauschen wir im Zähler des ersten Vektorproduktes $\mathfrak{x}$ gegen $\mathfrak{e}$ bzw. $\mathfrak{f}$, $\mathfrak{g}$, wobei nach Gl. (50) für $\mathfrak{e}$, $\mathfrak{f}$, $\mathfrak{g}$ die Spiegelvektoren $\mathfrak{e}_\mathfrak{x}$, $\mathfrak{f}_\mathfrak{x}$, $\mathfrak{g}_\mathfrak{x}$ zu wählen sind, so erhalten wir:

$$\mathfrak{N}_\mathfrak{x}-\mathfrak{N}=\left\{\mathfrak{x}\cdot\left(\mathfrak{i}\frac{\mathfrak{e}_\mathfrak{x}}{\mathfrak{e}}+\mathfrak{k}\frac{\mathfrak{f}_\mathfrak{x}}{\mathfrak{f}}+\mathfrak{l}\frac{\mathfrak{g}_\mathfrak{x}}{\mathfrak{g}}\right)\right\}+\left\{\mathfrak{x}\cdot\left(\frac{\mathfrak{i}}{\mathfrak{e}}+\frac{\mathfrak{k}}{\mathfrak{f}}+\frac{\mathfrak{l}}{\mathfrak{g}}\right)\mathfrak{x}\right\}. \tag{290}$$

Leistungsänderung infolge der Stromänderung.

In dem ersten Glied dieser Gleichung kann in gleicher Weise wie in Gl. (283) und (284)

durch
$$\left(i\frac{e_{\mathfrak{x}}}{e} + \mathfrak{k}\frac{\mathfrak{f}_{\mathfrak{x}}}{\mathfrak{f}} + \mathfrak{l}\frac{g_{\mathfrak{x}}}{g}\right)$$

$$\left(i + \mathfrak{k}\frac{\mathfrak{f}_e}{\mathfrak{f}} + \mathfrak{l}\frac{g_e}{g}\right)\frac{e_{\mathfrak{x}}}{e} = \mathfrak{m}\frac{e_{\mathfrak{x}}}{e}$$

ausgedrückt werden. Der zweite Faktor des zweiten Gliedes kann vereinfacht werden in

$$\frac{i}{e} + \frac{\mathfrak{k}}{\mathfrak{f}} + \frac{\mathfrak{l}}{g} = \frac{j + \varkappa + \lambda}{\mathfrak{E}} = \frac{\mu}{\mathfrak{E}}, \qquad (291)$$

worin $\mu = j + \varkappa + \lambda$ ist. Dadurch erhält man

$$\mathfrak{N}_{\mathfrak{x}} - \mathfrak{N} = \left\{\mathfrak{x} \cdot \left(i + \mathfrak{k}\frac{\mathfrak{f}_e}{\mathfrak{f}} + \mathfrak{l}\frac{g_e}{g}\right)\frac{e_{\mathfrak{x}}}{e}\right\} + \left\{\mathfrak{x} \cdot \frac{\mu}{\mathfrak{E}}\mathfrak{x}\right\}, \qquad (292)$$

$$\mathfrak{N}_{\mathfrak{x}} - \mathfrak{N} = \{\mathfrak{x}_e \cdot \mathfrak{m}\} + \left\{\mathfrak{x} \cdot \frac{\mu}{\mathfrak{E}}\mathfrak{x}\right\}. \qquad (293)$$

In dem zweiten Gliede können wir nach Gl. (43) die beiden Faktoren $\mathfrak{x}$, $\mathfrak{x}$ durch $\mathfrak{x}_e$, $\mathfrak{x}_e$ ersetzen und erhalten

$$\mathfrak{N}_{\mathfrak{x}} - \mathfrak{N} = \{\mathfrak{x}_e \cdot \mathfrak{m}\} + \left\{\mathfrak{x}_e \cdot \frac{\mu}{\mathfrak{E}}\mathfrak{x}_e\right\} = \left\{\mathfrak{x}_e \cdot \left(\mathfrak{m} + \frac{\mu}{\mathfrak{E}}\mathfrak{x}_e\right)\right\}. \qquad (294)$$

Ein Vergleich der Gl. (284) und (294) zeigt, daß bei einer endlichen Verschiebung für die Änderung der Leistungsaufnahme noch das Vektorprodukt $\left\{\mathfrak{x}_e \cdot \frac{\mu}{\mathfrak{E}}\mathfrak{x}_e\right\}$ hinzugekommen ist.

Es ist nun von Interesse zu untersuchen, wie sich die Leistungsaufnahme sowohl für

1. eine unendlich kleine Spannungsänderung $d\mathfrak{x}$ nach Gl. (284) wie auch für
2. eine endliche Änderung $\mathfrak{x}$ nach Gl. (294) verändert.

Ad 1. Da nach Gl. (284) $d\mathfrak{N} = \{d\mathfrak{x}_e \cdot \mathfrak{m}\}$ ist, so enthält $d\mathfrak{N}$ nur dann lediglich eine Wirkleistung, wenn $d\mathfrak{x}_e$ dieselbe Richtung hat wie $\mathfrak{m}$. Dieser Fall ist in Abb. 67 und die Wirkleistung selbst durch das Rechteck *PMDE* dargestellt. Aus der Richtung $d\mathfrak{x}_e$ läßt sich dann durch Spiegelung an e die Richtung von $d\mathfrak{x}$ feststellen. Erfolgt die Spannungsverschiebung rechtwinklig zu $\mathfrak{m}$ in der Richtung $d\mathfrak{y}_e$, so enthält $d\mathfrak{N}$ lediglich eine

Blindleistung, welche sich durch das gleiche Rechteck $PMDE$ darstellen läßt. Zu $d\mathfrak{y}_e$ erhält man durch Spiegelung an $\mathfrak{e}$ den Vektor $d\mathfrak{y}$. Es gibt daher zwei bevorzugte, aufeinander senkrecht stehende Richtungen $d\mathfrak{x}$ und $d\mathfrak{y}$. In der Richtung $d\mathfrak{x}$ ist die Änderung der Blindleistung, in der Richtung $d\mathfrak{y}$ die der Wirkleistung gleich Null.

Ad 2. Wir wollen nunmehr dieselbe Untersuchung bei Gl. (294) für eine endliche Verschiebung des Punktes P vornehmen und den geometrischen Ort aller Punkte aufsuchen, in denen die Änderung der Blindleistung gleich Null ist (Abb. 68), und ebenso die Kurve konstanter Wirkleistung bestimmen:

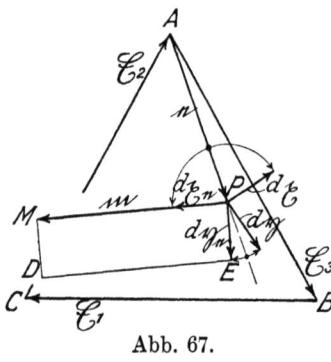

Abb. 67.

$$\mathfrak{N}_\mathfrak{x} - \mathfrak{N} = \left\{ \mathfrak{x}_e \cdot \left(\mathfrak{m} + \frac{\mu}{\mathfrak{C}} \mathfrak{x}_e \right) \right\}$$

wird gleich Null einerseits für $\mathfrak{x}_e = 0$ entsprechend dem Punkt P (Abb. 64 und 68), andererseits für $\mathfrak{m} + \frac{\mu}{\mathfrak{C}} \mathfrak{x}_e^1 = 0$ oder für

$$\mathfrak{x}_e^1 = - \mathfrak{m} \frac{\mathfrak{C}}{\mu}. \tag{295}$$

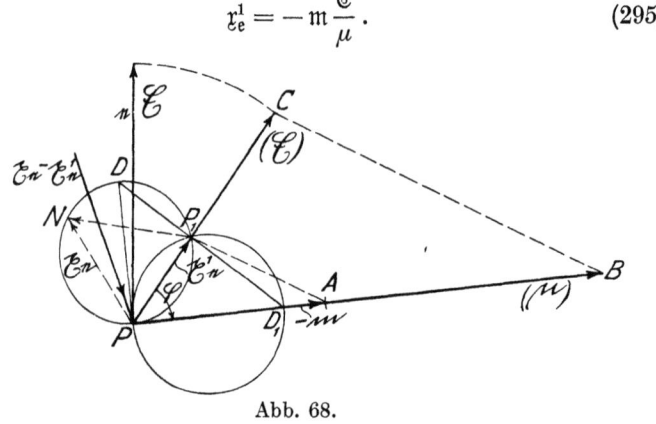

Abb. 68.

In diesem durch $\mathfrak{x}_e^1$ bestimmten singulären Punkt P_1 (Abb. 68) ist also sowohl die Wirkleistung wie auch die Blindleistung

Leistungsänderung infolge der Stromänderung. **111**

unverändert. Führen wir den durch Gl. (295) ermittelten Wert in Gl. (294) ein, so können wir schreiben:

$$\mathfrak{N}_{\mathfrak{x}} - \mathfrak{N} = \left\{ \mathfrak{x}_e \cdot (\mathfrak{x}_e - \mathfrak{x}_e^1) \frac{\mu}{\mathfrak{E}} \right\}. \qquad (296)$$

Soll die Blindleistung dieses Vektorproduktes gleich Null sein, so müssen die beiden Vektoren $\mathfrak{x}_e$ und $(\mathfrak{x}_e - \mathfrak{x}_e^1) \frac{\mu}{\mathfrak{E}}$ desselben gleiche Richtung besitzen; es muß daher

$$(\mathfrak{x}_e - \mathfrak{x}_e^1) \frac{\mu}{\mathfrak{E}} = \alpha \, \mathfrak{x}_e$$

sein, worin α ein veränderlicher Skalar mit der Maßeinheit $\frac{1 \text{ Amp}}{1 \text{ Volt}}$ ist. Hieraus folgt

$$\frac{\mathfrak{x}_e - \mathfrak{x}_e^1}{\mathfrak{x}_e} = \frac{\alpha \mathfrak{E}}{\mu} \quad \text{(vgl. Punkt } N, \text{ Abb. 68)}. \qquad (297)$$

Dieses ist aber nach Abschnitt L, c) die Gleichung eines Kreises, der durch P und P_1 geht und dessen Peripheriewinkel gleich dem Winkel zwischen $\mathfrak{E}$ und μ ist.

Abb. 68 zeigt die einfache Konstruktion dieses Kreises. $PA = -\mathfrak{m}$ ist der bekannte, nach Gl. (286) ermittelte Vektor, $\frac{PB}{PC} = \frac{\mu}{\mathfrak{E}}$ das ebenfalls gegebene Vektorverhältnis. Dasselbe ist so eingezeichnet, daß $PB = (\mu)$ mit $PA = -\mathfrak{m}$ zusammenfällt. Aus $-\mathfrak{m}$ und $\frac{\mathfrak{E}}{\mu}$ wird dann in bekannter Weise der Vektor $PP_1 = -\mathfrak{m} \frac{\mathfrak{E}}{\mu} = \mathfrak{x}_e^1$ konstruiert. Zeichnet man nunmehr $PD \perp PA$ und $P_1 D \perp PP_1$, so ist PD der Durchmesser des gesuchten Kreises, dessen Peripheriewinkel $P_1 DP = \varphi$, d. h. gleich dem Winkel zwischen $\mathfrak{E}$ und μ, ist. Für den wandernden Punkt N dieses Kreises ergibt sich die Beziehung der Gl. (297):

$$\frac{P_1 N}{PN} = \frac{\mathfrak{x}_e - \mathfrak{x}_e^1}{\mathfrak{x}_e} = \frac{\alpha \mathfrak{E}}{\mu}.$$

Der Kreis PP_1D ist daher der geometrische Ort für alle Punkte gleicher Blindleistung $\mathfrak{N}_b = \text{const}$, aber veränderlicher Wirkleistung $\mathfrak{N}_w$.

Verlängert man DP_1 bis D_1, so ist der Kreis PP_1D_1 mit dem Peripheriewinkel $90° - \varphi$ der geometrische Ort für alle

Punkte gleicher Wirkleistung $\mathfrak{N}_w = $ const. Die beiden Kreise schneiden sich senkrecht[1]).

Obgleich die Leistungsaufnahme, und zwar sowohl die Wirkleistung wie die Blindleistung, bei einer Verschiebung des Punktes P nach P_1 die gleiche ist wie im Punkte P, so besteht im Punkte P_1 keine zweite Gleichgewichtslage, da der bei der Nullpunktverschiebung $\mathfrak{x}$ abgeführte Strom für den Punkt P_1 keineswegs gleich Null ist. Es ist für eine beliebige Verschiebung $\mathfrak{x}$ nach Gl. (265)

$$\varDelta \mathfrak{i} + \varDelta \mathfrak{k} + \varDelta \mathfrak{l} = \left(\frac{\mathfrak{i}}{e} + \frac{\mathfrak{k}}{\mathfrak{f}} + \frac{\mathfrak{l}}{\mathfrak{g}}\right)\mathfrak{x} = \frac{\mathfrak{j} + \varkappa + \lambda}{\mathfrak{E}}\mathfrak{x} = \frac{\mu}{\mathfrak{E}}\mathfrak{x}.$$

Für den Punkt P_1 ist $\mathfrak{x} = \mathfrak{x}^1$ das Spiegelbild von $\mathfrak{x}_e^1$ und $\mathfrak{x}_e^1 = -\mathfrak{m}\frac{\mathfrak{E}}{\mu}$ zu setzen. Daher muß die im Punkte P_1 abgeführte Leistung

$$\left\{\mathfrak{x}^1 \cdot \frac{\mu}{\mathfrak{E}}\mathfrak{x}^1\right\} = \left\{\mathfrak{x}_e^1 \cdot \frac{\mu}{\mathfrak{E}}\mathfrak{x}_e^1\right\} = \{\mathfrak{x}_e^1 \cdot (-\mathfrak{m})\}$$

gleich der zusätzlichen Leistung $\{e \cdot \varDelta \mathfrak{i} + \mathfrak{f} \cdot \varDelta \mathfrak{k} + \mathfrak{g} \cdot \varDelta \mathfrak{l}\}$ sein, die in den Punkten A, B, C zugeführt wird. Der Punkt P_1 entspricht daher einer labilen Lage, die nach Abschaltung der Spannung $\mathfrak{x}$ nicht bestehen bleiben kann, wenngleich die Leistungsaufnahme für die Punkte P_1 und P die gleiche ist.

Vorstehend sind die geometrischen Orte konstanter Blind- bzw. Wirkleistung, welche durch den Gleichgewichtspunkt P gehen, ermittelt. Man kann aber weiterhin Kurven ermitteln, die anderen konstanten Werten der Wirk- bzw. Blindleistung entsprechen. Dadurch wird die ganze Ebene mit zwei Kurvenscharen bedeckt, mit deren Hilfe man für jeden Wert der Spannungsverschiebung den Wert der Wirk- bzw. Blindleistung angeben kann. Da der Punkt P nur auf zwei ganz bestimmten Kurven dieser beiden Scharen liegt, so ist es unpraktisch, bei der Bestimmung der Wirk- oder Blindleistung eines beliebigen Punktes von dem Punkte P auszugehen, sondern einfacher, den Betrag direkt zu ermitteln und konstant zu setzen.

---

[1]) Es ist noch zu beachten, daß $\mathfrak{x}_e$ und $\mathfrak{x}_e^1$ die Spiegelbilder von $\mathfrak{x}$ und $\mathfrak{x}^1$ in bezug auf e sind. Die ganze Abb. 68 ist daher zum Schluß spiegelbildlich zu e umzuklappen, um die wirklichen Verschiebungen $\mathfrak{x}$ und $\mathfrak{x}^1$ zu erhalten. Abb. 69a zeigt die richtige Lage der Kreise, wobei ein größerer Maßstab gewählt wurde.

Geometrische Orte gleicher Wirkleistung. 113

Wir bezeichnen nach Abb. 69 und 69a wieder mit
$\mathfrak{E}_1$, $\mathfrak{E}_2$, $\mathfrak{E}_3$ die Netzspannungen,
e, f, g die Sternspannungen,
$\dfrac{j}{\mathfrak{E}}$, $\dfrac{\varkappa}{\mathfrak{E}}$, $\dfrac{\lambda}{\mathfrak{E}}$ die Leitwerte der drei Stromzweige.

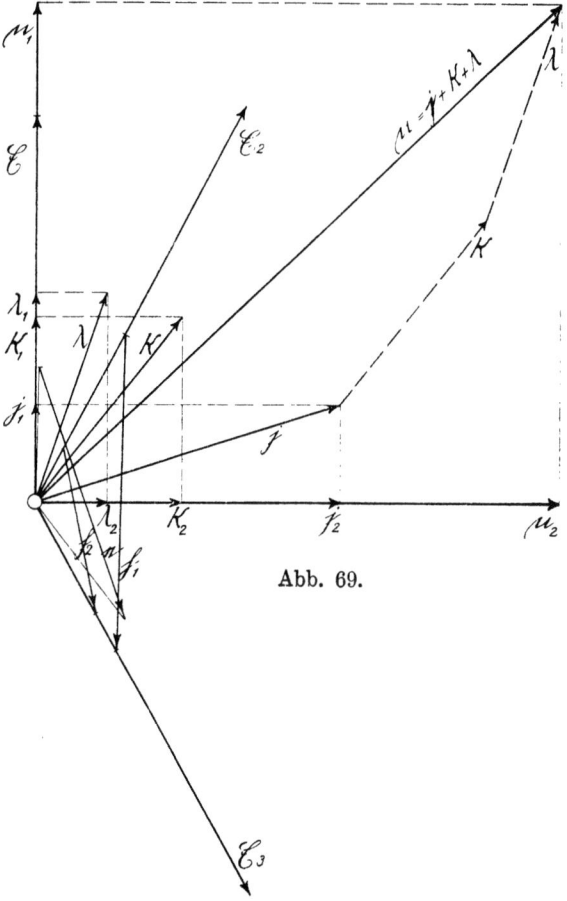

Abb. 69.

Jeden der letzteren denken wir uns durch zwei parallelgeschaltete Stromzweige ersetzt[1]), einen induktionsfreien und einen rein

---

[1]) Es wäre naheliegend, die einzelnen Scheinwiderstände in je einen Wirk- und Blindwiderstand zu zerlegen, welche hintereinandergeschaltet sind. Das würde nach Abb. 69 b einer Zerlegung von j in j' und j" entsprechen.

Natalis, Gleich- und Wechselstromsysteme. 2. Aufl. 8

114 Geometrische Orte gleicher Wirkleistung.

induktiven, so daß der erste nur Wirkleistung, der letzte nur Blindleistung aufnimmt. Die Leitwerte dieser Ersatzstromzweige erhalten wir, indem wir die Vektoren $\mathfrak{j}$, $\varkappa$, λ nach Abb. 69 in die senkrechten Komponenten $\mathfrak{j}_1 \mathfrak{j}_2$, $\varkappa_1 \varkappa_2$, $\lambda_1 \lambda_2$ zerlegen, zu

$$\frac{\mathfrak{j}_1}{\mathfrak{E}}, \quad \frac{\varkappa_1}{\mathfrak{E}}, \quad \frac{\lambda_1}{\mathfrak{E}} \quad \text{für die induktionsfreien Teile} \qquad (298)$$

und $\quad \dfrac{\mathfrak{j}_2}{\mathfrak{E}}, \quad \dfrac{\varkappa_2}{\mathfrak{E}}, \quad \dfrac{\lambda_2}{\mathfrak{E}} \quad$ für die rein induktiven Teile. $\qquad$ (299)

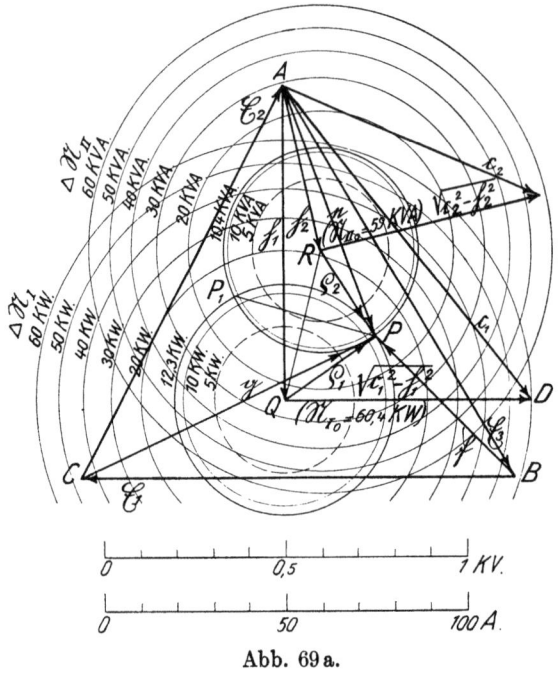

Abb. 69a.

Die nachfolgende Rechnung vereinfacht sich aber erheblich, wenn die Widerstände in Parallelschaltung, entsprechend einer Zerlegung von $\mathfrak{j}$ in $\mathfrak{j}_1$ und $\mathfrak{j}_2$, angenommen werden. Die Widerstände $\dfrac{\mathfrak{E}}{\mathfrak{j}_1}$ und $\dfrac{\mathfrak{E}}{\mathfrak{j}_2}$ in Parallelschaltung sind aber in ihrer Wirkung völlig gleichwertig zwei Widerständen $\dfrac{\mathfrak{E}}{\mathfrak{j}'}$ und $\dfrac{\mathfrak{E}}{\mathfrak{j}''}$ in Hintereinanderschaltung und auch einem Widerstand $\dfrac{\mathfrak{E}}{\mathfrak{j}}$ mit verteiltem Wirk- und Blindwiderstand.

Geometrische Orte gleicher Wirkleistung. 115

Die Vektorverhältnisse Gl. (298) und (299) sind aber reine Skalare mit der Bezugseinheit $\frac{1 \text{ Amp}}{1 \text{ Volt}}$ bzw. $\frac{1 \text{ Blindamp}}{1 \text{ Volt}}$, da die Vektoren $j_1, \varkappa_1, \lambda_1$ mit $\mathfrak{E}$ gleichgerichtet sind. Die Vektoren $j_2, \varkappa_2, \lambda_2$ stehen zwar $\perp \mathfrak{E}$, führt man aber einen um 90° gegen $\mathfrak{E}$ gedrehten Bezugsvektor $\mathfrak{F}$ statt $\mathfrak{E}$ ein, so sind $\frac{j_2}{\mathfrak{F}}, \frac{\varkappa_2}{\mathfrak{F}}, \frac{\lambda_2}{\mathfrak{F}}$ auch reine Skalare.

Die Vorzeichen von $j_1, \varkappa_1, \lambda_1$ werden im allgemeinen positiv sein, da ein Widerstand Wirkleistung nur aufnimmt, aber nicht abgibt. Nur wenn die Stromkreise transformatorisch mit anderen Stromkreisen verkettet sind oder wenn sie Teile von Maschinenwicklungen sind, können sie Wirkleistung abgeben. In diesem Falle müssen die obigen Koeffizienten mit negativem Vorzeichen eingesetzt werden. Bei $j_2, \varkappa_2, \lambda_2$ sind dagegen die Vorzeichen stets zu beachten, je nachdem es sich um induktive (entsprechend Abb. 69) oder kapazitive Belastung handelt.

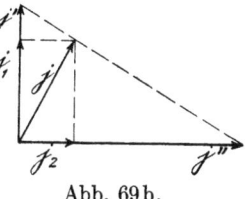

Abb. 69 b.

In gleicher Weise zerlegen wir die (in der Abbildung nicht dargestellten) Ströme

$$i = \frac{j}{\mathfrak{E}} e; \qquad \mathfrak{k} = \frac{\varkappa}{\mathfrak{E}} \mathfrak{f}; \qquad \mathfrak{l} = \frac{\lambda}{\mathfrak{E}} \mathfrak{g} \qquad (300)$$

in die Wirkströme

$$i_1 = \frac{j_1}{\mathfrak{E}} e; \qquad \mathfrak{k}_1 = \frac{\varkappa_1}{\mathfrak{E}} \mathfrak{f}; \qquad \mathfrak{l}_1 = \frac{\lambda_1}{\mathfrak{E}} \mathfrak{g} \qquad (301)$$

und die Blindströme

$$i_2 = \frac{j_2}{\mathfrak{E}} e; \qquad \mathfrak{k}_2 = \frac{\varkappa_2}{\mathfrak{E}} \mathfrak{f}; \qquad \mathfrak{l}_2 = \frac{\lambda_2}{\mathfrak{E}} \mathfrak{g}. \qquad (302)$$

Dann ist die von den drei Zweigen aufgenommene Wirkleistung

$$\mathfrak{N}_I = \frac{j_1}{\mathfrak{E}} e^2 + \frac{\varkappa_1}{\mathfrak{E}} \mathfrak{f}^2 + \frac{\lambda_1}{\mathfrak{E}} \mathfrak{g}^2 \text{ (Watt)} \qquad (303)$$

und die Blindleistung

$$\mathfrak{N}_{II} = \frac{j_2}{\mathfrak{E}} e^2 + \frac{\varkappa_2}{\mathfrak{E}} \mathfrak{f}^2 + \frac{\lambda_2}{\mathfrak{E}} \mathfrak{g}^2 \text{ (Voltamp)}. \qquad (304)$$

Hierbei ist es nicht erforderlich, die Leistungen $\mathfrak{N}_I$ bzw. $\mathfrak{N}_{II}$ als Vektorprodukte aufzufassen und in { }-Klammern zu setzen, welche nur dann erforderlich sind, wenn Wirk- und Blindleistungen in einer Gleichung zusammengefaßt werden sollen.

Wir wollen nachstehende Untersuchungen zunächst nur auf die geometrischen Orte gleicher Wirkleistung erstrecken, da die Orte gleicher Blindleistung sich offenbar lediglich durch Vertauschung des Index 1 gegen den Index 2 ergeben.

Da nach Gl. (262) $\mathfrak{f} = \mathfrak{e} - \mathfrak{E}_3$ und $\mathfrak{g} = \mathfrak{e} + \mathfrak{E}_2$ ist, so erhalten wir für Gl. (303), wenn wir gleichzeitig $\mu_1 = j_1 + \varkappa_1 + \lambda_1$ setzen:

$$\mathfrak{E}\mathfrak{N}_I = j_1 \mathfrak{e}^2 + \varkappa_1(\mathfrak{e} - \mathfrak{E}_3)^2 + \lambda_1(\mathfrak{e} + \mathfrak{E}_2)^2 \\ = \mu_1 \mathfrak{e}^2 - 2(\varkappa_1 \mathfrak{E}_3 - \lambda_1 \mathfrak{E}_2)\mathfrak{e} + (\varkappa_1 \mathfrak{E}_3^2 + \lambda_1 \mathfrak{E}_2^2), \quad (305)$$

$$\frac{\mathfrak{E}\mathfrak{N}_I}{\mu_1} = \mathfrak{e}^2 - \frac{2(\varkappa_1 \mathfrak{E}_3 - \lambda_1 \mathfrak{E}_2)\mathfrak{e}}{\mu_1} + \frac{\varkappa_1 \mathfrak{E}_3^2 + \lambda_1 \mathfrak{E}_2^2}{\mu_1}. \quad (306)$$

Das erste und dritte Glied dieser Gleichung ist ohne weiteres als Skalar zu erkennen, da $\mathfrak{e}^2$ und $\dfrac{\varkappa_1 \mathfrak{E}_3^2 + \lambda_1 \mathfrak{E}_2^2}{\mu_1}$ als Quadrate von Vektoren Skalare mit der Maßeinheit 1 Volt^2 sind. Aber auch das zweite Glied ist als Skalar aufzufassen, da nach dem Kosinussatz

$$2\mathfrak{e} \frac{\varkappa_1 \mathfrak{E}_3 - \lambda_1 \mathfrak{E}_2}{\mu_1} = 2|\mathfrak{e}| \cdot \frac{|\varkappa_1 \mathfrak{E}_3 - \lambda_1 \mathfrak{E}_2|}{\mu_1} \cdot \cos\left(\mathfrak{e}, \frac{\varkappa_1 \mathfrak{E}_3 - \lambda_1 \mathfrak{E}_2}{\mu_1}\right)$$

zu setzen ist. Da aber sowohl dieser Kosinus wie auch $\mathfrak{e}$ unbekannt sind, so ist es erforderlich, dieses zweite Glied zu eliminieren, was durch folgende Substitution möglich ist. Wir wollen nach Gl. (306) die Wirkleistung $\mathfrak{N}_I$ variieren und für jeden Wert von $\mathfrak{N}_I$ den geometrischen Ort des Spannungsvektors $\mathfrak{e}$ bestimmen. Wir setzen daher

$$\frac{\mathfrak{E}\mathfrak{N}_I}{\mu_1} = \mathfrak{z}_1^2 \quad \text{oder} \quad \mathfrak{N}_I = \frac{\mu_1}{\mathfrak{E}} \mathfrak{z}_1^2 \quad (307)$$

und das konstante Glied

$$\frac{\varkappa_1 \mathfrak{E}_3^2 + \lambda_1 \mathfrak{E}_2^2}{\mu_1} = \mathfrak{c}_1^2 \quad (\mathfrak{z}_1 \text{ und } \mathfrak{c}_1 \text{ in Volt gemessen}); \quad (308)$$

ferner
$$\frac{\varkappa_1 \mathfrak{E}_3 - \lambda_1 \mathfrak{E}_2}{\mu_1} = \mathfrak{h}_1\,^1) \quad (309)$$

---

[1]) Von Interesse ist der ganz gleichartige Aufbau der Formeln (263) für den Vektor $\mathfrak{e}$ und derjenigen für $\mathfrak{h}_1$ und $\mathfrak{h}_2$ nach Gl. (309)

$$\mathfrak{e} = \frac{\varkappa \mathfrak{E}_3 - \lambda \mathfrak{E}_2}{\mu}; \quad \mathfrak{h}_1 = \frac{\varkappa_1 \mathfrak{E}_3 - \lambda_1 \mathfrak{E}_2}{\mu_1}; \quad \mathfrak{h}_2 = \frac{\varkappa_2 \mathfrak{E}_3 - \lambda_2 \mathfrak{E}_2}{\mu_2}.$$

In Abb. 69 ist die Konstruktion von $\mathfrak{e}_1$, $\mathfrak{h}_1$, $\mathfrak{h}_2$ dargestellt und
$$\mathfrak{e} = 0{,}703 \text{ kV}, \quad \mathfrak{h}_1 = 0{,}824 \text{ kV}, \quad \mathfrak{h}_2 = 0{,}445 \text{ kV}$$
ermittelt. Diese Vektoren sind nach Abb. 69a übertragen.

Geometrische Orte gleicher Blindleistung.

und
$$e = \mathfrak{h}_1 + \varrho_1, \qquad (310)$$
worin $\mathfrak{h}_1$ und ϱ_1 Spannungsvektoren sind. Dann verwandelt sich Gl. (306) in

$$\begin{aligned}\mathfrak{x}_1^2 &= (\mathfrak{h}_1 + \varrho_1)^2 - 2(\mathfrak{h}_1 + \varrho_1)\mathfrak{h}_1 + \mathfrak{c}_1^2 \\ &= \mathfrak{h}_1^2 + 2\mathfrak{h}_1\varrho_1 + \varrho_1^2 - 2\mathfrak{h}_1^2 - 2\mathfrak{h}_1\varrho_1 + \mathfrak{c}_1^2 = \mathfrak{c}_1^2 - \mathfrak{h}_1^2 + \varrho_1^2,\end{aligned} \qquad (311)$$

$$\mathfrak{N}_I = \frac{\mu_1}{\mathfrak{E}}\mathfrak{x}_1^2 = \frac{\mu_1}{\mathfrak{E}}(\mathfrak{c}_1^2 - \mathfrak{h}_1^2 + \varrho_1^2), \qquad (311\mathrm{a})$$

$$\varrho_1^2 = \mathfrak{x}_1^2 - (\mathfrak{c}_1^2 - \mathfrak{h}_1^2). \qquad (312)$$

Gl. (312) ist eine quadratische Gleichung in $\varrho_1 = e - \mathfrak{h}_1$. Sie ist eine skalare Kreisgleichung; denn für einen bestimmten Wert von $\mathfrak{x}_1^2$ ist zwar ϱ_1 nach seinem Betrage, nicht aber nach seiner Richtung bestimmt, und alle Punkte eines mit $|\varrho_1|$ als Radius beschriebenen Kreises genügen der Gleichung. Der geringste Wert von $\mathfrak{x}_1^2$, der einen reellen Wert von $|\varrho_1|$ ergibt, ist

$$\mathfrak{x}_{1\min}^2 = \mathfrak{c}_1^2 - \mathfrak{h}_1^2. \qquad (313)$$

Diesem Wert, der $\varrho_1 = 0$ ergibt, entspricht nach Gl. (311a) eine geringste Leistungsaufnahme von

$$\mathfrak{N}_{I0} = \frac{\mu_1}{\mathfrak{E}}(\mathfrak{c}_1^2 - \mathfrak{h}_1^2). \qquad (314)$$

Für diesen Wert von $\mathfrak{x}_{1\min}^2$ bzw. $\mathfrak{N}_{I0}$ schrumpft daher der geometrische Ort in einen durch den Vektor $\mathfrak{h}_1$ bestimmten Punkt Q (Abb. 69a) zusammen, und für alle größeren Werte von $\mathfrak{x}_1^2$ sind die geometrischen Orte gleicher Wirkleistung konzentrische Kreise um Q. $\mathfrak{x}_{1\min}^2$ entspricht der geringsten Leistungsaufnahme, denn für kleinere oder gar negative Werte von $\mathfrak{x}_1^2$ würde ϱ_1 nach Gl. (312) imaginär werden. Durch den Vektor

$$\mathfrak{h}_1 = AQ = \frac{\varkappa_1 \mathfrak{E}_3 - \lambda_1 \mathfrak{E}_2}{\varkappa_1}$$

ist der Punkt Q eindeutig bestimmt.

Wird die gleiche Untersuchung für die geometrischen Orte gleicher Blindleistung angestellt, so ergibt sich ein durch den Vektor

$$\mathfrak{h}_2 = AR = \frac{\varkappa_2 \mathfrak{E}_3 - \lambda_2 \mathfrak{E}_2}{\mu_2} \qquad (315)$$

bestimmter Punkt R, in dem die Blindleistung ein Minimum,

Geometrische Orte gleicher Blindleistung.

$\mathfrak{R}_{II0} = \frac{\mu_2}{\mathfrak{E}}(c_2^2 - \mathfrak{h}_2^2)$, ist, und alle Kurven konstanter Blindleistung sind konzentrische Kreise um R.

Es interessiert nun zu wissen, um welche Beträge $\varDelta\mathfrak{R}_I$ bzw. $\varDelta\mathfrak{R}_{II}$ mit wachsendem ϱ_1 bzw. ϱ_2 die Wirk- bzw. Blindleistung ansteigt oder umgekehrt, welche Spannungsverschiebungen ϱ_1 bzw. ϱ_2 einer bestimmten Leistungszunahme $\varDelta\mathfrak{R}_I$ (kW) bzw. $\varDelta\mathfrak{R}_{II}$ (kVA) entsprechen. Nach Gl. (311a) und (314) ist

$$\left.\begin{array}{l} \varDelta\mathfrak{R}_I = \dfrac{\mu_1}{\mathfrak{E}}\varrho_1^2 \text{ (kW)}, \\[2mm] \varDelta\mathfrak{R}_{II} = \dfrac{\mu_2}{\mathfrak{E}}\varrho_2^2 \text{ (kVA)} \end{array}\right\} \quad (316)$$

oder

$$\left.\begin{array}{l} \varrho_1 = \sqrt{\dfrac{\mathfrak{E}\,\varDelta\mathfrak{R}_I}{\mu_1}} \text{ (kV)}, \\[2mm] \varrho_2 = \sqrt{\dfrac{\mathfrak{E}\,\varDelta\mathfrak{R}_{II}}{\mu_2}} \text{ (kV)}. \end{array}\right\} \quad (317)$$

Nach den für Abb. 69a gewählten Maßstäben ist $\mathfrak{E} = 1$ kV, $\mu_1 = 129$ Amp, $\mu_2 = 146$ Amp, daher für

$\varDelta\mathfrak{R}_I =$	0	5	10	20	30	40	50	60	kW,
$\varrho_1 =$	0	0,197	0,278	0,394	0,482	0,557	0,623	0,682	kV,
$\varDelta\mathfrak{R}_{II} =$	0	5	10	20	30	40	50	60	kVA,
$\varrho_2 =$	0	0,185	0,262	0,370	0,453	0,523	0,585	0,641	kV.

Die Kreise mit den hiernach berechneten Werten von ϱ_1 bzw. ϱ_2 sind in Abb. 69a eingetragen und außerdem für die durch den Punkt P gehenden beiden Kreise die Werte $\varDelta\mathfrak{R}_I$ zu 12,3 kW bzw. $\varDelta\mathfrak{R}_{II}$ zu 10,4 kVA ermittelt.

Will man nicht nur die Leistungszunahme $\varDelta\mathfrak{R}_I$ bzw. $\varDelta\mathfrak{R}_{II}$ für einen beliebigen Punkt der Spannungsverschiebung, sondern die gesamte Wirk- bzw. Blindleistung dafür ermitteln, so muß man die Wirk- bzw. Blindleistungsaufnahme für die Punkte Q bzw. R ermitteln und zu obigen Werten addieren.

Zu dem Zwecke ist der Betrag von $\mathfrak{c}_1$ bzw. $\mathfrak{c}_2$

$$\left.\begin{array}{l} |\mathfrak{c}_1| = \sqrt{\dfrac{\varkappa_1\mathfrak{E}_3^2 + \lambda_1\mathfrak{E}_2^2}{\mu_1}}, \\[2mm] |\mathfrak{c}_2| = \sqrt{\dfrac{\varkappa_2\mathfrak{E}_3^2 + \lambda_2\mathfrak{E}_2^2}{\mu_2}} \end{array}\right\} \quad (318)$$

zu bestimmen.

Für das in Abb. 69 und 69a dargestellte Beispiel ist

$\mathfrak{E}_2 = 1{,}187$ kV; $\quad \mathfrak{E}_3 = 1{,}202$ kV;

$\varkappa_1 = 48{,}6$ Amp; $\quad \lambda_1 = 55{,}0$ Amp; $\quad \mu_1 = 129{,}0$ Amp;

$\varkappa_2 = 41{,}0$ Amp; $\quad \lambda_2 = 20{,}0$ Amp; $\quad \mu_2 = 145{,}5$ Amp,

Damit ergibt sich

$$\mathfrak{c}_1 = 1{,}07 \text{ kV}; \quad \mathfrak{c}_2 = 0{,}775 \text{ kV}$$

und nach Gl. (311a)

für den Punkt Q: $\mathfrak{N}_{I0} = \dfrac{\mu_1}{\mathfrak{E}}(\mathfrak{c}_1^2 - \mathfrak{h}_1^2) = \dfrac{129}{1}(1{,}07^2 - 0{,}824^2) = 60{,}4$ kW,

„ „ „ R: $\mathfrak{N}_{II0} = \dfrac{\mu_2}{\mathfrak{E}}(\mathfrak{c}_2^2 - \mathfrak{h}_2^2) = \dfrac{145{,}5}{1}(0{,}775^2 - 0{,}445^2) = 59{,}0$ kVA.

Wir haben durch Abb. 67 und 68 und Gl. (284) mit Hilfe einer Differentialbetrachtung nachgewiesen, daß sich die durch den Punkt P gehenden Kreise konstanter Wirk- und Blindleistung senkrecht schneiden. Nach Abb. 69a sind die Radien dieser Kreise

$$QP = \varrho_1 = \mathfrak{e} - \mathfrak{h}_1, \quad RP = \varrho_2 = \mathfrak{e} - \mathfrak{h}_2,$$

worin

$$\mathfrak{e} = \frac{\varkappa \mathfrak{E}_3 - \lambda \mathfrak{E}_2}{\mu} = \frac{(\varkappa_1 + \varkappa_2)\mathfrak{E}_3 - (\lambda_1 + \lambda_2)\mathfrak{E}_2}{\mu_1 + \mu_2},$$

$$\mathfrak{h}_1 = \frac{\varkappa_1 \mathfrak{E}_3 - \lambda_1 \mathfrak{E}_2}{\mu_1},$$

$$\mathfrak{h}_2 = \frac{\varkappa_2 \mathfrak{E}_3 - \lambda_2 \mathfrak{E}_2}{\mu_2}$$

ist. Aus diesen Gleichungen können wir direkt ermitteln, daß $\varrho_1 \perp \varrho_2$ steht. Wir erhalten nämlich

$$\mathfrak{e} - \mathfrak{h}_1 = \frac{(\varkappa_1 + \varkappa_2)\mathfrak{E}_3 - (\lambda_1 + \lambda_2)\mathfrak{E}_2}{\mu_1 + \mu_2} - \frac{\varkappa_1 \mathfrak{E}_3 - \lambda_1 \mathfrak{E}_2}{\mu_1}$$

$$= \frac{\mu_1(\varkappa_2 \mathfrak{E}_3 - \lambda_2 \mathfrak{E}_2) - \mu_2(\varkappa_1 \mathfrak{E}_3 - \lambda_1 \mathfrak{E}_2)}{(\mu_1 + \mu_2)\mu_1},$$

$$\mathfrak{e} - \mathfrak{h}_1 = \frac{\mu_1 \mu_2 \mathfrak{h}_2 - \mu_1 \mu_2 \mathfrak{h}_1}{(\mu_1 + \mu_2)\mu_1} = \frac{\mu_2(\mathfrak{h}_2 - \mathfrak{h}_1)}{\mu_1 + \mu_2}$$

und in gleicher Weise

$$\mathfrak{e} - \mathfrak{h}_2 = \frac{\mu_1(\mathfrak{h}_1 - \mathfrak{h}_2)}{\mu_1 + \mu_2}.$$

Durch Division der letzten beiden Gleichungen erhält man:

$$\frac{\mathfrak{e} - \mathfrak{h}_1}{\mathfrak{h}_2 - \mathfrak{e}} = -\frac{\varrho_1}{\varrho_2} = \frac{\mu_2}{\mu_1};$$

μ_1 und μ_2 stehen aber senkrecht aufeinander, daher auch ϱ_1 und ϱ_2.

Wir hätten daher von den drei Vektoren $\mathfrak{e}$, $\mathfrak{h}_1$, $\mathfrak{h}_2$ nur zwei zu konstruieren brauchen, z. B. $\mathfrak{h}_1$ und $\mathfrak{h}_2$, und hätten den Vektor $\mathfrak{e}$ dadurch bestimmen können, daß wir das Dreieck QPR (Abb. 69a) $\sim \triangle \mu_2$, μ_1 (Abb. 69) über $QR = \mathfrak{h}_2 - \mathfrak{h}_1$ antragen, wodurch der Punkt P und der Vektor $AP = \mathfrak{e}$ bestimmt ist.

Durch die Schnittpunkte der beiden Kreisscharen ist nunmehr für jeden Punkt der Ebene die Wirk- und Blindleistung und damit ihre geometrische Summe, d. h. die Gesamtleistung, bestimmt. Treffen in einem Knotenpunkt mehr als drei Ströme zusammen, so sind die Gl. (298) bis (309) entsprechend zu ergänzen.

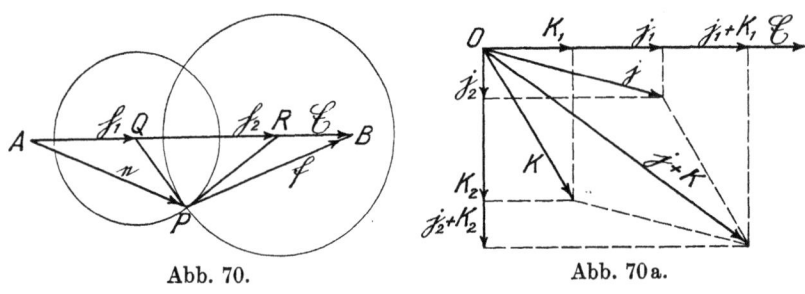

Abb. 70. Abb. 70a.

Für den einfachsten Fall einer Knotenpunktbildung, bei dem nur zwei Ströme dem Knotenpunkt P zufließen (Abb. 70), d. h. bei der (unverketteten) Hintereinanderschaltung zweier Widerstände, die an einer Spannung $\mathfrak{E} = AB$ liegen, vereinfachen sich Gl. (309) und (315) erheblich. In diesem Falle ist, wenn $\mathfrak{E}_3 = \mathfrak{E}$ und $\lambda = 0$ gesetzt wird:

$$\mathfrak{h}_1 = \frac{\varkappa_1}{\mathfrak{j}_1 + \varkappa_1} \mathfrak{E}, \tag{319}$$

$$\mathfrak{h}_2 = \frac{\varkappa_2}{\mathfrak{j}_2 + \varkappa_2} \mathfrak{E}. \tag{320}$$

Da $\mathfrak{h}_1$ und $\mathfrak{h}_2$ proportional $\mathfrak{E}$ sind, so liegen somit die beiden Punkte Q und R, welche die gleiche Bedeutung wie in Abb. 69

Vergleich mechanischer und elektrischer Leistungsgesetze. 121

haben, auf $\mathfrak{E}$. Um diese beiden Punkte zu finden, ist daher die Strecke $\mathfrak{E}$ im Verhältnis $\dfrac{\varkappa_1}{\mathfrak{j}_1+\varkappa_1}$ bzw. $\dfrac{\varkappa_2}{\mathfrak{j}_2+\varkappa_2}$ zu teilen.

Da $\mathfrak{j}_1$ und $\varkappa_1$, von den oben erwähnten Ausnahmen abgesehen, stets positiv sind, so liegt der Punkt Q stets zwischen A und B. Der Punkt R liegt dagegen, wenn $0 < \dfrac{\varkappa_2}{\mathfrak{j}_2+\varkappa_2} < 1$ ist, zwischen A und B, andernfalls aber links von A oder rechts von B.

Die Konstruktion des Gleichgewichtspunktes P, in dem sich die beiden Kreise schneiden, ergibt sich aus der Ähnlichkeit der Dreiecke PAB und $\varkappa,(\mathfrak{j}+\varkappa)$; da $\dfrac{\mathfrak{e}}{\mathfrak{f}} = \dfrac{\varkappa}{\mathfrak{j}}$ und $\mathfrak{e} + \mathfrak{f} = \mathfrak{E}$ ist.

O. Vergleich zwischen den Leistungsgesetzen für elektrisch und den Arbeitsgesetzen für mechanisch verkettete Systeme.

Vorstehend sind zwei Leistungsgesetze für elektrisch verkettete Systeme entwickelt, welche für unendlich kleine Zustandsänderungen lauten:

1. $d\mathfrak{N} = \{\mathfrak{e}_I \cdot d\mathfrak{i}\} + \{d\mathfrak{x}_\mathfrak{E} \cdot v\}$ [Gl. (260a)],
2. $d\mathfrak{N} = d\mathfrak{N}_e + d\mathfrak{N}_i = \{d\mathfrak{x} \cdot (\mathfrak{i}+\mathfrak{f}+\mathfrak{l})\} + \{d\mathfrak{x}_e \cdot \mathfrak{m}\}$ [Gl.(268)u.(284)].

Für induktionsfreie Belastung entfallen die zweiten Glieder, so daß hierfür gesetzt werden kann:

1 a. $\dfrac{d\{\mathfrak{N}\}}{d\mathfrak{i}} = \mathfrak{e}_I$,

2 a. $\dfrac{d\{\mathfrak{N}_e\}}{d\mathfrak{x}} = \mathfrak{i}+\mathfrak{f}+\mathfrak{l} = 0$.

Ganz ähnliche Gesetze sind in der Statik der Baukonstruktionen von Castigliano über die Formänderungsarbeit entwickelt und haben hier sehr befruchtend gewirkt. Es ist daher lehrreich, einen Vergleich zwischen diesen Gesetzen für zwei verschiedene, in ihrem inneren Wesen aber ganz gleichartige, Gebiete zu ziehen. Es ist allerdings zu beachten, daß es sich bei unseren Gesetzen um Leistungs-, bei jenen um Arbeitsgrößen handelt. Dehnt man aber die Leistungsaufnahme über die Zeiteinheit aus, so handelt es sich in beiden Fällen um Arbeitsgrößen.

In der Statik der Baukonstruktionen unterscheidet man statisch bestimmte und statisch unbestimmte Systeme. Bei den ersteren sind die Beanspruchungen aller Glieder oder Teile unabhängig, bei den letzteren abhängig von der Formänderungsarbeit des Systems.

Castigliano hat nun für statisch unbestimmte Systeme, die im Brückenbau große Bedeutung haben, zwei wichtige Lehrsätze aufgestellt, welche nachstehend ins Gedächtnis zurückgerufen werden mögen.

1. Wenn man die Durchbiegung eines Trägers an einer beliebigen Stelle bestimmen will, so denkt man sich an dieser Stelle eine veränderliche Kraft P angreifend und stellt die gesamte Formänderungsarbeit A als Funktion von P auf. Dann ist die Durchbiegung f

$$f = \frac{dA}{dP}.$$

2. Wenn man in einem statisch unbestimmten System die überzähligen Stützendrücke $X, Y, \ldots$ oder die Kräfte in den überzähligen Stäben $U, V, \ldots$ oder die Einspannmomente $M_1, M_2, \ldots$ als unabhängige Veränderliche einführt und die gesamte Formänderungsarbeit A als Funktion derselben ermittelt, so ist:

$$\frac{\partial A}{\partial X} = 0, \ \frac{\partial A}{\partial Y} = 0 \ldots; \ \frac{\partial A}{\partial U} = 0, \ \frac{\partial A}{\partial V} = 0 \ldots; \ \frac{\partial A}{\partial M_1} = 0, \ \frac{\partial A}{\partial M_2} = 0 \ldots$$

Der Satz läßt sich daher auch aussprechen:

Die Formänderungsarbeit als Funktion der überzähligen Größen wird ein Minimum. Aus obigen Gleichungen, deren Zahl gleich der der unbestimmten Größen ist, lassen sich die letzteren berechnen. Da die Formänderungsarbeiten proportional X^2 bzw. U^2 und $M^2 \ldots$ sind, so sind die ersten Ableitungen $\frac{\partial A}{\partial X}, \frac{\partial A}{\partial U}, \frac{\partial A}{\partial M}$ proportional X, U, M, und es ergeben sich daher bei n unbestimmten Größen n lineare Gleichungen mit n Unbekannten. Jede einzelne Stabkraft läßt sich ebenfalls durch eine lineare Gleichung darstellen von der Form

$$P = P_0 + aX + bY + cU + dV + eM_1 + gM_2 \ldots$$

Die Konstante P_0 entspricht einer Stabkraft, welche entstehen würde, wenn die statisch unbestimmten Kräfte zunächst entfernt wären, und die Beiwerte $a, b, c, \ldots$ bezeichnet man als die Einflußgrößen der unbestimmten Kräfte. Die Einflußgrößen entsprechen

Vergleich mechanischer und elektrischer Leistungsgesetze.

den zusätzlichen Stabkräften, welche entstehen, wenn man die Einheitskräfte bzw. -momente

$X=1\,\mathrm{kg}$, $Y=1\,\mathrm{kg}$, $U=1\,\mathrm{kg}$, $V=1\,\mathrm{kg}$, $M_1=1\,\mathrm{cmkg}$, $M_2=1\,\mathrm{cmkg}$

einsetzt.

Die Aufstellung der Bedingungsgleichungen unter Benutzung der Sätze von Castigliano über die Formänderungsarbeit stellt sich als eine einfache, mehr mechanische, Arbeit dar.

Bei der Betrachtung der obigen beiden Sätze fällt es auf, daß im ersten Fall der Differentialquotient $\dfrac{dA}{dP}$ eine endliche Größe, im zweiten Fall dagegen $\dfrac{\partial A}{\partial X}\ldots$ gleich Null ist. Der Unterschied ist darauf zurückzuführen, daß es sich im ersten Fall um eine äußere Kraft handelt, die durch die Bewegung ihres Angriffspunktes eine äußere Arbeit leistet, während es sich im zweiten Fall um innere Kräfte handelt, die stets paarweise auftreten (X und $-X$ bzw. U und $-U\ldots$) und deren äußere Arbeit daher gleich Null ist. Stellen wir nunmehr die entsprechenden Gesetze einander gegenüber:

$$\frac{dA}{dP}=f, \qquad (1\,\mathrm{a}) \qquad\qquad \frac{dA}{dX}=0 \qquad (2\,\mathrm{a})$$

für statisch unbestimmte Systeme,

$$\frac{d\mathfrak{N}}{d\mathfrak{i}}=e_I, \qquad (1\,\mathrm{b}) \qquad\qquad \frac{d\mathfrak{N}_e}{d\mathfrak{x}}=0 \qquad (2\,\mathrm{b})$$

für elektrische Systeme, so finden wir eine fast vollständige Analogie.

Setzt man in (1 a) statt der Kraft P den Strom $\mathfrak{i}$ und statt der Durchbiegung f die Leerlaufspannung e_I (für $\mathfrak{i}=0$), so geht das eine Gesetz (1 a) in das andere (1 b) über.

Beim Vergleich des zweiten Gesetzes (2 a), (2 b) findet man aber insofern einen Unterschied, als der Kraft X nicht ein Strom $\mathfrak{i}$, sondern eine Spannung $\mathfrak{x}$ entspricht. Offenbar rührt dieses davon her, daß man zwar eine äußere Kraft P mit einem Strom $\mathfrak{i}$, eine innere mechanische Spannung X, $-X$ dagegen nur mit einer inneren Spannungsdifferenz $d\mathfrak{x}$ zwischen zwei Punkten, d. h. mit einer Relativspannung, vergleichen kann.

Da die obigen, ihrem inneren Wesen nach ziemlich verschiedenen, Gesetze sich ganz gleichartig aufbauen, so liegt die

Schlußfolgerung nahe, daß alle Naturgesetze, die sich auf einen Gleichgewichtszustand beziehen und ein Minimum der Leistung bzw. Arbeit in mechanischen, hydraulischen, thermischen, chemischen und elektrischen Systemen und ihren Kombinationen feststellen, in ein alle diese Energieformen umfassendes allgemeines Naturgesetz etwa folgenden Inhalts zusammengefaßt werden können:

Bei allen möglichen Arbeits- bzw. Leistungsformen und ihren Kombinationen, die einem Gleichgewichtszustand zustreben, ist die potentielle Arbeit bzw. Leistungsaufnahme im Gleichgewichtszustande ein Minimum, wenn sie als Funktion der inneren Kräfte oder Spannungen dargestellt wird.

II. Anwendungsbeispiele.

Die in dem ersten Abschnitt entwickelten Gesetze sollen nunmehr auf eine Reihe der verschiedenartigsten Beispiele angewendet werden. Das Gebiet der Elektrotechnik ist so vielseitig, daß an den Ingenieur täglich neue Aufgaben herantreten; es ist daher ausgeschlossen, für alle bekannten und noch zu erwartenden Aufgaben Lösungen zu entwickeln. Wenn aber der Leser durch die Durcharbeitung der nachstehenden Beispiele sich mit der Anwendung des neuen Handwerkszeuges vertraut gemacht hat, so wird ihm die Bearbeitung weiterer Aufgaben nicht schwer fallen. Erleichtert wird diese Arbeit, wenn jede entwickelte Formel sofort in ihre geometrische Form zeichnerisch umgewertet wird, worauf an dieser Stelle nachdrücklichst hingewiesen werden möge. Die mathematischen Zeichen gewinnen dadurch Form und Inhalt, und die Rechnung wird in ihrem ganzen Verlauf ständig durch die Zeichnung kontrolliert. Vielfach ist es auch vorteilhaft, die Aufgabe von vornherein als gelöst zu betrachten und ein Diagramm für dieselbe zu entwerfen und aus diesem rückwärts die Bedingungen für die Lösung abzuleiten.

Die den Beispielen zugrunde liegenden Aufgaben sind so einfach wie möglich gestaltet, um den Gang der Rechnung und Konstruktion übersichtlich darzustellen. Es bleibt dem Leser unbenommen, die Aufgaben zu erweitern und z. B. bei der nachstehenden Aufgabe die Anzahl der Anzapfstellungen einer Speiseleitung zu vergrößern. Das Grundsätzliche der Lösung bleibt davon unberührt.

A. Berechnung einer Speiseleitung mit mehreren Anzapfungen, deren letzte eine konstante Spannung abgeben soll.

Die Speiseleitung (Abb. 71) erstrecke sich von der Zentrale C aus nach den Speisepunkten B und A. In A wird ein Strom $\mathfrak{J}_1$

mit der gegebenen Phasenverschiebung φ_1 gegen $\mathfrak{E}$ und in B ein Strom $\mathfrak{J}_2$ mit der Phasenverschiebung φ_2 gegen $\mathfrak{E}_1$ entnommen. Die Spannung $\mathfrak{E}$ im Punkte A soll gegeben sein, und es sollen die Spannungsverluste e_1 im Abschnitt BA und e_2 in CB sowie die Spannungen $\mathfrak{E}_1$ in B und $\mathfrak{E}_2$ in C ermittelt werden. Für jeden der beiden Leitungsabschnitte seien der Wirk- und Blindwiderstand gegeben[1]). Da die letzteren, konzentriert gedacht, gleichsam in Hintereinanderschaltung liegen, wird man sich vorteilhaft bei ihrer Darstellung der $\mathfrak{f}$-Werte, d. h. ihrer Scheinwiderstände, und nicht der $\mathfrak{j}$-Werte (Leitwerte) bedienen. Der aus Wirk- und Blindwiderstand des Abschnittes BA zusammengesetzte Schein-

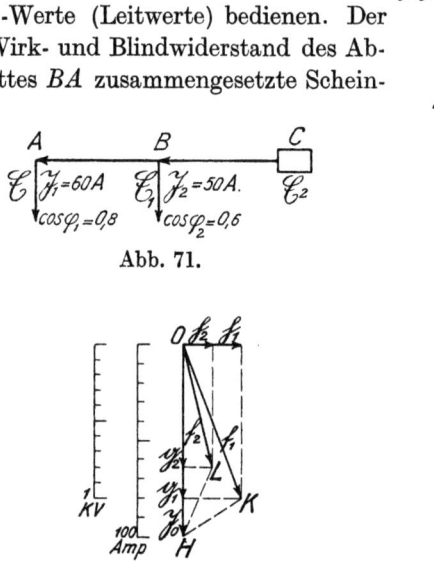

Abb. 71.

Abb. 72.

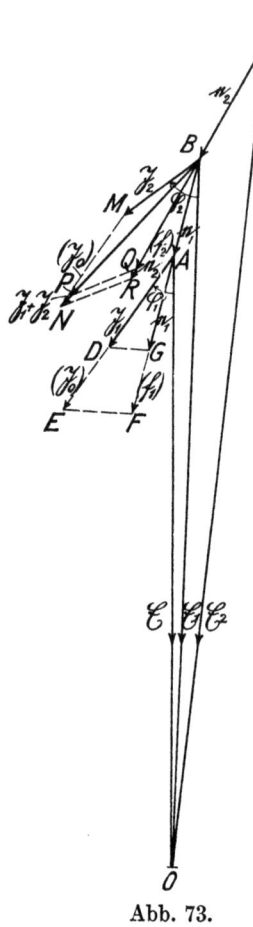

Abb. 73.

widerstand werde dargestellt durch das Vektorverhältnis $\dfrac{\mathfrak{f}_1}{\mathfrak{J}_0}$ (Abb. 72), worin $\mathfrak{J}_0$ eine beliebig zu wählende Maßeinheit für den Strom darstellt. Der Scheinwiderstand der Strecke CB sei in

---

[1]) Über die Berechnung des induktiven und kapazitiven Widerstandes von Leitungen, s. Siemens-Zeitschrift 1924, Heft 1, S. 20; Burger: Berechnung von Drehstrom-Kraftübertragungen.

Speiseleitung mit gegebener Endspannung.

gleicher Weise durch das Vektorverhältnis $\dfrac{\mathfrak{f}_2}{\mathfrak{J}_0}$ gegeben. Hierbei sind $\mathfrak{f}_1$ und $\mathfrak{f}_2$ nach dem Spannungsmaßstab und $\mathfrak{J}_0$ nach dem Strommaßstab zu messen.

Der Spannungsverlust $\mathfrak{e}_1$ in dem Abschnitt BA ergibt sich zu

$$\mathfrak{e}_1 = \mathfrak{J}_1 \dfrac{\mathfrak{f}_1}{\mathfrak{J}_0} \qquad (1)$$

und die Spannung im Speisepunkt B zu

$$\mathfrak{E}_1 = \mathfrak{E} + \mathfrak{e}_1. \qquad (2)$$

Um diese Gleichungen konstruktiv umzuwerten, tragen wir zunächst in Abb. 73 den Strom $\mathfrak{J}_1 = AD$ unter dem gegebenen Phasenwinkel φ_1 ($\cos\varphi_1 = 0{,}8$) an die Spannung $\mathfrak{E} = AO$ an. Nach Gl. (1) verhält sich $\dfrac{\mathfrak{e}_1}{\mathfrak{J}_1} = \dfrac{\mathfrak{f}_1}{\mathfrak{J}_0}$, daher muß das aus $\mathfrak{e}_1$ und $\mathfrak{J}_1$ zu konstruierende Dreieck DAG (Abb. 73) dem Dreieck HOK (Abb. 72) ähnlich sein. Wir transportieren daher das letztere so nach Abb. 73, daß $OH = AE$ in die Richtung von $\mathfrak{J}_1 = AD$ fällt, $AF = OK$ und $\sphericalangle EAF = \sphericalangle HOK$ wird. Da das Vektorverhältnis $\dfrac{\mathfrak{f}_1}{\mathfrak{J}_0}$ hierbei verdreht ist, so setzen wir die Bezeichnungen $AE = (\mathfrak{J}_0)$ und $AF = (\mathfrak{f}_1)$ (Abb. 73) in Klammern. Zieht man nun $DG \| EF$, so ist $AG = \mathfrak{e}_1$. Um die Spannung $\mathfrak{E}_1 = \mathfrak{e}_1 + \mathfrak{E}$ zu konstruieren, machen wir $BA = AG$ unter Beibehaltung der Richtung, dann ist $BO = \mathfrak{e}_1 + \mathfrak{E} = \mathfrak{E}_1$. Nunmehr wird an $\mathfrak{E}_1$ der Strom $BM = \mathfrak{J}_2$ unter dem gegebenen Phasenwinkel φ_2 ($\cos\varphi_2 = 0{,}6$) angetragen und $BN = BM + MN = \mathfrak{J}_2 + \mathfrak{J}_1$ konstruiert, indem MN parallel und gleich $AD = \mathfrak{J}_1$ gezeichnet wird.

Der Spannungsverlust in dem Abschnitt CB ist

$$\mathfrak{e}_2 = (\mathfrak{J}_1 + \mathfrak{J}_2)\dfrac{\mathfrak{f}_2}{\mathfrak{J}_0}. \qquad (3)$$

Zur Konstruktion desselben tragen wir in Abb. 73 an $\mathfrak{J}_1 + \mathfrak{J}_2$ das Dreieck HOL aus Abb. 72 gleich PBQ an und ziehen $NR \| PQ$, dann ist $BR = \mathfrak{e}_2$. Schließlich wird $\mathfrak{e}_2 = BR$ nach CB verschoben, wodurch sich $\mathfrak{E}_2 = \mathfrak{E}_1 + \mathfrak{e}_2 = CO$ ergibt.

Es soll nunmehr die Berechnung auf ein praktisches Beispiel angewendet werden, wobei die gleichen Abbildungen zugrunde gelegt werden. Es sei gegeben:

$$\mathfrak{J}_1 = 60 \text{A}, \quad \cos\varphi_1 = 0{,}8,$$
$$\mathfrak{J}_2 = 50 \text{A}, \quad \cos\varphi_2 = 0{,}6.$$

Ferner für den Leitungsabschnitt

BA: der Wirkwiderstand $R_1 = 10\,\Omega$, Blindwiderstand $\omega L_1 = 4\,\Omega$,
CB: ,, ,, $R_2 = 8\,\Omega$, ,, $\omega L_2 = 2\,\Omega$.

Wir legen zunächst in Abb. 72 den Maßstab für die Spannung (1 kV) und denjenigen für den Strom (100 A) fest, nach denen wir alle Spannungen und Ströme messen wollen. Zur Darstellung der Wirk- und Blindwiderstände, für die kein Maßstab vorhanden ist, benutzen wir Vektorverhältnisse $\left(\dfrac{\text{Spannung}}{\text{Strom}}\right)$ und legen für den Nenner der verschiedenen Verhältnisse einen Einheitsstrom, z. B. $\mathfrak{J}_0 = 100$ A, fest.

Stellen wir daher

$$R_1 \text{ durch } \frac{\mathfrak{g}_1}{\mathfrak{J}_0} = 10\,\Omega, \quad \omega L_1 \text{ durch } \frac{\mathfrak{h}_1}{\mathfrak{J}_0} = 4\,\Omega,$$

$$R_2 \quad ,, \quad \frac{\mathfrak{g}_2}{\mathfrak{J}_0} = 8\,\Omega; \quad \omega L_2 \quad ,, \quad \frac{\mathfrak{h}_2}{\mathfrak{J}_0} = 2\,\Omega$$

dar, so ist

$$\mathfrak{g}_1 = 10 \cdot 100 = 1000\,\text{V} = 1\,\text{kV}, \qquad \mathfrak{h}_1 = \frac{4 \cdot 100}{1000} = 0{,}4\,\text{kV},$$

$$\mathfrak{g}_2 = \frac{8 \cdot 100}{1000} = 0{,}8\,\text{kV}, \qquad \mathfrak{h}_2 = \frac{2 \cdot 100}{1000} = 0{,}2\,\text{kV},$$

wobei $\mathfrak{g}_1$ und $\mathfrak{g}_2$ in Phase mit dem Strom $\mathfrak{J}_0$ und $\mathfrak{h}_1$ und $\mathfrak{h}_2$ 90° voreilend gegen diesen darzustellen sind. Obige Spannungen sind nun im Spannungsmaßstab abgemessen und in Abb. 72 eingetragen. Das Vektorverhältnis $\dfrac{\mathfrak{f}_1}{\mathfrak{J}_0}$, das den Scheinwiderstand des Leitungszweiges BA (Abb. 71) darstellt, ergibt sich zu:

$$\frac{\mathfrak{f}_1}{\mathfrak{J}_0} = \frac{\mathfrak{g}_1}{\mathfrak{J}_0} + \frac{\mathfrak{h}_1}{\mathfrak{J}_0} = \frac{\mathfrak{g}_1 + \mathfrak{h}_1}{\mathfrak{J}_0}; \quad \mathfrak{f}_1 = \mathfrak{g}_1 + \mathfrak{h}_1. \tag{4}$$

Speiseleitung mit gegebener Endspannung.

Wir haben daher in Abb. 72 $\mathfrak{g}_1$ und $\mathfrak{h}_1$ geometrisch zusammenzusetzen und erhalten
$$\mathfrak{f}_1 = OK = \mathfrak{g}_1 + \mathfrak{h}_1$$
und ebenso
$$\mathfrak{f}_2 = OL = \mathfrak{g}_2 + \mathfrak{h}_2.$$

Wir haben bei der Durchführung der Rechnung von vornherein mit $\mathfrak{f}$-Werten (Scheinwiderständen) gerechnet, da wir uns den Wirk- und Blindwiderstand jedes Leitungsabschnittes konzentriert und hintereinandergeschaltet vorgestellt haben und da hierbei die Spannungsverluste in $\mathfrak{g}_1$ und $\mathfrak{h}_1$, d. h. die ihnen proportionalen Vektoren $\mathfrak{g}_1$ und $\mathfrak{h}_1$ einfach geometrisch zu addieren sind ($\mathfrak{f}_1 = \mathfrak{g}_1 + \mathfrak{h}_1$). Auf den letzteren Vorteil müssen wir verzichten, wenn wir die Rechnung mit Scheinleit- ($\mathfrak{j}$-) Werten angesetzt hätten. Um den Unterschied in der Benutzung der $\mathfrak{f}$- und $\mathfrak{j}$-Werte recht klar darzustellen und den Leser von vornherein vor Fehlern zu bewahren, die bei Benutzung ungeeigneter Vektorverhältnisse — in unserem Falle der Scheinleit- oder $\mathfrak{j}$-Werte — leicht unterlaufen können, wollen wir die Rechnung auch mit diesen andeuten.

Wird für den Leitungsabschnitt BA nach Abb. 74 $\frac{1}{R_1}$ durch $\frac{\varkappa_1}{\mathfrak{E}_0}$ und $\frac{1}{\omega L_1}$ durch $\frac{\lambda_1}{\mathfrak{E}_0}$ und der Scheinleitwert des ganzen Abschnittes durch $\frac{\mathfrak{j}_1}{\mathfrak{E}_0}$ dargestellt und wählen wir $\mathfrak{E}_0 = 1 \text{ kV} = 1000 \text{ V}$, so ist

$$\frac{1}{10 \Omega} = \frac{\varkappa_1}{1000 \text{ V}}; \quad \varkappa_1 = \frac{1000 \text{ V}}{10 \Omega} = 100 \text{ A};$$

$$\frac{1}{4 \Omega} = \frac{\lambda_1}{1000 \text{ V}}; \quad \lambda_1 = \frac{1000 \text{ V}}{4 \Omega} = 250 \text{ A}.$$

$\varkappa_1$ ist in Phase mit $\mathfrak{E}_0$ und λ_1 90° nacheilend.

In Abb. 75 ist $\mathfrak{E}_0 = 1 \text{kV} = OS$, im Spannungsmaßstab gemessen, und $\varkappa_1 = 100 \text{ A} = OT$, $\lambda_1 = 250 \text{ A} = OU$, im Strommaßstab gemessen, aufgetragen. Die Berechnung von $\mathfrak{j}_1$ ergibt sich aus der Beziehung

$$\frac{1}{\mathfrak{j}_1} = \frac{1}{\varkappa_1} + \frac{1}{\lambda_1}; \quad \mathfrak{j}_1 = \frac{\varkappa_1 \lambda_1}{\varkappa_1 + \lambda_1}. \tag{5}$$

Da $\varkappa_1$ und λ_1 aufeinander senkrecht stehen, so ergibt sich nach Abb. 17b folgende einfache Konstruktion für $\mathfrak{j}_1$: Man verbindet

130   Speiseleitung mit gegebener Endspannung.

T mit U und konstruiert $OV \perp TU$, dann ist OV der gesuchte Vektor $\mathfrak{j}_1$. Da nun

$$\frac{\mathfrak{j}_1}{\mathfrak{E}_0} = \frac{\mathfrak{J}_0}{\mathfrak{f}_1}$$

sein muß, so müssen auch die Dreiecke KOH (Abb. 72) und SOV (Abb. 75) ähnlich sein, wie die Zeichnungen zeigen. In gleicher Weise ist auch der Vektor $\mathfrak{j}_2$ zu bestimmen.

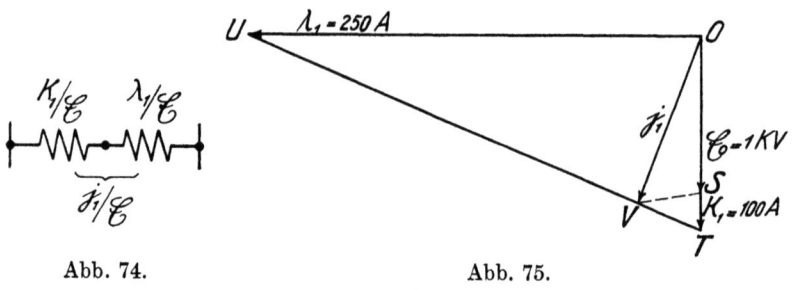

Abb. 74.   Abb. 75.

Der Spannungsabfall e_1 (Abb. 73) ergibt sich aus der Gleichung

$$\frac{e_1}{\mathfrak{J}_1} = \frac{\mathfrak{E}_0}{\mathfrak{j}_1}; \quad e_1 = \mathfrak{J}_1 \frac{\mathfrak{E}_0}{\mathfrak{j}_1} \tag{6}$$

und ebenso

$$\frac{e_2}{\mathfrak{J}_1 + \mathfrak{J}_2} = \frac{\mathfrak{E}_0}{\mathfrak{j}_2}; \quad e_2 = (\mathfrak{J}_1 + \mathfrak{J}_2)\frac{\mathfrak{E}_0}{\mathfrak{j}_2}. \tag{7}$$

Die Konstruktion (Abb. 73) wird daher durch die Benutzung der Vektorverhältnisse $\frac{\mathfrak{E}_0}{\mathfrak{j}_1}$ bzw. $\frac{\mathfrak{E}_0}{\mathfrak{j}_2}$ an Stelle von $\frac{\mathfrak{f}_1}{\mathfrak{J}_0}$ bzw. $\frac{\mathfrak{f}_2}{\mathfrak{J}_0}$ nicht verändert, da ein Vektorverhältnis unverändert bleibt, wenn man Zähler und Nenner im gleichen Maße vergrößert.

Nachdem die Darstellung der $\mathfrak{j}$- und $\mathfrak{f}$-Werte aus ihren Komponenten und deren Berechnung in dem vorliegenden Beispiel ausführlich behandelt ist, soll in den späteren Beispielen, um Wiederholungen zu vermeiden, angenommen werden, daß die Scheinwiderstände oder Scheinleitwerte der einzelnen Stromzweige durch ihre Vektorverhältnisse gegeben sind.

Abb. 73 läßt erkennen, daß die Zentralenspannung $\mathfrak{E}_2$ unter den gegebenen Verhältnissen den Speisepunktsspannungen $\mathfrak{E}_1$ und $\mathfrak{E}$ gegenüber nacheilt. Die Begründung liegt darin, daß die Phasenverschiebungen der Leitungsabschnitte $AB: \frac{\mathfrak{l}_1}{\mathfrak{J}_0}$ und $BC: \frac{\mathfrak{l}_2}{\mathfrak{J}_0}$ geringer sind als die Phasenwinkel der Ströme $\mathfrak{J}_1$ gegen $\mathfrak{E}$ bzw. $(\mathfrak{J}_1+\mathfrak{J}_2)$ gegen $\mathfrak{E}_1$. Durch eine Leitung mit verhältnismäßig geringer Induktivität wird daher die Phasenverschiebung des Gesamtstromes gegen die Zentralenspannung verringert.

B. Näherungsverfahren zur Berechnung einer Speiseleitung mit mehreren Anzapfungen.

Bei dem in Abb. 73 dargestellten Beispiel ist der Spannungsverlust $|e_1|$ und $|e_2|$ etwa 16% bzw. 29% von $|\mathfrak{E}|$. In der Praxis wird man so große Spannungsverluste kaum zulassen, daher werden e_1, e_2 im Verhältnis zu $\mathfrak{E}$ in der Regel viel kleiner ausfallen und die Punkte B, C sehr nahe an A heranrücken. Man kann daher näherungsweise annehmen, daß $\mathfrak{E}_1$ und $\mathfrak{E}_2$ parallel $\mathfrak{E}$ verlaufen. Unter dieser Annahme kann $\mathfrak{J}_2$ von vornherein an die Richtung von $\mathfrak{E}$ statt $\mathfrak{E}_1$ unter dem Winkel φ_2 angetragen werden, bevor e_1 und damit $\mathfrak{E}_1$ ermittelt sind. Dieses ist in Abb. 76 geschehen, wo $\mathfrak{J}_1$ und $\mathfrak{J}_2$ unter ihren Phasenwinkeln φ_1 bzw. φ_2 an $\mathfrak{E}=AO$ angelegt sind und aus $\mathfrak{J}_1$ und $\mathfrak{J}_2$ durch geometrische Addition $\mathfrak{J}_1+\mathfrak{J}_2$ gebildet ist. Der Spannungsverlust e_1 ist nach Gl. (1) $\left(e_1=\mathfrak{J}_1\frac{\mathfrak{l}_1}{\mathfrak{J}_0}\right)$ in gleicher Weise wie in Abb. 73 konstruiert, ebenso ist e_2 nach Gl. (3) $e_2=(\mathfrak{J}_1+\mathfrak{J}_2)\frac{\mathfrak{l}_2}{\mathfrak{J}_0}=AR$ ermittelt und nach CB transportiert. Die Zeichnung ergibt nahezu den gleichen Wert für e_2 wie die Abb. 73. Die Spannungsdifferenz $|\mathfrak{E}_1|-|\mathfrak{E}|$ erhält man durch Projektion AB auf AO gleich B_1A und die Spannungsdifferenz $|\mathfrak{E}_2|-|\mathfrak{E}|$ gleich C_1A.

Die Zeichnung ergibt für

$$|\mathfrak{E}_1|-|\mathfrak{E}|=14\% \text{ von } |\mathfrak{E}| \text{ statt } 16\%$$

und $\quad |\mathfrak{E}_2|-|\mathfrak{E}|=19\%$ von $|\mathfrak{E}|$ statt 22%.

Für praktische Verhältnisse, wobei die Spannungsdifferenz zwischen 5 und 10% liegt, wird das Resultat natürlich viel günstiger werden. Außerdem wird die Konstruktion genauer, weil man den Spannungsmaßstab größer wählen kann ($\mathfrak{E}$, $\mathfrak{E}_1$, $\mathfrak{E}_2$ brauchen nicht in voller Größe aufgetragen zu werden).

Von besonderem Vorteil wird das Näherungsverfahren, wenn die Spannung $\mathfrak{E}_2$ in der Zentrale als konstant angenommen wird und e_2 und e_1 berechnet werden sollen. In diesem Falle berechnet man nach Gl. (3) bzw. (1) e_2 bzw. e_1 und erhält

$$\mathfrak{E}_1 = \mathfrak{E}_2 - e_2 \quad \text{und} \quad \mathfrak{E} = \mathfrak{E}_1 - e_1.$$

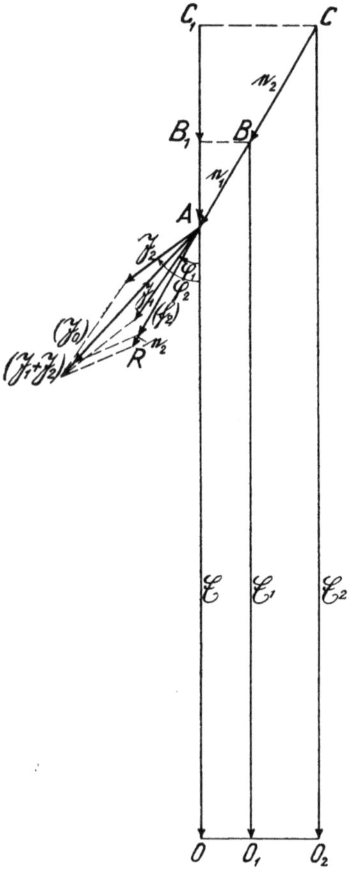

Eine genaue Berechnung derselben Aufgabe bereitet, wie das nächste Beispiel zeigt, schon für einen Speisepunkt gewisse Schwierigkeiten, die sich bei der Annahme mehrerer Anzapfstellen so häufen, daß man vorteilhafter nach Abb. 73 zunächst die Spannung AO des letzten Speisepunktes schätzt und den Linienzug ABC hierfür konstruiert und sodann für größere oder kleinere Werte von OA die Linienzüge $A'B'C'$, $A''B''C''$,... konstruiert. Dadurch entsteht ein geometrischer Ort für $CC'C''...$, auf dem man einen Punkt $C^{\mathfrak{E}}$ so wählen kann, daß $OC^{\mathfrak{E}}$ gleich der gegebenen Spannung $\mathfrak{E}_2$ ist.

Abb. 76.

C. Berechnung einer Speiseleitung, der eine gegebene Leistung unter einer bestimmten Phasenverschiebung entnommen wird, bei gegebener Zentralenspannung.

Nach der Aufgabe ist gegeben: die Zentralenspannung $\mathfrak{E} = OA$ (Abb. 77) (beispielsweise 6 kV) und die an dem Speisepunkt entnommene Wirkleistung $\mathfrak{N}_w$ (beispielsweise 300 kW) und die Phasenverschiebung φ_1 des Stromes $\mathfrak{J}_1 = BQ$ gegen die Spannung $\mathfrak{E}_1 = BA$ am Speisepunkt B (in der Darstellung ist die Phasenverschiebung φ_1, um die Zeichnung übersichtlich zu gestalten, sehr groß gewählt und $\cos\varphi_1 = 0{,}25$ angenommen).

Speiseleitung mit gegebener Anfangsspannung. 133

Wir benutzen bei der Entwicklung den Begriff des Vektorproduktes, da uns dieses in schnellster Weise zur Lösung führt.
Die dem Speisepunkt entnommene Gesamtleistung wird ausgedrückt durch das Vektorprodukt

$$\mathfrak{N} = \{\mathfrak{E}_1 \cdot \mathfrak{J}_1\} = \{BA \cdot BQ\}.$$

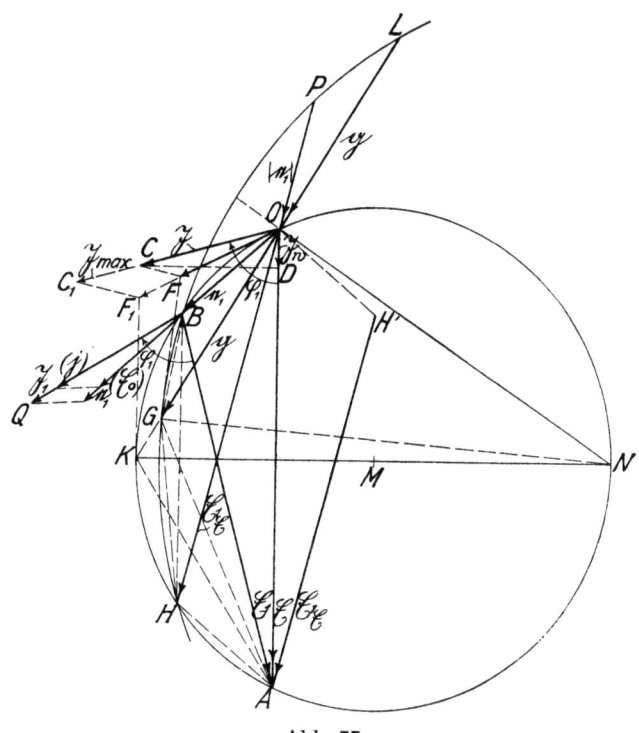

Abb. 77.

Da in dieser Gleichung sowohl $\mathfrak{E}_1$ wie $\mathfrak{J}_1$, wenngleich sie voneinander abhängig sind, unbekannt sind, so drücken wir die Gesamtleistung zunächst durch ein anderes Vektorprodukt aus, bei dem beide Faktoren von vornherein zu bestimmen sind. Wir denken uns daher, daß die Gesamtleistung nicht im Speisepunkt, sondern in der Zentrale selbst entnommen und durch ein Vektorprodukt $\mathfrak{N} = \{\mathfrak{E} \cdot \mathfrak{J}\} = \{OA \cdot OC\}$ dargestellt ist. Die in der Gesamtleistung $\mathfrak{N}$ enthaltene Wirkleistung $\mathfrak{N}_\mathfrak{w} = (\mathfrak{E} \cdot \mathfrak{J}_\mathfrak{w})$ ist gegeben

134 Speiseleitung mit gegebener Anfangsspannung.

(z. B. 300 kW) und daher auch $\mathfrak{J}_w = \dfrac{\mathfrak{N}_w}{\mathfrak{E}} = \dfrac{300\ \text{kW}}{6\ \text{kV}} = 50\ \text{A}$ bekannt. Wir tragen daher $\mathfrak{J}_w = OD$, im Strommaßstab (Abb. 77 a) gemessen, in der Richtung $\mathfrak{E}$ auf. Um $\mathfrak{J}$ zu finden, tragen wir den gegebenen Winkel $\varphi_1 = DOC$ an und ziehen $DC \perp OD$, dann ist $OC = \mathfrak{J}$, der zweite Faktor des Vektorproduktes $\{\mathfrak{E} \cdot \mathfrak{J}\}$, bestimmt. Schließlich sei noch der Scheinleitwert der Speiseleitung durch das Vektorverhältnis $\dfrac{j_1}{\mathfrak{E}_0}$ (Abb. 77 a) gegeben. In dem Beispiel ist $\mathfrak{E}_0 = 2$ kV angenommen. Ist nun $e_1 = OB$ der gesuchte Spannungsverlust in der Speiseleitung, $\mathfrak{E}_1 = BA$ die Spannung am Speisepunkt, so können wir folgende Bedingungsgleichungen aufstellen:

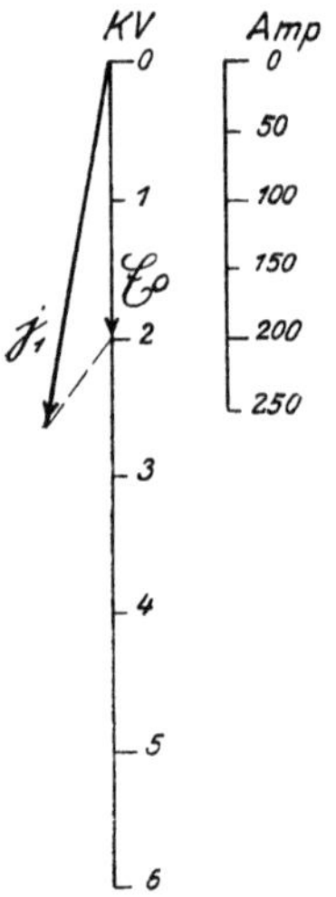

$$\mathfrak{E} = \mathfrak{E}_1 + e_1; \tag{1}$$

$$e_1 = \mathfrak{J}_1 \dfrac{\mathfrak{E}_0}{j_1}; \qquad \mathfrak{J}_1 = e_1 \dfrac{j_1}{\mathfrak{E}_0}; \tag{2}$$

$$\{\mathfrak{E}_1 \cdot \mathfrak{J}_1\} = \{\mathfrak{E} \cdot \mathfrak{J}\}. \tag{3}$$

In die letzte Gleichung setzen wir den Wert von $\mathfrak{J}_1$ aus Gl. (2) ein und erhalten:

$$\left\{\mathfrak{E}_1 \cdot e_1 \dfrac{j_1}{\mathfrak{E}_0}\right\} = \{\mathfrak{E} \cdot \mathfrak{J}\}. \tag{4}$$

Diese Vektorproduktgleichung verwandeln wir nach den im Abschnitt G, Gl. (66) gegebenen Regeln in eine Kreuzproduktgleichung, wobei statt des Vektors $\mathfrak{E}_1$ der Spiegelvektor $\mathfrak{E}_{1\mathfrak{E}} = H'A = OH$ (Spiegelung von $\mathfrak{E}_1$ an $\mathfrak{E}$) zu verwenden ist, und erhalten

$$\mathfrak{E}_{1\mathfrak{E}} \cdot e_1 \dfrac{j_1}{\mathfrak{E}_0} = \mathfrak{E} \cdot \mathfrak{J}. \tag{5}$$

Abb. 77 a.

Wir bringen nunmehr alle bekannten Vektoren auf die rechte Seite und verwandeln das Kreuzprodukt der rechten Seite in das Quadrat eines Vektors g (Dimension: Spannung):

$$\mathfrak{E}_{1\mathfrak{E}} \cdot e_1 = \mathfrak{E} \cdot \mathfrak{J} \dfrac{\mathfrak{E}_0}{j_1} = g^2. \tag{6}$$

Speiseleitung mit gegebener Anfangsspannung. 135

In Abb. 77 ist der Spannungsvektor $\mathfrak{J}\dfrac{\mathfrak{E}_0}{\mathfrak{j}_1} = OF$ konstruiert, indem das Dreieck COF ähnlich dem aus $\mathfrak{j}_1$ und $\mathfrak{E}_0$ gebildeten Dreieck in Abb. 77a gemacht ist. Nach Abschnitt J, Abb. 37 liegt nun der Vektor $\mathfrak{g}$ in der Richtung der Winkelhalbierenden OG des Winkels FOA, und sein Betrag ist

$$|\mathfrak{g}| = OG = \sqrt{|\mathfrak{E}| \cdot \left|\mathfrak{J}\dfrac{\mathfrak{E}_0}{\mathfrak{j}_1}\right|} = \sqrt{OA \cdot OF}$$

Diesen Betrag von $|\mathfrak{g}|$ kann man entweder nach Abb. 37 konstruktiv oder einfacher mit dem Rechenschieber ermitteln.

In Gl. (6) kommt noch der Spiegelvektor $\mathfrak{E}_{1\mathfrak{E}}$ von $\mathfrak{E}_1$ vor. Dieser ergibt sich unter der Annahme, daß e_1 und $\mathfrak{E}_1$ gefunden sind, als die zweite Diagonale OH in dem Trapez $OBHA$. Die Eckpunkte des letzteren liegen auf einem um M beschriebenen Kreise mit dem auf der Mitte von $OA \perp$ stehenden Radius KM, dessen Größe noch zu bestimmen ist. Nach Gl. (6) ist

$$\dfrac{e_1}{\mathfrak{g}} = \dfrac{\mathfrak{g}}{\mathfrak{E}_{1\mathfrak{E}}},$$

daher ist

$$\sphericalangle e_1, \mathfrak{g} = \sphericalangle \mathfrak{g}, \mathfrak{E}_{1\mathfrak{E}}, \quad \text{d. h.} \quad \sphericalangle BOG = \sphericalangle GOH.$$

Da nun $BH \parallel OA$ ist, so sind die Kreisbogen BK und KH gleich groß, die Winkelhalbierende $\mathfrak{g}$ von e_1 und $\mathfrak{E}_{1\mathfrak{E}}$ muß daher mit der Richtung OK zusammenfallen, und K ist der Schnittpunkt der Verlängerung von $\mathfrak{g}$ mit der Mittelsenkrechten MK von OA. Durch die Punkte OKA ist aber der Kreis um M, und damit sein Mittelpunkt M, eindeutig bestimmt. Es ist nun noch ein zweiter geometrischer Ort für die Punkte B und H zu konstruieren. Dieser ergibt sich aus der Beziehung

$$|\mathfrak{E}_{1\mathfrak{E}}| \cdot |e_1| = |\mathfrak{g}| \cdot |\mathfrak{g}|$$

und ist durch einen um den Punkt N mit dem Radius GN beschriebenen Kreis gegeben. Da nämlich $ON \perp GOL$ ist, so ist

$$OL = OG = |\mathfrak{g}| \quad \text{und} \quad OP = OB = |e_1|$$

und daher $\qquad HO \cdot OP = GO \cdot OL$

oder $\qquad |\mathfrak{E}_{1\mathfrak{E}}| \cdot |e_1| = |\mathfrak{g}| \cdot |\mathfrak{g}|$.

B ist somit der gesuchte Punkt, durch dessen Konstruktion e_1 und $\mathfrak{E}_1$ gefunden sind. Die Konstruktion zeigt aber noch eine weitere interessante Erscheinung. Die beiden Kreise schneiden sich außer in B noch in H. Dadurch entsteht eine zweite Lösung für die Aufgabe, bei der der Spannungsverlust OH in der Speiseleitung und die Speisepunktsspannung HA auftritt. Diese Lösung entspricht aber einem labilen Zustande. Bei einer geringen Entlastung des Speisepunktes würde der Punkt H nach B und bei einer Mehrbelastung nach A wandern.

Schließlich ist noch $\mathfrak{J}_1$ zu konstruieren, indem $\sphericalangle ABQ = \varphi_1$ und $|\mathfrak{J}_1| = \dfrac{|\mathfrak{E}||\mathfrak{J}|}{|\mathfrak{E}_1|}$ oder $\mathfrak{J}_1 = e_1 \dfrac{j_1}{\mathfrak{E}_0}$ gemacht wird.

Es soll nachstehend die Reihenfolge der Konstruktionen nochmals kurz zusammengefaßt werden: Gegeben ist $\mathfrak{E} = OA$, $\mathfrak{J} = OC$ und $\dfrac{j_1}{\mathfrak{E}_0}$ (Abb. 77 und 77a). Es sind zu ermitteln $\mathfrak{J}\dfrac{\mathfrak{E}_0}{j_1} = OF$, die Winkelhalbierende OK aus $\mathfrak{J}\dfrac{\mathfrak{E}_0}{j_1} = OF$ und $\mathfrak{E} = OA$; auf dieser ist abzutragen der Wert $|\mathfrak{g}| = \sqrt{|\mathfrak{E}| \cdot \left|\mathfrak{J}\dfrac{\mathfrak{E}_0}{j_1}\right|}$ $= \sqrt{OA \cdot OF}$. Sodann ist ein Kreis durch OKA und ein zweiter mit dem Radius GN zu beschreiben. Die Schnittpunkte der beiden Kreise B (und H) ergeben das Potential im Speisepunkt, d. h. die Spannungen $e_1 = OB$ und $\mathfrak{E}_1 = BA$. Schließlich wird $|\mathfrak{J}_1| = \dfrac{|\mathfrak{E}||\mathfrak{J}|}{|\mathfrak{E}_1|} = BQ$ unter dem Winkel φ_1 an BA angetragen oder $\mathfrak{J}_1 = e_1 \dfrac{j_1}{\mathfrak{E}_0} = BQ$ konstruiert. Bei der Aufgabe ist Einphasenstrom zugrunde gelegt. Für Drehstrom würde lediglich der Faktor $\sqrt{3}$ bei der Bestimmung der Leistung zu berücksichtigen sein.

Abb. 77 gibt noch Aufschluß über die naheliegende Frage, welche größte Leistung mit einer gegebenen Leitung bei der gegebenen Phasenverschiebung φ_1 übertragen werden kann. Dieser Fall tritt dann ein, wenn der Kreis um N den Kreis um M im Punkt K berührt, d. h. wenn G nach K vorrückt. Nun war nach Gl. (6) $\mathfrak{E} \cdot \mathfrak{J}\dfrac{\mathfrak{E}_0}{j_1} = OA \cdot OF = \mathfrak{g}^2$ oder $\triangle OAG \backsim \triangle OGF$, daher $\sphericalangle OAG = \sphericalangle OGF$. Schreitet nun der Punkt G nach K

und entsprechend der Punkt F auf dem Strahl OF nach F_1 vor und soll $\sphericalangle OAK = \sphericalangle OKF_1$ sein, so braucht man, um F_1 zu finden, nur $KF_1 \parallel AO$ zu ziehen, dann erhält man in OF_1 den Vektor $\Im_{max} \dfrac{\mathfrak{E}_0}{\mathfrak{j}_1}$. Zieht man schließlich $C_1F_1 \parallel CF$, so erhält man in OC_1 den gesuchten Vektor $\Im_{max}$. Die maximal übertragbare Gesamtleistung ist $\mathfrak{N}_{max} = \{\mathfrak{E} \cdot \Im_{max}\}$ und $\mathfrak{N}_{w\,max} = \mathfrak{E} \cdot \Im_{max} \cos \varphi_1$.

D. Berechnung einer Ringleitung, Näherungsverfahren.

Von einer Zentrale C (Abb. 78), in der eine konstante Spannung $\mathfrak{E}$ unterhalten wird, geht eine Ringleitung aus über die Speisepunkte A, B, in denen die Ströme $\Im_1$ und $\Im_2$ unter den Phasenwinkeln φ_1 bzw. φ_2 entnommen werden. Die Scheinwiderstände der Leitungszweige

$$CA, \quad AB, \quad BC$$

seien dargestellt durch die Vektorverhältnisse

$$\dfrac{\mathfrak{f}_1}{\Im_0}, \quad \dfrac{\mathfrak{f}_2}{\Im_0}, \quad \dfrac{\mathfrak{f}_3}{\Im_0} \qquad \text{(Abb. 78a)}.$$

Wegen der Hintereinanderschaltung der drei Stromzweige soll mit Scheinwiderständen ($\mathfrak{f}$-Werten) und nicht mit Scheinleitwerten ($\mathfrak{j}$-Werten) gerechnet werden. Die zu berechnenden Spannungsdifferenzen in den drei Leitungsabschnitten sind bezeichnet mit e_1, e_2, e_3 (wobei einheitliche Pfeilrichtungen entgegen dem Uhrzeigersinne angenommen sind) und die Spannungen in den Speisepunkten A bzw. B mit $\mathfrak{E}_1$ bzw. $\mathfrak{E}_2$. Dabei ist angenommen, daß die Beträge der Vektoren e_1, e_2, e_3 so klein gegenüber denen von $\mathfrak{E}$, $\mathfrak{E}_1$, $\mathfrak{E}_2$ sind, daß die tatsächlichen Phasenverschiebungen zwischen $\mathfrak{E}_1$, $\mathfrak{E}_2$ und $\mathfrak{E}$ vernachlässigt und $\mathfrak{E}_1$, $\mathfrak{E}_2$ parallel $\mathfrak{E}$ angenommen werden können. $\mathfrak{E}$, $\mathfrak{E}_1$, $\mathfrak{E}_2$ sind daher abgebrochen dargestellt.

In dem Punkte C wird dem Ring die geometrische Summe der Ströme $\Im_1 + \Im_2$ zugeführt. Es ist aber zunächst unbekannt, wie diese sich auf die beiden Leitungszweige CA und CB verteilt. Ebenso sind die Spannungsdifferenzen e_1, e_2, e_3 unbekannt, ihre Summe muß jedoch gleich Null sein.

Wir führen nun als weitere Unbekannte den Teilstrom $\Im_\mathfrak{x}$ im Leitungszweig CA ein und versuchen die Spannungen e_1, e_2, e_3 als Funktion einer einzigen von ihnen, z. B. e_1, darzustellen.

138 Berechnung einer Ringleitung.

Die Ringströme in den Abschnitten AB und BC ergeben sich zu $(\Im_\xi - \Im_1)$ bzw. $(\Im_\xi - \Im_1 - \Im_2)$. Als Pfeilrichtungen für sie benutzen wir die gleichen wie für die Spannungen e_1, e_2, e_3.

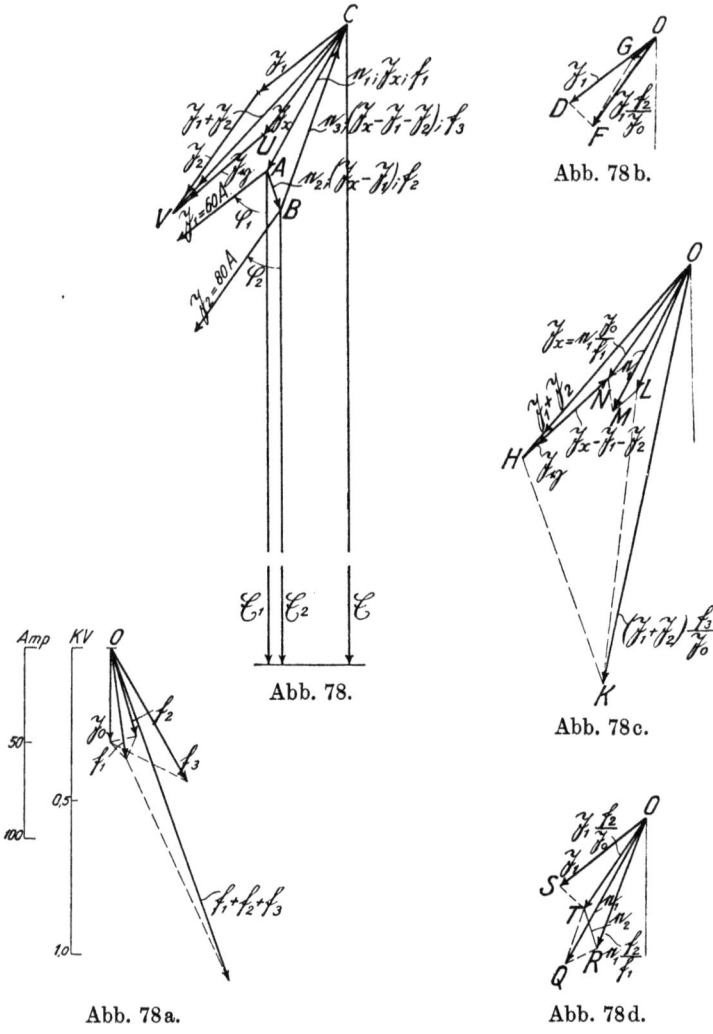

Abb. 78b.

Abb. 78.

Abb. 78c.

Abb. 78a.

Abb. 78d.

Diese Pfeile sind nicht als Richtungspfeile für die Energie oder als Phasen für die Ströme zu betrachten, sondern lediglich als Zählpfeile. Nach den gewählten Bezeichnungen ist:

Berechnung einer Ringleitung.

$$\mathfrak{J}_\mathfrak{k} = e_1 \frac{\mathfrak{J}_0}{\mathfrak{f}_1}. \tag{1}$$

$$\mathfrak{J}_\mathfrak{k} - \mathfrak{J}_1 = e_2 \frac{\mathfrak{J}_0}{\mathfrak{f}_2}, \tag{2}$$

$$\mathfrak{J}_\mathfrak{k} - \mathfrak{J}_1 - \mathfrak{J}_2 = e_3 \frac{\mathfrak{J}_0}{\mathfrak{f}_3}, \tag{3}$$

woraus sich ergibt:

$$\mathfrak{J}_1 = \mathfrak{J}_0 \left(\frac{e_1}{\mathfrak{f}_1} - \frac{e_2}{\mathfrak{f}_2} \right), \tag{4}$$

$$\mathfrak{J}_1 + \mathfrak{J}_2 = \mathfrak{J}_0 \left(\frac{e_1}{\mathfrak{f}_1} - \frac{e_3}{\mathfrak{f}_3} \right), \tag{5}$$

$$e_2 = \mathfrak{f}_2 \left(\frac{e_1}{\mathfrak{f}_1} - \frac{\mathfrak{J}_1}{\mathfrak{J}_0} \right) = e_1 \frac{\mathfrak{f}_2}{\mathfrak{f}_1} - \mathfrak{J}_1 \frac{\mathfrak{f}_2}{\mathfrak{J}_0}, \tag{6}$$

$$e_3 = \mathfrak{f}_3 \left(\frac{e_1}{\mathfrak{f}_1} - \frac{\mathfrak{J}_1 + \mathfrak{J}_2}{\mathfrak{J}_0} \right) = e_1 \frac{\mathfrak{f}_3}{\mathfrak{f}_1} - (\mathfrak{J}_1 + \mathfrak{J}_2) \frac{\mathfrak{f}_3}{\mathfrak{J}_0}, \tag{7}$$

$$e_1 + e_2 + e_3 = 0 \tag{8}$$

und mit Gl. (6) und (7):

$$e_1 + e_1 \frac{\mathfrak{f}_2}{\mathfrak{f}_1} + e_1 \frac{\mathfrak{f}_3}{\mathfrak{f}_1} = e_1 \frac{\mathfrak{f}_1 + \mathfrak{f}_2 + \mathfrak{f}_3}{\mathfrak{f}_1} = \mathfrak{J}_1 \frac{\mathfrak{f}_2}{\mathfrak{J}_0} + (\mathfrak{J}_1 + \mathfrak{J}_2) \frac{\mathfrak{f}_3}{\mathfrak{J}_0}, \tag{9}$$

$$e_1 = \mathfrak{J}_1 \frac{\mathfrak{f}_2}{\mathfrak{J}_0} \frac{\mathfrak{f}_1}{\mathfrak{f}_1 + \mathfrak{f}_2 + \mathfrak{f}_3} + (\mathfrak{J}_1 + \mathfrak{J}_2) \frac{\mathfrak{f}_3}{\mathfrak{J}_0} \frac{\mathfrak{f}_1}{\mathfrak{f}_1 + \mathfrak{f}_2 + \mathfrak{f}_3}. \tag{10}$$

Bildet man aus Gl. (10), (6) und (7) die Summe $e_1 + e_2 + e_3$, so muß diese, wie die Probe zeigt, gleich Null werden.

Nach Gl. (10), (6), (7) und (1), (2), (3) können nunmehr e_1, e_2, e_3 und die Ringströme $\mathfrak{J}_\mathfrak{k}$, $(\mathfrak{J}_\mathfrak{k} - \mathfrak{J}_1)$, $(\mathfrak{J}_\mathfrak{k} - \mathfrak{J}_1 - \mathfrak{J}_2)$ konstruiert werden.

In Abb. 78a sind zunächst die Maßstäbe für Strom und Spannung festgelegt und die gegebenen Spannungsvektoren $\mathfrak{f}_1$, $\mathfrak{f}_2$, $\mathfrak{f}_3$ und ihre Phasenverschiebungen gegen den Einheitsstrom $\mathfrak{J}_0$, der beispielsweise gleich 50 A angenommen ist, eingetragen und die geometrische Summe $\mathfrak{f}_1 + \mathfrak{f}_2 + \mathfrak{f}_3$ konstruiert.

In Abb. 78 sind die gegebenen Ströme $\mathfrak{J}_1$ (60 A) und $\mathfrak{J}_2$ (80 A) unter ihren Phasenwinkeln $\varphi_1 (\cos \varphi_1 = 0{,}6)$ bzw. $\varphi_2 (\cos \varphi_2 = 0{,}8)$ gegen die Spannung $\mathfrak{E}$ eingezeichnet und die geometrische Summe $\mathfrak{J}_1 + \mathfrak{J}_2 = CV$ konstruiert, welche der Ringleitung im Punkte C zufließt.

Nach Gl. (10) ist

$$e_1 = \Im_1 \frac{\mathfrak{f}_2}{\Im_0} \frac{\mathfrak{f}_1}{\mathfrak{f}_1 + \mathfrak{f}_2 + \mathfrak{f}_3} + (\Im_1 + \Im_2) \frac{\mathfrak{f}_3}{\Im_0} \frac{\mathfrak{f}_1}{\mathfrak{f}_1 + \mathfrak{f}_2 + \mathfrak{f}_3}$$

die Summe von zwei Vektoren, die nunmehr nach Abb. 78 b und c zu konstruieren sind. Zu dem Zweck ist in Abb. 78 b an $\Im_1$ das $\triangle DOF \sim \triangle \Im_0, \mathfrak{f}_2$ (Abb. 78 a) angetragen, wodurch $OF = \Im_1 \frac{\mathfrak{f}_2}{\Im_0}$ wird. Weiter wird an OF das $\triangle FOG \sim \triangle (\mathfrak{f}_1 + \mathfrak{f}_2 + \mathfrak{f}_3)$, $\mathfrak{f}_1$ (Abb. 78 a) angetragen, wodurch der Vektor $OG = \Im_1 \frac{\mathfrak{f}_2}{\Im_0} \frac{\mathfrak{f}_1}{\mathfrak{f}_1 + \mathfrak{f}_2 + \mathfrak{f}_3}$ gefunden ist. In Abb. 78 c ist an $\Im_1 + \Im_2 = OH$ das $\triangle HOK \sim \triangle \Im_0, \mathfrak{f}_3$ (Abb. 78 a) angetragen, wodurch sich $OK = (\Im_1 + \Im_2) \frac{\mathfrak{f}_3}{\Im_0}$ ergibt. An OK ist weiterhin das $\triangle KOL \sim \triangle \mathfrak{f}_1, (\mathfrak{f}_1 + \mathfrak{f}_2 + \mathfrak{f}_3)$ angetragen, wodurch $OL = (\Im_1 + \Im_2) \frac{\mathfrak{f}_3}{\Im_0} \frac{\mathfrak{f}_1}{\mathfrak{f}_1 + \mathfrak{f}_2 + \mathfrak{f}_3}$ gefunden wird. Sodann wird aus Abb. 78 b OG gleich und parallel nach LM übertragen, wodurch sich $OM = OL + LM = e_1$ ergibt. In derselben Abb. 78 c ist ferner noch der Strom $\Im_\mathfrak{x} = e_1 \frac{\Im_0}{\mathfrak{f}_1} = ON$ nach Gl. (1) konstruiert, indem $\triangle MON \sim \triangle \mathfrak{f}_1, \Im_0$ (Abb. 78 a) angetragen ist. Die Linie HN gibt dann gleichzeitig den Vektor $\Im_\mathfrak{x} - (\Im_1 + \Im_2)$, d. i. der Strom, welcher in dem Ring von B nach C fließt. Da aber $\Im_\mathfrak{x} - (\Im_1 - \Im_2)$ der Spannung e_1 entgegengerichtet ist, so fließt tatsächlich der Strom $\Im_\mathfrak{y} = \Im_1 + \Im_2 - \Im_\mathfrak{x} = NH$ von C nach B.

In Abb. 78 d ist schließlich nach Gl. (6) $e_2 = e_1 \frac{\mathfrak{f}_2}{\mathfrak{f}_1} - \Im_1 \frac{\mathfrak{f}_2}{\Im_0}$ konstruiert. Zu dem Zweck ist an $OQ = e_1$ (aus Abb. 78 c übertragen) das $\triangle QOR \sim \triangle \mathfrak{f}_1, \mathfrak{f}_2$ (Abb. 78 b) angetragen, wodurch $OR = e_1 \frac{\mathfrak{f}_2}{\mathfrak{f}_1}$ gefunden wird. Ferner ist an $OS = \Im_1$ das $\triangle SOT \sim \Im_0, \mathfrak{f}_2$ angetragen, wodurch $OT = \Im_1 \frac{\mathfrak{f}_2}{\Im_0}$ entsteht. Dann ist TR der gesuchte Vektor $e_2 = e_1 \frac{\mathfrak{f}_2}{\mathfrak{f}_1} - \Im_1 \frac{\mathfrak{f}_2}{\Im_0}$. Die Vektoren $e_1 = OM$, $e_2 = TR$, $\Im_\mathfrak{x} = ON$ und $\Im_1 + \Im_2 - \Im_\mathfrak{x} = \Im_\mathfrak{y} = NH$ werden schließlich nach Abb. 78 übertragen, wodurch $CA = e_1$ und $AB = e_2$, $BC = e_3$, $CU = \Im_\mathfrak{x}$ und $UV = \Im_\mathfrak{y}$ gefunden sind.

E. Berechnung von Stromverzweigungen mit einem Knotenpunkt.

a) Zwei Scheinwiderstände in Hintereinanderschaltung an konstanter Spannung (Abb. 79).

Die Spannung sei bezeichnet mit $\mathfrak{E}$, und die beiden Scheinwiderstände seien gegeben durch die Vektorverhältnisse $\dfrac{\mathfrak{f}_1}{\mathfrak{J}}$ bzw. $\dfrac{\mathfrak{f}_2}{\mathfrak{J}}$.
Wegen der Hintereinanderschaltung der Widerstände wird mit $\mathfrak{f}$-Werten und nicht mit $\mathfrak{j}$-Werten gerechnet.

Es sollen nun folgende Untersuchungen angestellt werden:

1. Berechnung und Konstruktion der Teilspannungen e_1 und e_2 an den beiden Widerständen;
2. Ermittlung des Stromes i, der durch die beiden Widerstände fließt;
3. der geometrische Ort für e_1 bzw. e_2, wenn $\mathfrak{f}_1$ linear veränderlich gemacht wird, während $\mathfrak{f}_2$ und der Phasenwinkel φ zwischen $\mathfrak{f}_1$ und $\mathfrak{f}_2$ konstant bleibt;
4. desgleichen, wenn $\mathfrak{f}_2$ linear veränderlich, $\mathfrak{f}_1$ und φ dagegen konstant sind;

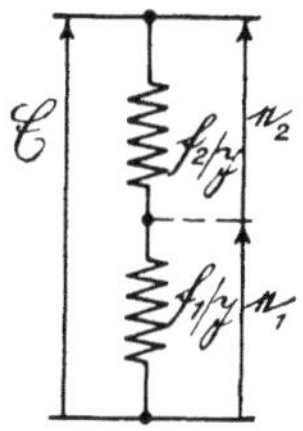

Abb. 79.

5. der geometrische Ort für e_1 bzw. e_2, wenn der Phasenwinkel φ zwischen $\mathfrak{f}_1$ und $\mathfrak{f}_2$ verändert wird, während $|\mathfrak{f}_1|$ und $|\mathfrak{f}_2|$ konstant bleiben;
6. der geometrische Ort für i für linear veränderliches $\mathfrak{f}_1$ bei konstantem φ und $\mathfrak{f}_2$;
7. desgleichen für veränderliches φ bei konstantem $|\mathfrak{f}_1|$ und $\mathfrak{f}_2$ (d. h. die Beträge von $|\mathfrak{f}_1|$ und $|\mathfrak{f}_2|$ und außerdem die Richtung von $\mathfrak{f}_2$ sind konstant);
8. desgleichen für linear veränderliches $\mathfrak{f}_2$ bei konstantem φ und $\mathfrak{f}_1$;
9. desgleichen für veränderliches φ bei konstantem $|\mathfrak{f}_2|$ und $\mathfrak{f}_1$.

Um in den Fällen 3—9 leichter erkennen zu können, welche Parameter der Vektorverhältnisse veränderlich angenommen sind, sollen diese durch einen oberen Index von e_1, e_2 und i angedeutet und in den Formeln der veränderliche Vektor $\mathfrak{f}_1$ bzw. $\mathfrak{f}_2$ in Klammern gesetzt werden. Wir bezeichnen demnach die veränderlichen Vektoren im

142   Zwei Scheinwiderstände in Serie.

Fall 3: mit e_1', e_2' ($\mathfrak{f}_1$),
 „ 4: „ e_1'', e_2'' ($\mathfrak{f}_2$),
 „ 5: „ e_1^φ, e_2^φ ($\mathfrak{f}_1^\varphi$),
 „ 6: „ i' ($\mathfrak{f}_1$),
 „ 7: „ $i^{\varphi 1}$ ($\mathfrak{f}_1^\varphi$),
 „ 8: „ i'' ($\mathfrak{f}_2$),
 „ 9: „ $i^{\varphi 2}$ ($\mathfrak{f}_2^\varphi$).

In Abb. 79a ist der Bezugsstrom $\mathfrak{J}$, $\mathfrak{f}_1$, $\mathfrak{f}_2$ und $\mathfrak{f}_1 + \mathfrak{f}_2$ dargestellt und in Abb. 79b die gegebene Spannung $\mathfrak{E} = OE$.

Ad 1. Zur Bestimmung von e_1 und e_2 dienen die Beziehungen:

$$e_1 + e_2 = \mathfrak{E} \qquad (1)$$

und

$$i = e_1 \frac{\mathfrak{J}}{\mathfrak{f}_1} = e_2 \frac{\mathfrak{J}}{\mathfrak{f}_2} \qquad (2)$$

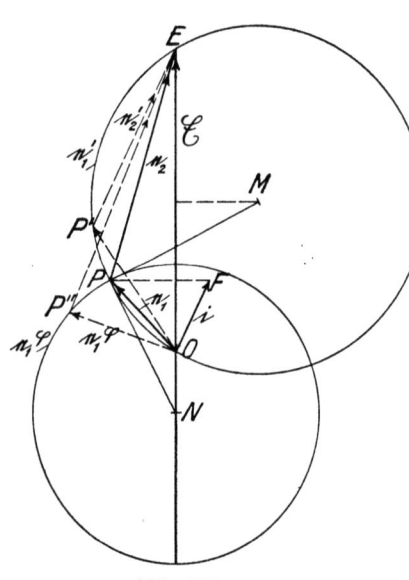

Abb. 79b.

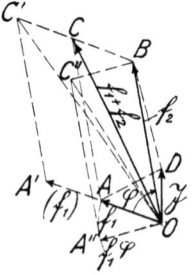

Abb. 79a.

oder
$$\frac{e_1}{e_2} = \frac{\mathfrak{f}_1}{\mathfrak{f}_2}, \qquad (3)$$

$$\frac{e_1}{e_1 + e_2} = \frac{e_1}{\mathfrak{E}} = \frac{\mathfrak{f}_1}{\mathfrak{f}_1 + \mathfrak{f}_2}; \qquad \frac{e_2}{e_1 + e_2} = \frac{e_2}{\mathfrak{E}} = \frac{\mathfrak{f}_2}{\mathfrak{f}_1 + \mathfrak{f}_2}, \qquad (3a)$$

$$e_1 = \mathfrak{E} \frac{\mathfrak{f}_1}{\mathfrak{f}_1 + \mathfrak{f}_2}; \qquad e_2 = \mathfrak{E} \frac{\mathfrak{f}_2}{\mathfrak{f}_1 + \mathfrak{f}_2}. \qquad (4)$$

Um nach Gl. (3) und (1) e_1 und e_2 zu ermitteln, haben wir das $\triangle OPE$ (Abb. 79b) $\sim \triangle OAC$ (Abb. 79a) über $\mathfrak{E}$ zu konstruieren und finden dadurch $OP = e_1$ und $PE = e_2$.

Kreisdiagramme der Spannungen.   143

Ad 2. Zur Bestimmung von i nach Gl. (2) haben wir e_1 mit dem Vektorverhältnis $\dfrac{\mathfrak{J}}{\mathfrak{f}_1}$ (oder e_2 mit dem Vektorverhältnis $\dfrac{\mathfrak{J}}{\mathfrak{f}_2}$) zu multiplizieren. Dieses ist in Abb. 79b geschehen, indem das $\triangle POF \backsim \triangle AOD$ (Abb. 79a) konstruiert ist. Dann ist OF der gesuchte Stromvektor i.

Ad 3. Nach Gl. (4) ist unter Benutzung der oben festgesetzten Bezeichnungen:

$$e_1' = \mathfrak{E}\frac{(\mathfrak{f}_1)}{(\mathfrak{f}_1) + \mathfrak{f}_2}, \qquad (5)$$

worin $\mathfrak{f}_1$ nach der Richtung OA (Abb. 79a) linear veränderlich angenommen ist. Gl. (5) ist nach Abschnitt L, Gl. (147) und (149) eine Kreisgleichung, die sich auch in der Form

$$\frac{\mathfrak{f}_2}{(\mathfrak{f}_1)} = \frac{\mathfrak{E} - e_1'}{e_1'} \qquad (6)$$

schreiben läßt.

Als Grenzwerte für den veränderlichen Vektor (e_1') hatten wir im Abschnitt L den Leerlaufsvektor $\mathfrak{L}$ und den Kurzschlußvektor $\mathfrak{K}$ eingeführt. Das wollen wir auch hier tun. Für Leerlauf $(\mathfrak{f}_1) = \infty$ (d. i. Stromunterbrechung) ergibt sich aus Gl. (5): $e_1' = \mathfrak{L} = \mathfrak{E}\dfrac{\infty}{\infty}$, also $\mathfrak{L} = \mathfrak{E}$, und für Kurzschluß $(\mathfrak{f}_1) = 0$: $e_1' = \mathfrak{K} = \mathfrak{E}\dfrac{0}{\mathfrak{f}_2}$, daher $\mathfrak{K} = 0$.

Hiernach können wir Gl. (6) in die Form:

$$\frac{\mathfrak{f}_2}{(\mathfrak{f}_1)} = \frac{\mathfrak{L} - e_1'}{e_1' - \mathfrak{K}} = \frac{e_1' - \mathfrak{L}}{\mathfrak{K} - e_1'} \qquad (7)$$

bringen. Der Kreis für den veränderlichen Vektor e_1' mit dem Mittelpunkt M (Abb. 79b) geht daher durch den Punkt $O(\mathfrak{K} = 0)$ und $E(\mathfrak{L} = \mathfrak{E})$ und den bereits ermittelten Punkt P, und der konstante Peripheriewinkel OPE ist gleich dem Winkel OAC (Abb. 79a). Dieser Kreis ist gleichzeitig der geometrische Ort für den Fußpunkt des Vektors e_2', dessen Spitze stets mit E zusammenfällt. e_1' und e_2' sind für einen beliebigen Wert von $(\mathfrak{f}_1)$ in Abb. 79a und b eingetragen, indem das $\triangle OP'E \backsim \triangle OA'C'$ konstruiert ist. Dann ist $OP' = e_1'$ und $P'E = e_2'$.

Ad 4. Wenn statt $\mathfrak{f}_1$ ($\mathfrak{f}_2$) linear veränderlich angenommen wird, so führt die Konstruktion zu demselben Kreise OPE, da dieser durch die drei Punkte O, P und E bereits eindeutig bestimmt ist.

Ad 5. Nach Gl. (1) ist $\mathfrak{e}_1^{\varphi} + \mathfrak{e}_2^{\varphi} = \mathfrak{E}$ und nach Gl. (3)

$$\frac{\mathfrak{e}_2^{\varphi}}{\mathfrak{e}_1^{\varphi}} = \frac{\mathfrak{f}_2}{(\mathfrak{f}_1^{\varphi})}. \tag{8}$$

Da aber $\frac{|\mathfrak{f}_2|}{|\mathfrak{f}_1^{\varphi}|}$ nach der Annahme eine (dimensionslose) Konstante ist, so ist auch $\frac{|\mathfrak{e}_2^{\varphi}|}{|\mathfrak{e}_1^{\varphi}|}$ eine Konstante, und der Punkt P wandert daher auf einem Kreise, dessen Mittelpunkt N auf OE liegt und dessen Radius $PN \perp PM$ steht (vgl. Abschnitt L c, 2). In Abb. 79a ist als Beispiel ein beliebiger Vektor $\mathfrak{f}_1^{\varphi} = OA'' = BC''$ ($|\mathfrak{f}_1^{\varphi}| = |\mathfrak{f}_1|$) eingetragen und das $\triangle OP''E \backsim \triangle OA''C''$ konstruiert. Vorstehend ist die Phase von $\mathfrak{f}_1$ in $(\mathfrak{f}_1^{\varphi})$ verändert; das gleiche Resultat wäre erzielt, wenn $\mathfrak{f}_1$ festgehalten und $\mathfrak{f}_2$ um den gleichen Winkel, aber im umgekehrten Sinne verdreht wäre.

Ad 6. Nach Gl. (2) und (4) ist

$$\mathfrak{i}' = \mathfrak{J} \frac{\mathfrak{e}_1}{(\mathfrak{f}_1)} = \frac{\mathfrak{E}\mathfrak{J}}{\mathfrak{f}_2 + (\mathfrak{f}_1)}. \tag{9}$$

Dieses ist nach Abschnitt L c, 1 eine Kreisgleichung. Die Grenzwerte für $\mathfrak{i}'$ ergeben sich für

$(\mathfrak{f}_1) = \infty$, Leerlauf, $\mathfrak{i}' = 0$

und für

$(\mathfrak{f}_1) = 0$, Kurzschluß, $\mathfrak{k}' = \dfrac{\mathfrak{E}\mathfrak{J}}{\mathfrak{f}_2}$.

Die Kreisgleichung kann daher auch in der Form

$$\frac{\mathfrak{f}_2}{(\mathfrak{f}_1)} = \frac{\mathfrak{i}' - \mathfrak{l}'}{\mathfrak{k}' - \mathfrak{i}'} = \frac{\mathfrak{i}'}{\dfrac{\mathfrak{E}\mathfrak{J}}{\mathfrak{f}_2} - \mathfrak{i}'} \tag{10}$$

geschrieben werden. In Abb. 79c ist der Kreis für $\mathfrak{i}'$ konstruiert. Zunächst sind die Vektoren $\mathfrak{E}$ und $\mathfrak{i}$ aus Abb. 79b übertragen, sodann ist der Kurzschlußvektor $\mathfrak{k}' = \mathfrak{E}\dfrac{\mathfrak{J}}{\mathfrak{f}_2}$ konstruiert, indem das $\triangle EOG \backsim \triangle BOD$ (Abb. 79a) an $\mathfrak{E}$ angetragen ist, wodurch $\mathfrak{k}' = OG = \mathfrak{E}\dfrac{\mathfrak{J}}{\mathfrak{f}_2}$ ermittelt ist. Da ferner $\mathfrak{l}' = 0$ ist, so fällt der

Leerlaufspunkt mit O zusammen, und der Kreis für $\mathfrak{i}'$ geht durch die Punkte OFG.

Ad 7. Nach Gl. (9) und (10) ist mit geänderten Bezeichnungen

$$\mathfrak{i}^{\varphi 1} = \frac{\mathfrak{E}\mathfrak{J}}{\mathfrak{f}_2 + (\mathfrak{f}_1^\varphi)}, \qquad (11)$$

$$\frac{\mathfrak{f}_2}{(\mathfrak{f}_1^\varphi)} = \frac{\mathfrak{i}^{\varphi 1} - \mathfrak{l}'}{\mathfrak{k}' - \mathfrak{i}^{\varphi 1}}, \qquad (12)$$

worin wieder $\mathfrak{l}' = 0$ und $\mathfrak{k}' = \dfrac{\mathfrak{E}\mathfrak{J}}{\mathfrak{f}_2}$ ist. Gl. (11) und (12) sind nach Abschnitt L c, 2 Kreisgleichungen. Der Mittelpunkt des Kreises

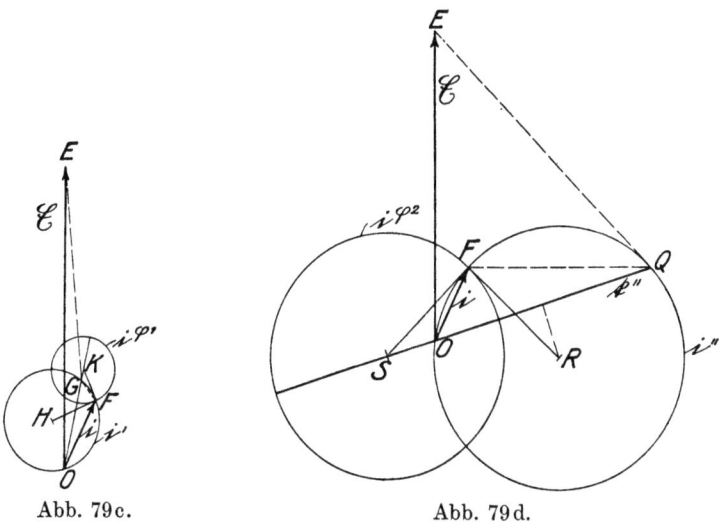

Abb. 79c.   Abb. 79d.

für $\mathfrak{i}^{\varphi 1}$ liegt auf der Verbindungslinie der Spitzen des Leerlaufs- und Kurzschlußvektors $\mathfrak{l}'$ und $\mathfrak{k}'$ der ad 6 behandelten Aufgabe, d. h. auf dem Strahl OG (Abb. 79c), und der Radius KF des Kreises steht senkrecht auf dem Radius HF.

Ad 8. Diese Aufgabe ist in gleicher Weise zu behandeln wie die Aufgabe 6, mit dem Unterschied, daß $(\mathfrak{f}_2)$ an Stelle von $\mathfrak{f}_1$ linear veränderlich angenommen wird. Aus Gl. (9) und (10) entstehen daher die Gleichungen

$$\mathfrak{i}'' = \frac{\mathfrak{E}\mathfrak{J}}{\mathfrak{f}_1 + (\mathfrak{f}_2)} \quad \text{und} \quad \frac{\mathfrak{f}_1}{(\mathfrak{f}_2)} = \frac{\mathfrak{i}'' - \mathfrak{l}''}{\mathfrak{k}'' - \mathfrak{i}''},$$

worin $\mathfrak{l}''= 0$ und $\mathfrak{k}''= \dfrac{\mathfrak{E}\mathfrak{J}}{\mathfrak{f}_1}$ sind. In Abb. 79d sind wieder die Vektoren $\mathfrak{E}$ und $\mathfrak{i}$ aus Abb. 79b übertragen und

$$\mathfrak{k}''= \mathfrak{E}\dfrac{\mathfrak{J}}{\mathfrak{f}_1} = OQ$$

konstruiert, indem $\triangle EOQ \backsim \triangle AOD$ (Abb. 79a) gezeichnet ist, wodurch $OQ = \mathfrak{k}''$ gefunden wird. Dann ist der durch OFQ gelegte Kreis mit dem Mittelpunkt R der geometrische Ort für $\mathfrak{i}''$.

Ad 9. Diese Aufgabe entspricht der Aufgabe 7. Um den geometrischen Ort für $\mathfrak{i}^{\varphi 2}$ zu finden, haben wir daher in Abb. 79d nur den Schnittpunkt S der Senkrechten FS zu FR mit der Linie OQ zu suchen. Dann ist der mit SF beschriebene Kreis der geometrische Ort für $\mathfrak{i}^{\varphi 2}$.

Zu erwähnen ist noch, daß wir bei der Ermittlung der sechs geometrischen Orte $\mathfrak{e}'_1$, $\mathfrak{e}^{\varphi}_1$, $\mathfrak{i}'$, $\mathfrak{i}^{\varphi 1}$, $\mathfrak{i}''$, $\mathfrak{i}^{\varphi 2}$ von demselben durch die Vektoren $\mathfrak{f}_1$, $\mathfrak{f}_2$ charakterisierten Zustand ausgegangen sind, dem die ermittelten Punkte P und F in Abb. 79b entsprechen. Der Punkt P liegt daher auf den beiden Kreisen in Abb. 79b und der Punkt F auf den vier Kreisen der Abb. 79c und d.

b) Drehstromnetz mit Belastung in Sternschaltung.

Es sind die Sternspannungen und Ströme zu bestimmen. Diese Aufgabe, die bereits im Abschnitt N über Leistungsgesetze besprochen wurde, hat bei der allgemeinen Anwendung der Drehstromübertragung ständig an Bedeutung gewonnen. Sie tritt sowohl bei belasteten wie unbelasteten Netzen auf, bei der Berechnung der Wirk- und Blindströme, der Kapazitätsströme der Leitungen, der Nullpunktsverschiebung bei ungleich verteilter Kapazität oder Erdschluß einer Leitung usw. Eine eingehende Berechnung ist daher von besonderem Interesse. Hierbei sollen, da sich die Rechnung dadurch keineswegs umständlicher gestaltet, die verketteten Spannungen von ungleicher Größe und ungleicher Phasenverschiebung angenommen werden, so daß der Fall gleicher Phasenverschiebung (120°) als Sonderfall aufzufassen ist. Zunächst ist zu überlegen, ob für die Generatorspannungen besser die verketteten Spannungen $\mathfrak{E}_1$, $\mathfrak{E}_2$, $\mathfrak{E}_3$ oder die Phasenspannungen $\mathfrak{P}_1$, $\mathfrak{P}_2$, $\mathfrak{P}_3$ zu wählen sind (Abb. 80).

Drehstromnetz mit Belastung in Sternschaltung. 147

Im ersteren Falle ist zu beachten, daß

$$\mathfrak{E}_1 + \mathfrak{E}_2 + \mathfrak{E}_3 = 0 \tag{1}$$

ist, und daß daher, wenn zwei dieser Spannungen gegeben sind, auch die dritte bekannt ist. Im letzteren Falle sind dagegen die drei Spannungen $\mathfrak{P}_1$, $\mathfrak{P}_2$, $\mathfrak{P}_3$ unabhängig voneinander; sie müssen daher alle drei bekannt sein. Allerdings ist dadurch auch das Potential des Sternpunktes O des Generators bekannt. Dieses ist von Interesse, wenn der Sternpunkt O geerdet oder über eine Erdungsspule mit Erde verbunden ist. Da aber

$$\mathfrak{E}_1 = \mathfrak{P}_3 - \mathfrak{P}_2; \quad \mathfrak{E}_2 = \mathfrak{P}_1 - \mathfrak{P}_3; \quad \mathfrak{E}_3 = \mathfrak{P}_2 - \mathfrak{P}_1 \tag{2}$$

ist, so können jederzeit die für $\mathfrak{E}_1$, $\mathfrak{E}_2$, $\mathfrak{E}_3$ entwickelten Formeln in solche für $\mathfrak{P}_1$, $\mathfrak{P}_2$, $\mathfrak{P}_3$ umgewertet werden. Es wird daher die Berechnung mit den Spannungen $\mathfrak{E}_1$, $\mathfrak{E}_2$, $\mathfrak{E}_3$ bevorzugt, da nach Gl. (1) eine derselben stets entbehrlich ist.

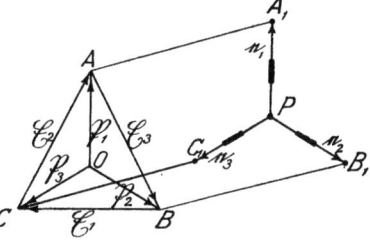

Abb. 80.

Der Generator mit den verketteten Spannungen $\mathfrak{E}_1, \mathfrak{E}_2, \mathfrak{E}_3$ soll nunmehr in Sternschaltung belastet sein durch drei Scheinwiderstände, deren Leitwerte durch die Vektorverhältnisse $\dfrac{\mathfrak{j}_1}{\mathfrak{E}}, \dfrac{\mathfrak{j}_2}{\mathfrak{E}}, \dfrac{\mathfrak{j}_3}{\mathfrak{E}}$ (Abb. 81) gegeben sind. Dann entstehen in den drei Widerständen die Ströme i_1, i_2, i_3 und an ihren Klemmen die Sternspannungen e_1, e_2, e_3 (Abb. 81a), wodurch das Potential des Sternpunktes P durch seine Lage zu den Seiten $\mathfrak{E}_1$, $\mathfrak{E}_2$, $\mathfrak{E}_3$ des Spannungsdreiecks ABC bestimmt ist. Die Lösung der Aufgabe wird dadurch erleichtert, daß sich die sechs Unbekannten e_1, e_2, e_3, i_1, i_2, i_3 als lineare Funktionen einer von ihnen, z. B. e_1, darstellen lassen. Es ist nämlich:

$$\left.\begin{aligned}e_1 &= e_1, \\ e_2 &= e_1 + \mathfrak{E}_3; \\ e_3 &= e_1 - \mathfrak{E}_2,\end{aligned}\right\} \tag{3}$$

148   Bestimmung der Sternspannungen.

$$i_1 = e_1 \frac{j_1}{\mathfrak{E}},$$
$$i_2 = e_2 \frac{j_2}{\mathfrak{E}} = (e_1 + \mathfrak{E}_3) \frac{j_2}{\mathfrak{E}},$$
$$i_3 = e_3 \frac{j_3}{\mathfrak{E}} = (e_1 - \mathfrak{E}_2) \frac{j_3}{\mathfrak{E}}.$$
(4)

Ferner ist
$$i_1 + i_2 + i_3 = 0, \tag{5}$$

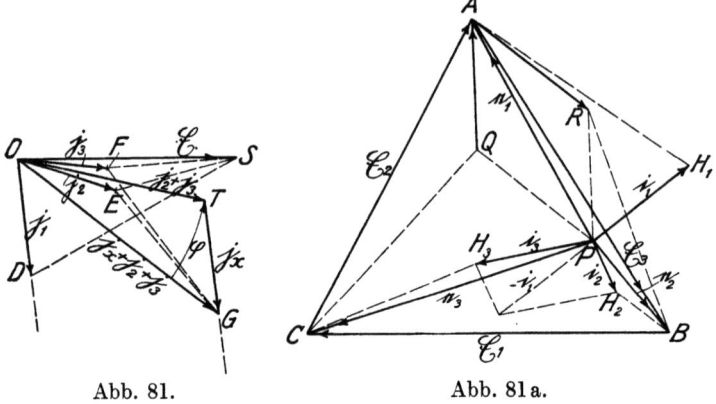

Abb. 81.   Abb. 81a.

daher mit den Gl. (4)

$$e_1 \frac{j_1}{\mathfrak{E}} + (e_1 + \mathfrak{E}_3) \frac{j_2}{\mathfrak{E}} + (e_1 - \mathfrak{E}_2) \frac{j_3}{\mathfrak{E}} = 0, \tag{6}$$

$$(i_1 + i_2 + i_3) e_1 = j_3 \mathfrak{E}_2 - j_2 \mathfrak{E}_3,$$

$$e_1 = \frac{j_3 \mathfrak{E}_2 - j_2 \mathfrak{E}_3}{j_1 + j_2 + j_3}.$$

In gleicher Weise ergibt sich

$$e_2 = \frac{j_1 \mathfrak{E}_3 - j_3 \mathfrak{E}_1}{j_1 + j_2 + j_3},$$
$$e_3 = \frac{j_2 \mathfrak{E}_1 - j_1 \mathfrak{E}_2}{j_1 + j_2 + j_3}.$$
[1] (7)

---

[1]) In den Gleichungen für e_1, e_2, e_3 kommt der Bezugsvektor $\mathfrak{E}$ überhaupt nicht vor, sondern außer $\mathfrak{E}_1, \mathfrak{E}_2, \mathfrak{E}_3$ nur die Vektoren j_1, j_2, j_3. e_1, e_2, e_3 würden daher unverändert bleiben, wenn in Abb. 81 $\mathfrak{E}$ um einen beliebigen Winkel gegen j_1, j_2, j_3 verdreht würde.

Kreisdiagramme. 149

Um e_1 nach Gl. (7) zu konstruieren, schreiben wir

$$e_1 = \mathfrak{E}_2 \frac{j_3}{j_1 + j_2 + j_3} - \mathfrak{E}_3 \frac{j_2}{j_1 + j_2 + j_3} ; \qquad (8)$$

e_1 läßt sich daher als die Differenz zweier Vektoren $\mathfrak{E}_2 \dfrac{j_3}{j_1 + j_2 + j_3}$ und $\mathfrak{E}_3 \dfrac{j_2}{j_1 + j_2 + j_3}$ darstellen. Diese Konstruktion ist in Abb. 81a durchgeführt, indem $\triangle CAQ \backsim \triangle GOF$ gezeichnet ist, wodurch $QA = \mathfrak{E}_2 \dfrac{j_3}{j_1 + j_2 + j_3}$ ermittelt ist. Ebenso wird $\triangle BAR \backsim \triangle GOE$ konstruiert, wodurch $AR = \mathfrak{E}_3 \dfrac{j_2}{j_1 + j_2 + j_3}$ bestimmt ist. Da ferner $RA = -AR$ ist, so ergibt sich $e_1 = QA + RA = PA$ als die Diagonale des Parallelogrammes $AQPR$. Die Konstruktion von e_2 und e_3 nach Gl. (7) erübrigt sich, da nach Gl. (3) $e_2 = e_1 + \mathfrak{E}_3 = PB$ und $e_3 = e_1 - \mathfrak{E}_2 = PC$ ist.

Zur Konstruktion der Ströme i_1, i_2, i_3 dienen die Gl. (4). Danach erhält man i_1, wenn man die soeben gefundene Spannung e_1 mit dem Vektorverhältnis $\dfrac{j_1}{\mathfrak{E}}$ multipliziert. Zu dem Zweck wird das $\triangle APH_1 \backsim \triangle SOD$ konstruiert, wodurch $PH_1 = i_1$ gefunden wird. In gleicher Weise wird $i_2 = e_2 \dfrac{j_2}{\mathfrak{E}} = PH_2$ und $i_3 = e_3 \dfrac{j_3}{\mathfrak{E}} = PH_3$ konstruiert[1]). Bei richtiger Konstruktion muß nach Gl. (5) $i_1 + i_2 + i_3 = 0$ oder $i_2 + i_3 = -i_1$ sein.

Bestimmung der Kreisdiagramme.

Wir wollen die Belastung eines Stromzweiges, z. B. den Vektor j_1, als veränderlich betrachten und zur Unterscheidung mit $j_\mathfrak{x}$ bezeichnen, während j_2 und j_3 nach Abb. 81 als konstant angenommen werden. Wir beschränken uns ferner auf eine lineare Veränderung von $j_\mathfrak{x}$ in der Richtung j_1, da die Kreisdiagramme für eine Phasenänderung von j_1 sich leicht aus ersteren ermitteln lassen (die Kreise schneiden sich senkrecht), und stellen in der

---

[1]) Während e_1, e_2, e_3 unabhängig von $\mathfrak{E}$ sind, hat die Lage von $\mathfrak{E}$ Einfluß auf die Phasen von i_1, i_2, i_3. Eine Verdrehung von $\mathfrak{E}$ verursacht eine Verdrehung von i_1, i_2, i_3 um den gleichen Winkel, ohne ihre Beträge zu verändern.

Zeichnung nur die Kreissektoren für positive Werte von $j_\mathfrak{x} \left(0 < \dfrac{j_\mathfrak{x}}{j_1} < +\infty \right)$ dar.

Wir schreiben hiernach die Gl. (7):

$$\left. \begin{aligned} e_1 &= \frac{j_3 \mathfrak{E}_2 - j_2 \mathfrak{E}_3}{j_\mathfrak{x} + j_2 + j_3}, \\ e_2 &= \frac{j_\mathfrak{x} \mathfrak{E}_3 - j_3 \mathfrak{E}_1}{j_\mathfrak{x} + j_2 + j_3}, \\ e_3 &= \frac{j_2 \mathfrak{E}_1 - j_\mathfrak{x} \mathfrak{E}_2}{j_\mathfrak{x} + j_2 + j_3} \end{aligned} \right\} \quad (9)$$

und Gl. (4)

$$\left. \begin{aligned} i_1 &= \frac{j_3 \mathfrak{E}_2 - j_2 \mathfrak{E}_3}{j_\mathfrak{x} + j_2 + j_3} \frac{j_\mathfrak{x}}{\mathfrak{E}}, \\ i_2 &= \frac{j_\mathfrak{x} \mathfrak{E}_3 - j_3 \mathfrak{E}_1}{j_\mathfrak{x} + j_2 + j_2} \frac{j_2}{\mathfrak{E}}, \\ i_3 &= \frac{j_2 \mathfrak{E}_1 - j_\mathfrak{x} \mathfrak{E}_2}{j_\mathfrak{x} + j_2 + j_3} \frac{j_3}{\mathfrak{E}}. \end{aligned} \right\} \quad (10)$$

Die Gl. (9) und (10) sind nach Abschnitt L, c) als Kreisgleichungen anzusprechen, da die Vektoren e_1, e_2, e_3, i_1, i_2, i_3 sich durch das Verhältnis zweier linearer Funktionen von $j_\mathfrak{x}$ darstellen lassen: Der Charakter der Kreisfunktionen kommt noch besser zum Ausdruck, wenn wir nach den im Abschnitt L gegebenen Anweisungen e bzw. i nicht als Funktion von $j_\mathfrak{x}$, sondern umgekehrt $j_\mathfrak{x}$ als Funktion von e bzw. i darstellen und die Leerlauf- bzw. Kurzschlußvektoren für $j_\mathfrak{x} = 0$ bzw. $j_\mathfrak{x} = \infty$ einführen. Wir bezeichnen die Grenzwerte von e_1, e_2, e_3 bzw. i_1, i_2, i_3

	für Leerlauf ($j_\mathfrak{x} = 0$)	für Kurzschluß ($j_\mathfrak{x} = \infty$)
e_1, e_2, e_3	mit $\mathfrak{L}_1$ bzw. $\mathfrak{L}_2$, $\mathfrak{L}_3$,	$\mathfrak{K}_1$ bzw. $\mathfrak{K}_2$, $\mathfrak{K}_3$,
i_1, i_2, i_3	mit $\mathfrak{l}_1$ bzw. $\mathfrak{l}_2$, $\mathfrak{l}_3$,	$\mathfrak{k}_1$ bzw. $\mathfrak{k}_2$, $\mathfrak{k}_3$.

Nach Gl. (9) und (10) ist

$$\mathfrak{L}_1 = \frac{j_3 \mathfrak{E}_2 - j_2 \mathfrak{E}_3}{j_2 + j_3}; \qquad \mathfrak{L}_2 = -\frac{j_3 \mathfrak{E}_1}{j_2 + j_3}; \qquad \mathfrak{L}_3 = \frac{j_2 \mathfrak{E}_1}{j_2 + j_3}; \qquad (11)$$

$$\mathfrak{K}_1 = 0; \qquad \mathfrak{K}_2 = \mathfrak{E}_3; \qquad \mathfrak{K}_3 = -\mathfrak{E}_2 \qquad (12)$$

Kreisdiagramme.

$$\mathfrak{l}_1 = 0; \qquad \mathfrak{l}_2 = -\frac{\mathfrak{j}_2\mathfrak{j}_3\mathfrak{E}_1}{(\mathfrak{j}_2+\mathfrak{j}_3)\mathfrak{E}}; \qquad \mathfrak{l}_3 = \frac{\mathfrak{j}_2\mathfrak{j}_3\mathfrak{E}_1}{(\mathfrak{j}_2+\mathfrak{j}_3)\mathfrak{E}}; \qquad (13)$$

$$\mathfrak{f}_1 = \frac{\mathfrak{j}_3\mathfrak{E}_2 - \mathfrak{j}_2\mathfrak{E}_3}{\mathfrak{E}}; \qquad \mathfrak{f}_2 = \frac{\mathfrak{j}_2\mathfrak{E}_3}{\mathfrak{E}}; \qquad \mathfrak{f}_3 = -\frac{\mathfrak{j}_3\mathfrak{E}_2}{\mathfrak{E}}. \qquad (14)$$

Wir bilden ferner noch die Vektoren $\mathfrak{K} - \mathfrak{L}$ bzw. $\mathfrak{f} - \mathfrak{l}$, die die Grundlinien der Kreisdreiecke darstellen:

$$\left.\begin{array}{l}\mathfrak{K}_1 - \mathfrak{L}_1 = -\dfrac{\mathfrak{j}_3\mathfrak{E}_2 - \mathfrak{j}_2\mathfrak{E}_3}{\mathfrak{j}_2+\mathfrak{j}_3};\\[6pt] \mathfrak{K}_2 - \mathfrak{L}_2 = \mathfrak{K}_1 - \mathfrak{L}_1;\\[6pt] \mathfrak{K}_3 - \mathfrak{L}_3 = \mathfrak{K}_1 - \mathfrak{L}_1;\end{array}\right\} (15) \quad \left.\begin{array}{l}\mathfrak{f}_1 - \mathfrak{l}_1 = \dfrac{\mathfrak{j}_3\mathfrak{E}_2 - \mathfrak{j}_2\mathfrak{E}_3}{\mathfrak{E}};\\[6pt] \mathfrak{f}_2 - \mathfrak{l}_2 = -\dfrac{\mathfrak{j}_2}{\mathfrak{j}_2+\mathfrak{j}_3}\dfrac{\mathfrak{j}_3\mathfrak{E}_2 - \mathfrak{j}_2\mathfrak{E}_3}{\mathfrak{E}};\\[6pt] \mathfrak{f}_3 - \mathfrak{j}_3 = -\dfrac{\mathfrak{j}_3}{\mathfrak{j}_2+\mathfrak{j}_3}\dfrac{\mathfrak{j}_3\mathfrak{E}_2 - \mathfrak{j}_2\mathfrak{E}_3}{\mathfrak{E}}.\end{array}\right\} (16)$$

Da $\mathfrak{l}_1 + \mathfrak{l}_2 + \mathfrak{l}_3 = 0$ und $\mathfrak{f}_1 + \mathfrak{f}_2 + \mathfrak{f}_3 = 0$ ist, so muß, wie auch Gl. (16) zeigt:

$$(\mathfrak{f}_1 - \mathfrak{l}_1) + (\mathfrak{f}_2 - \mathfrak{l}_2) + (\mathfrak{f}_3 - \mathfrak{l}_3) = 0 \qquad (17)$$

sein. Die Kreisgleichungen (9) und (10) können nun durch Einsetzung der in Gl. (11) bis (14) ermittelten Leerlauf- und Kurzschlußvektoren in nachstehende Form gebracht werden:

$$\frac{\mathfrak{j}_\mathfrak{x}}{\mathfrak{j}_2+\mathfrak{j}_3} = \frac{\mathfrak{e}_1 - \mathfrak{L}_1}{\mathfrak{K}_1 - \mathfrak{e}_1} = \frac{\mathfrak{e}_2 - \mathfrak{L}_2}{\mathfrak{K}_2 - \mathfrak{e}_2} = \frac{\mathfrak{e}_3 - \mathfrak{L}_3}{\mathfrak{K}_3 - \mathfrak{e}_3}, \qquad (18)$$

$$\frac{\mathfrak{j}_\mathfrak{x}}{\mathfrak{j}_2+\mathfrak{j}_3} = \frac{\mathfrak{i}_1 - \mathfrak{l}_1}{\mathfrak{f}_1 - \mathfrak{i}_1} = \frac{\mathfrak{i}_2 - \mathfrak{l}_2}{\mathfrak{f}_2 - \mathfrak{i}_2} = \frac{\mathfrak{i}_3 - \mathfrak{l}_3}{\mathfrak{f}_3 - \mathfrak{i}_3}. \qquad (19)$$

Der gleichartige Aufbau der Gl. (18) und (19) ist beachtenswert. Betrachten wir zunächst das Kreisdiagramm für $\mathfrak{e}_1$ [Gl. (18)]. Den Vektor $\mathfrak{e}_1$ hatten wir bereits oben für einen Wert $\mathfrak{j}_\mathfrak{x} = \mathfrak{j}_1$ gleich PA gefunden. Konstruieren wir in gleicher Weise (Abb. 81 b und 81) nach Gl. (11) den Vektor $\mathfrak{L}_1 = \dfrac{\mathfrak{j}_3\mathfrak{E}_2 - \mathfrak{j}_2\mathfrak{E}_3}{\mathfrak{j}_2+\mathfrak{j}_3} = LA$, so ist der Kreis für $\mathfrak{e}_1$ durch die Punkte $A(\mathfrak{K}_1 = 0)$, P und L bestimmt, und $\mathfrak{e}_1 - \mathfrak{L}_1$ ist gleich PL und $\mathfrak{K}_1 - \mathfrak{e}_1 = -\mathfrak{e}_1 = AP$, folglich ist $\triangle LPA \sim \triangle GTO$ (Abb. 81).

Stellen wir die gleiche Betrachtung beispielsweise für das Kreisdiagramm $\mathfrak{i}_3$ an, so haben wir $\mathfrak{l}_3 = \dfrac{\mathfrak{j}_2\mathfrak{j}_3\mathfrak{E}_1}{(\mathfrak{j}_2+\mathfrak{j}_3)\mathfrak{E}}$ nach Gl. (13) und $\mathfrak{f}_3 = -\dfrac{\mathfrak{j}_3\mathfrak{E}_2}{\mathfrak{E}}$ nach Gl. (14) zu konstruieren, wodurch die Punkte L_3

bzw. K_3 gefunden werden. Konstruieren wir ferner für $j_g = j_1$ nach Gl. (10) i_3, so ist auch der Punkt P_3 bestimmt, und es ist

$$L_3 P_3 = i_3 - l_3, \qquad P_3 K_3 = \mathfrak{k}_3 - i_3.$$

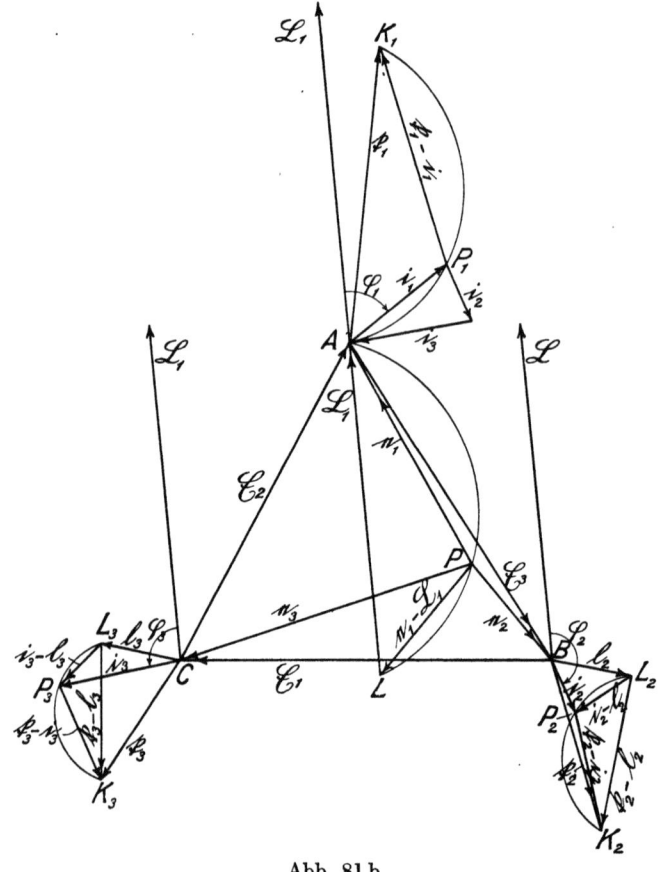

Abb. 81 b.

Nach Gl. (19) muß daher $\triangle L_3 P_3 K_3 \backsim \triangle GTO$ (Abb. 81) sein. Das gleiche gilt von den Kreisdreiecken für i_1 und i_2. Wir finden daher, daß alle Kreisdreiecke ähnlich sind dem Dreieck GTO. Auch die Kreismittelpunkte befinden sich in ähnlicher Lage.

Die für einen bestimmten Belastungsfall ($j_g = j_1$) in Frage kommenden sechs Vektorgrößen kann man nun mit einem Blick

Zusammenlegung der Kreisdiagramme. 153

überschauen, wenn man die vier Kreisdiagramme nach Abb. 81c so zusammenlegt, daß die Grundlinien $\Re - \mathfrak{L}$ bzw. $\mathfrak{k} - \mathfrak{l}$ der Kreisdreiecke z. B. in die Richtung $\mathfrak{L}_1 = LA$ fallen. Dann verschieben sich die Punkte ABC der Stromdiagramme aus Abb. 81b nach J_1, J_2, J_3, und zwar liegt J_1 auf $\mathfrak{L}_1$ und J_2, J_3, wie später noch nachzuweisen ist, auf den Seiten AB bzw. AC des Spannungsdreiecks (Abb. 81c). Außerdem ist

$$J_1 A = |\mathfrak{k}_1 - \mathfrak{l}_1| = |\mathfrak{k}_1|,$$
$$U_2 A = |\mathfrak{k}_2 - \mathfrak{l}_2|,$$
$$U_3 A = |\mathfrak{k}_3 - \mathfrak{l}_3|.$$

Zieht man nun in Abb. 81c einen Leitstrahl $AV_3 V_2 V_1 P$ unter dem Winkel $\varphi = \sphericalangle (\mathfrak{j}_2 + \mathfrak{j}_3), (\mathfrak{j}_\mathfrak{k} + \mathfrak{j}_2 + \mathfrak{j}_3)$ (Abb. 81) gegen $\mathfrak{L}_1$, so kann man sämtliche Vektorgrößen unmittelbar abgreifen, und zwar:

$$e_1 = PA, \quad e_2 = PB, \quad e_3 = PC,$$
$$|\mathfrak{i}_1| = J_1 V_1, \quad |\mathfrak{i}_2| = J_2 V_2, \quad |\mathfrak{i}_3| = J_3 V_3.$$

Die Spannungsvektoren e_1, e_2, e_3 sind nach ihrer Phase richtig dargestellt. Bei den Stromvektoren i_1, i_2, i_3 ist jedoch zu beachten, daß die Diagramme so gedreht sind, daß die Dreiecksgrundlinien $(\mathfrak{k} - \mathfrak{l})$ mit der Richtung $\mathfrak{L}_1$ zusammenfielen.

Die Phasenwinkel der Ströme i_1, i_2, i_3 sind daher nicht von der Phase $\mathfrak{L}_1$ ausgehend zu bestimmen, sondern durch die Winkel $\varphi_1, \varphi_2, \varphi_3$ gegeben, die man dadurch erhält, daß man in Abb. 81b

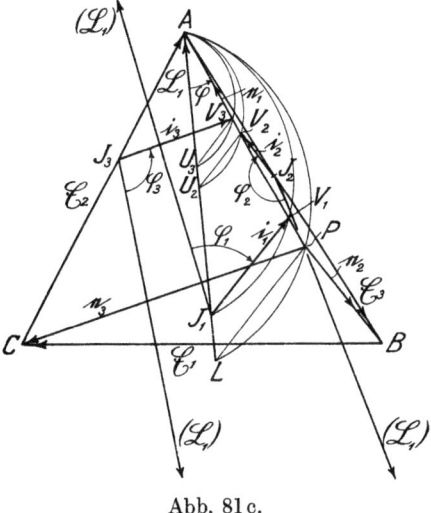

Abb. 81c.

durch A, B und C Parallelen zu $\mathfrak{L}_1$ zieht und diese zusammen mit den Kreisdreiecken nach Abb. 81c überträgt [s. die eingeklammerten Vektoren $(\mathfrak{L}_1)$, die von J_1, J_2, J_3 ausgehen].

Daß der Punkt J_2 auf $\mathfrak{E}_3$ (d. i. auf AB) liegt, ist folgendermaßen zu beweisen:

Nach Abb. 81b und c sowie den Gl. (10) und (7) ist

$$\frac{AJ_2}{AU_2} = \frac{BK_2}{BL_2} = \frac{\mathfrak{k}_2}{\mathfrak{k}_2 - \mathfrak{l}_2} = \frac{\dfrac{\mathfrak{j}_2 \mathfrak{E}_3}{\mathfrak{E}}}{-\dfrac{\mathfrak{j}_2}{\mathfrak{j}_2 + \mathfrak{j}_3} \cdot \dfrac{\mathfrak{j}_3 \mathfrak{E}_2 - \mathfrak{j}_2 \mathfrak{E}_3}{\mathfrak{E}}} = \frac{\mathfrak{E}_3}{-\dfrac{\mathfrak{j}_3 \mathfrak{E}_2 - \mathfrak{j}_2 \mathfrak{E}_3}{\mathfrak{j}_2 + \mathfrak{j}_3}} = \frac{\mathfrak{E}_3}{-\mathfrak{L}_1} \quad (20)$$

Da AU_2 nach der Konstruktion in die Richtung von $\mathfrak{L}_1$ gelegt ist, so muß nach Gl. (20) AJ_2 in der Richtung $\mathfrak{E}_3$ liegen. Aus Gl. (20) geht weiterhin hervor, daß $J_2 U_2 \| BL$ ist. Ebenso muß $\mathfrak{J}_3$ auf AC liegen und $J_3 U_3 \| CL$ sein.

F. Stromverzweigung mit zwei Knotenpunkten; Wheatstonesche Brücke mit fünf Scheinwiderständen.

Diese Aufgabe wurde bereits im Abschnitt N über Leistungsgesetze kurz behandelt, um daran deren Anwendungen zu erläutern. Hier soll die Aufgabe eingehender untersucht und zunächst die Spannungen und Ströme mit Hilfe der Kirchhoffschen Gesetze ermittelt werden.

In den vorhergehenden Aufgaben konnten alle Spannungen und Ströme als Funktion eines Spannungsvektors dargestellt werden, der die Lage des Knotenpunktes der Spannungen gegenüber den gegebenen Spannungen eindeutig bestimmte. Sind mehrere Knotenpunkte vorhanden, so ist die Anzahl der unabhängig Veränderlichen gleich der Anzahl der Knotenpunkte, im vorliegenden Beispiel also gleich 2.

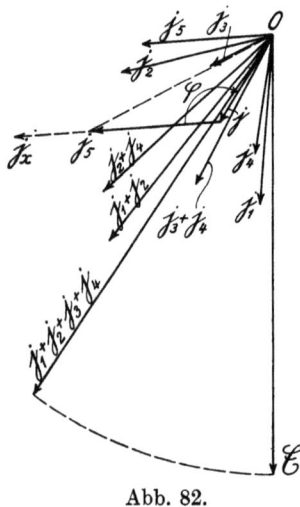

Abb. 82.

Wir nehmen nach Abb. 82b eine Brücke $ABCD$ an, deren fünf Zweige aus fünf Scheinwiderständen bestehen und die in den Punkten AB an eine gegebene Spannung $\mathfrak{E}$ gelegt ist. Dadurch entstehen an den Klemmen der fünf Scheinwiderstände die Teilspannungen

$$e_1, \ e_2, \ e_3, \ e_4, \ e_5$$

und in ihnen die Ströme

$$i_1, \ i_2, \ i_3, \ i_4, \ i_5.$$

Wheatstonesche Brücke mit fünf Scheinwiderständen. 155

Die Scheinleitwerte der fünf Widerstände seien nach Abb. 82 gegeben durch die Vektorverhältnisse

$$\frac{j_1}{\mathfrak{E}}, \frac{j_2}{\mathfrak{E}}, \frac{j_3}{\mathfrak{E}}, \frac{j_4}{\mathfrak{E}}, \frac{j_5}{\mathfrak{E}},$$

wobei als Bezugsspannung die Netzspannung $\mathfrak{E}$ gewählt ist.

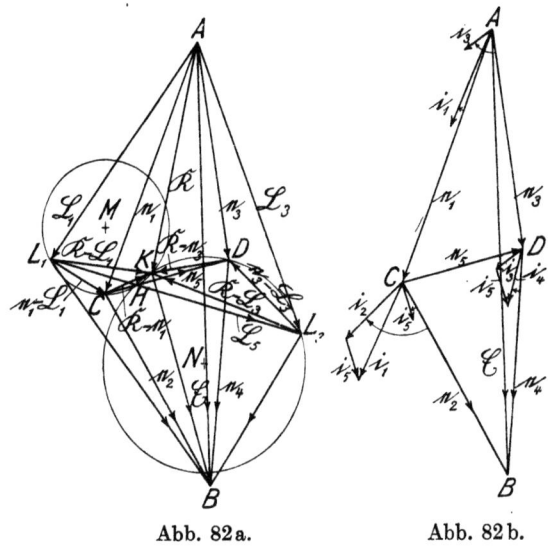

Abb. 82a.   Abb. 82b.

a) Berechnung der Spannungen und Ströme.

Da e_1 bis e_5 und i_1 bis i_5 unbekannt sind, so haben wir zunächst zehn Veränderliche. Da aber die Spannungen und Ströme durch die einfache Beziehung $i = e \dfrac{j}{\mathfrak{E}}$ verknüpft sind, so sind die Stromvektoren bekannt, wenn die Spannungsvektoren ermittelt sind. Von den Spannungsvektoren e_1 bis e_5 können wir nach oben Gesagtem zwei, z. B. e_1, e_3, die die Lage der Knotenpunkte C, D bestimmen, als unabhängig Variable ansehen, wodurch die Zahl der Veränderlichen von zehn auf zwei herabgesetzt ist. Wir schreiben daher:

$$\left.\begin{array}{l} e_1 = e_1, \\ e_2 = \mathfrak{E} - e_1, \\ e_3 = e_3, \\ e_4 = \mathfrak{E} - e_3, \\ e_5 = e_3 - e_1. \end{array}\right\} \quad (1)$$

Daraus ermitteln wir die Ströme

$$\left.\begin{aligned}
i_1 &= \frac{j_1}{\mathfrak{E}} e_1, \\
i_2 &= \frac{j_2}{\mathfrak{E}} e_2 = \frac{j_2}{\mathfrak{E}} (\mathfrak{E} - e_1), \\
i_3 &= \frac{j_3}{\mathfrak{E}} e_3, \\
i_4 &= \frac{j_4}{\mathfrak{E}} e_4 = \frac{j_4}{\mathfrak{E}} (\mathfrak{E} - e_3), \\
i_5 &= \frac{j_5}{\mathfrak{E}} e_5 = \frac{j_5}{\mathfrak{E}} (e_3 - e_1).
\end{aligned}\right\} \quad (2)$$

Da die Summe der Knotenpunktsströme gleich Null ist, so ist

$$i_1 - i_2 - i_5 = 0, \tag{3}$$
$$i_3 - i_4 + i_5 = 0. \tag{4}$$

Aus Gl. (2) und (3) bzw. (2) und (4) ergeben sich die beiden Bestimmungsgleichungen:

$$j_1 e_1 + j_2 (e_1 - \mathfrak{E}) + j_5 (e_1 - e_3) = 0 \tag{5}$$

und

$$j_3 e_3 + j_4 (e_3 - \mathfrak{E}) + j_5 (e_3 - e_1) = 0 \tag{6}$$

oder

$$(j_1 + j_2 + j_5) e_1 - j_5 e_3 - j_2 \mathfrak{E} = 0, \tag{5a}$$

$$j_5 e_1 - (j_3 + j_4 + j_5) e_3 + j_4 \mathfrak{E} = 0. \tag{6a}$$

Bei der Entwicklung der Gl. (5) und (6) ist die in den Nennern der Gl. (2) stehende Bezugsspannung $\mathfrak{E}$ ganz herausgefallen (dagegen nicht die Netzspannung $\mathfrak{E}$). Daraus ergibt sich, daß die Spannungen e_1 bis e_5, die sich aus Gl. (5) und (6) ermitteln lassen, unabhängig von der Bezugsspannung sind. Eine Verdrehung und Größenveränderung derselben hat daher keinen Einfluß auf das Spannungsdiagramm, wohl aber auf die Ströme i_1 bis i_5, deren Phase sich im selben Betrage verändern würde wie die Bezugsspannung, während sich ihre Größen umgekehrt dem Betrage der Bezugsspannung ändern.

Gl. (5a) und (6a) sind zwei lineare Gleichungen mit zwei Unbekannten. Es fragt sich daher, ob es zulässig ist, diese in gleicher Weise zu behandeln wie zwei algebraische Gleichungen. Diese Frage ist zu bejahen, denn aus Gl. (5a) kann man $e_1 = f_1(e_3)$, und aus Gl. (6a) $e_1 = f_2(e_3)$ entwickeln, daher ist auch

Berechnung der Spannungen.

$f_1(e_3) = f_2(e_3)$. Man kann daher aus derartigen Vektorgleichungen die Veränderlichen in der gleichen Weise eliminieren wie aus algebraischen Gleichungen mit mehreren Unbekannten und erhält somit aus Gl. (5a) und (6a) nach einigen Zwischenrechnungen:

$$e_1 = \mathfrak{E} \frac{j_2(j_3 + j_4) + j_5(j_2 + j_4)}{(j_1 + j_2)(j_3 + j_4) + j_5(j_1 + j_2 + j_3 + j_4)}, \tag{7}$$

$$e_3 = \mathfrak{E} \frac{j_4(j_1 + j_2) + j_5(j_2 + j_4)}{(j_1 + j_2)(j_3 + j_4) + j_5(j_1 + j_2 + j_3 + j_4)}, \tag{8}$$

$$e_5 = e_3 - e_1 = \mathfrak{E} \frac{j_1 j_4 - j_2 j_3}{(j_1 + j_2)(j_3 + j_4) + j_5(j_1 + j_2 + j_3 + j_4)}. \tag{9}$$

e_2 und e_4 lassen sich, wenn e_1 und e_3 bestimmt sind, leicht aus Gl. (1) ermitteln.

In Gl. (7) besteht der Zähler und Nenner des Bruches aus Kreuzprodukten von Vektoren. Um daher e_1 an Hand dieser Gleichung konstruieren zu können, müssen wir sie so umformen, daß sie nur noch Vektoren und Vektorverhältnisse enthält. Wir dividieren daher Zähler und Nenner durch $(j_3 + j_4)$ und erhalten

$$e_1 = \mathfrak{E} \frac{j_2 + j_5 \dfrac{j_2 + j_4}{j_3 + j_4}}{(j_1 + j_2) + j_5 \dfrac{j_1 + j_2 + j_3 + j_4}{j_3 + j_4}}. \tag{7a}$$

In dieser Gleichung sind $j_5 \dfrac{j_2 + j_4}{j_3 + j_4}$ und $j_5 \dfrac{j_1 + j_2 + j_3 + j_4}{j_3 + j_4}$ Vektoren. Daher ist sowohl der Zähler wie der Nenner des Bruches die Summe von je zwei Vektoren, also wieder je ein Vektor, und der ganze Bruch ein Vektorverhältnis, mit dem der Vektor $\mathfrak{E}$ zu multiplizieren ist, um e_1 zu erhalten.

In der ersten Auflage dieses Buches (1920) ist diese Aufgabe durchgeführt. Da sich aber diese Konstruktion, wenn auch handwerksmäßig ohne Schwierigkeiten durchführbar, ziemlich umständlich gestaltet, so soll ein anderer, wesentlich einfacherer Weg unter Zuhilfenahme der Kreisdiagramme benutzt werden, der mit wenigen Strichen zum gleichen Ziele führt und gleichzeitig die Ermittlung der beiden Unbekannten e_1 und e_3 gestattet.

Zuvor mögen aber aus den Gl. (5a), (6a) und (9) noch einige interessante Beziehungen abgeleitet werden.

Aus Gl. (9) geht hervor, daß $e_5 = 0$ wird für

$$j_1 j_4 - j_2 j_3 = 0$$

oder

$$\frac{j_1}{j_2} = \frac{j_3}{j_4}. \tag{10}$$

Dieses ist die bekannte Bedingung für die Abgleichung der Brücke. Gl. (10) enthält wie jede Vektorgleichung zwei Gleichungen, nämlich

$$\frac{|j_1|}{|j_2|} = \frac{|j_3|}{|j_4|} \tag{10a}$$

und

$$\sphericalangle j_1, j_2 = \sphericalangle j_3, j_4. \tag{10b}$$

Nur wenn die Bedingungen Gl. (10a) und (10b) gleichzeitig erfüllt sind, fallen die Punkte C und D in Abb. 82b zusammen, und e_5 ist gleich Null.

Weitere interessante Beziehungen erhält man, wenn man aus den Gl. (5a) und (6a) einen der Vektoren j_1 bis j_5, z. B. j_5, eliminiert. Hierdurch erhält man

$$e_1 \frac{j_1 + j_2}{j_2 + j_4} + e_3 \frac{j_3 + j_4}{j_2 + j_4} = \mathfrak{E}. \tag{11}$$

Hierin sind $\dfrac{j_1 + j_2}{j_2 + j_4}$ und $\dfrac{j_3 + j_4}{j_2 + j_4}$ konstante Vektorverhältnisse, die eine Längenänderung und Verdrehung der Vektoren e_1 bzw. e_3 bewirken. Die geometrische Summe der beiden neuen Vektoren ist daher für beliebige Werte von j_5 gleich $\mathfrak{E}$. Ähnliche Beziehungen würde man erhalten, wenn man aus Gl. (5a) und 6a) statt j_5 einen anderen der Vektoren j_1 bis j_4 eliminiert hätte.

Setzt man andererseits in Gl. (11) $e_3 = e_1 + e_5$, so erhält man folgende Beziehung zwischen e_1 und e_5:

$$e_1 \frac{j_1 + j_2 + j_3 + j_4}{j_2 + j_4} + e_5 \frac{j_3 + j_4}{j_2 + j_4} = \mathfrak{E} \tag{12}$$

oder

$$e_1 + e_5 \frac{j_3 + j_4}{j_1 + j_2 + j_3 + j_4} = \mathfrak{E} \frac{j_2 + j_4}{j_1 + j_2 + j_3 + j_4}. \tag{13}$$

Hierin ist $\mathfrak{E} \dfrac{j_2 + j_4}{j_1 + j_2 + j_3 + j_4}$ nach Gl. (7) und Abb. 82a der Wert AK des Vektors e_1 oder e_3 für $j_5 = \infty$, wobei die Punkte C und D mit K zusammenfallen. Wir wollen diesen

Kreisdiagramme der Spannungen. 159

Vektor als Kurzschlußvektor mit $\mathfrak{K}$ bezeichnen. In Gl. (13) bedeutet wieder das Vektorverhältnis $\dfrac{j_3 + j_4}{j_1 + j_2 + j_3 + j_4}$ eine Verdrehung und Größenveränderung des Vektors $e_5 = CD$ um konstante Werte; die Multiplikation von $e_5 = CD$ mit diesem Vektorverhältnis ergibt den Vektor CK, denn nach Gl. (13) soll $AC + CK$ gleich dem Kurzschlußvektor $AK = \mathfrak{K}$ sein. Die Gl. (13) besagt aber weiterhin, daß für beliebige Werte von j_5 die Dreiecke CKD, $C_1 K D_1$, ... ähnlich sein müssen, wobei j_5 sowohl linear wie nach seiner Phase verändert sein kann.

b) **Geometrische Orte der Spannungen und Ströme bei linearer Veränderung eines Widerstandes.**

Bei der Ermittlung der geometrischen Orte wollen wir uns auf eine lineare Veränderung des Scheinleitwertes j_5 beschränken und für j_5, um die Veränderlichkeit durch den Index zum Ausdruck zu bringen, $j_\mathfrak{x}$ schreiben. Nach Gl. (7) bis (9) ist

$$e_1 = \mathfrak{E} \frac{j_2(j_3 + j_4) + j_\mathfrak{x}(j_2 + j_4)}{(j_1 + j_2)(j_3 + j_4) + j_\mathfrak{x}(j_1 + j_2 + j_3 + j_4)}, \tag{14}$$

$$e_3 = \mathfrak{E} \frac{j_4(j_1 + j_2) + j_\mathfrak{x}(j_2 + j_4)}{(j_1 + j_2)(j_3 + j_4) + j_\mathfrak{x}(j_1 + j_2 + j_3 + j_4)}, \tag{15}$$

$$e_5 = \mathfrak{E} \frac{j_1 j_4 - j_2 j_3}{(j_1 + j_2)(j_3 + j_4) + j_\mathfrak{x}(j_1 + j_2 + j_3 + j_4)}. \tag{16}$$

Alle drei Vektoren sind hiernach dargestellt durch das Verhältnis je zweier linearer Funktionen von $j_\mathfrak{x}$, wobei in Gl. (16) der Faktor von $j_\mathfrak{x}$ im Zähler Null ist. Die Gleichungen stellen daher nach Abschnitt L c, 1 Kreisfunktionen dar, welche sich auch in nachstehender Form schreiben lassen:

$$\frac{j_\mathfrak{x}}{j} = \frac{e_1 - \mathfrak{L}_1}{\mathfrak{K}_1 - e_1} = \frac{e_1 - \mathfrak{L}_1}{\mathfrak{K} - e_1}, \tag{17}$$

$$\frac{j_\mathfrak{x}}{j} = \frac{e_3 - \mathfrak{L}_3}{\mathfrak{K}_3 - e_3} = \frac{e_3 - \mathfrak{L}_3}{\mathfrak{K} - e_3}. \tag{18}$$

$$\frac{j_\mathfrak{x}}{j} = \frac{e_5 - \mathfrak{L}_5}{\mathfrak{K}_5 - e_5} = \frac{e_5 - \mathfrak{L}_5}{0 - e_5}. \tag{19}$$

Kreisdiagramme der Spannungen.

Hierin bezeichnen $\mathfrak{L}_1$, $\mathfrak{L}_3$, $\mathfrak{L}_5$ die Leerlaufvektoren von e_1 bzw. e_3, e_5 für $j_r = 0$ und $\mathfrak{K}_1$, $\mathfrak{K}_3$, $\mathfrak{K}_5$ die Kurzschlußvektoren von e_1 bzw. e_3, e_5 für $j_r = \infty$. Wir erhalten für

$$j_r = 0: \quad \mathfrak{L}_1 = \mathfrak{E} \frac{j_2}{j_1 + j_2}; \quad \mathfrak{L}_3 = \mathfrak{E} \frac{j_4}{j_3 + j_4}; \quad \mathfrak{L}_5 = \mathfrak{E} \frac{j_1 j_4 - j_2 j_3}{(j_1 + j_2)(j_3 + j_4)}; \quad (20)$$

$$j_r = \infty: \mathfrak{K}_1 = \mathfrak{K}_3 = \mathfrak{K} = \mathfrak{E} \frac{j_2 + j_4}{j_1 + j_2 + j_3 + j_4}; \quad \mathfrak{K}_5 = 0. \quad (21)$$

Die Konstruktion dieser in Abb. 82a eingetragenen Vektoren wird später erläutert.

Der Vektor j der Gl. (17), (18), (19) ergibt sich gleich, da die Nenner der Gl. (14) bis (16) gleich sind, zu

$$j = \frac{(j_1 + j_2)(j_3 + j_4)}{j_1 + j_2 + j_3 + j_4}. \quad (22)$$

Der Vektor j stellt für $\mathfrak{E} = 1$ den Scheinleitwert der Brücke zwischen CD dar, wenn A und B kurzgeschlossen und $j_r = 0$ gesetzt, d. h. die Brücke zwischen $\mathfrak{C}$ und $\mathfrak{D}$ unterbrochen wird, denn der Leitwert der parallelgeschalteten Widerstände $\frac{j_1}{\mathfrak{E}}$ und $\frac{j_2}{\mathfrak{E}}$ ist $\frac{j_1 + j_2}{\mathfrak{E}}$ und derjenige von $\frac{j_3}{\mathfrak{E}}$ und $\frac{j_4}{\mathfrak{E}}$ gleich $\frac{j_3 + j_4}{\mathfrak{E}}$. Die Hintereinanderschaltung gibt den Leitwert $\frac{j}{\mathfrak{E}}$ mit dem Wert j nach der Gl. (22). Da ferner die linken Seiten der Gl. (17) bis (19) gleich sind, so stellen ihre rechten Seiten ähnliche Dreiecke dar. Aus Gl. (17) und (18) ergibt sich ferner

$$\frac{e_1 - \mathfrak{L}_1}{\mathfrak{K} - e_1} = \frac{e_3 - \mathfrak{L}_3}{\mathfrak{K} - e_3}$$

oder $\quad \dfrac{\mathfrak{K} - e_1}{\mathfrak{K} - e_3} = \dfrac{\mathfrak{K} - \mathfrak{L}_1}{\mathfrak{K} - \mathfrak{L}_3} \quad$ (Abb. 82a) $\quad\quad$ (23)

oder $$\frac{CK}{DK} = \frac{L_1 K}{L_3 K}. \quad (23\,\mathrm{a})$$

Da die rechte Seite dieser Gleichung ein konstantes Vektorverhältnis darstellt, so sind alle Dreiecke CKD, $C_1 K D_1$, ... die für veränderliche Werte von j_r entstehen, unter sich und mit dem

Dreieck L_1KL_3 ähnlich, wie bereits auf anderem Wege oben ermittelt. Nach Gl. (17) bzw. (18) und Abb. 82a ist aber

$$\frac{\mathfrak{e}_1 - \mathfrak{L}_1}{\mathfrak{K} - \mathfrak{e}_1} = \frac{L_1 C}{CK} = \frac{\mathfrak{j}_\mathfrak{x}}{\mathfrak{j}} \qquad (23\,\mathrm{b})$$

und
$$\frac{\mathfrak{e}_3 - \mathfrak{L}_3}{\mathfrak{K} - \mathfrak{e}_3} = \frac{L_3 D}{DK} = \frac{\mathfrak{j}_\mathfrak{x}}{\mathfrak{j}}. \qquad (23\,\mathrm{c})$$

Folglich sind auch die Dreiecke L_1CK und L_3DK einander ähnlich.

In Abb. 82a sind die beiden Kreise mit den Mittelpunkten M und N eingezeichnet, auf denen sich C und D bei einer linearen Veränderung von $\mathfrak{j}_\mathfrak{x}$ bewegen. Die Peripheriewinkel L_1CK und L_3DK sind gleich dem Winkel φ zwischen $\mathfrak{j}_\mathfrak{x}$ und $\mathfrak{j}$ (Abb. 82). Der zweite Schnittpunkt H der beiden Kreise liegt, wie leicht zu ersehen ist, auf der Verbindungslinie L_1L_3, daher ist auch $\sphericalangle L_1HK = \varphi$ und $KHL_3 = 180° - \varphi$.

Nach diesen Erläuterungen kommen wir zu der Konstruktion der Kreise M und N und der Punkte C und D.

In Abb. 82 sind die gegebenen Vektoren $\mathfrak{j}_1$ bis $\mathfrak{j}_5$, im Strommaßstab gemessen, eingetragen. Den Spannungsmaßstab für $\mathfrak{E}$ wollen wir vorläufig noch nicht festlegen, sondern nur die Richtung von $\mathfrak{E}$. Wir haben nunmehr die Vektoren $\mathfrak{L}_1$, $\mathfrak{L}_3$, $\mathfrak{K}$ und $\mathfrak{j}$ nach Gl. (20) bis (22) zu konstruieren. Da im Nenner der Gl. (21) für $\mathfrak{K}$ und (22) für $\mathfrak{j}$ der Vektor $\mathfrak{j}_1 + \mathfrak{j}_2 + \mathfrak{j}_3 + \mathfrak{j}_4$ vorkommt, so können wir die Zeichenarbeit wesentlich erleichtern, wenn wir den Spannungsmaßstab so wählen, daß die Strecke, welche den Vektor $\mathfrak{E}$ darstellt, gerade so groß ist wie die Strecke, welche den Vektor $\mathfrak{j}_1 + \mathfrak{j}_2 + \mathfrak{j}_3 + \mathfrak{j}_4$ im Strommaßstab darstellt. In diesem Falle ist der Spannungsvektor $\mathfrak{K} = \mathfrak{E} \dfrac{\mathfrak{j}_2 + \mathfrak{j}_4}{\mathfrak{j}_1 + \mathfrak{j}_2 + \mathfrak{j}_3 + \mathfrak{j}_4}$ gerade so groß wie der Stromvektor $\mathfrak{j}_2 + \mathfrak{j}_4$; nur müssen wir $\mathfrak{j}_2 + \mathfrak{j}_4$ im Spannungsmaßstab messen.

In Abb. 82 sind nun in bekannter Weise aus $\mathfrak{j}_1$, $\mathfrak{j}_2$, $\mathfrak{j}_3$, $\mathfrak{j}_4$ die in den Gl. (20) bis (22) vorkommenden Vektoren $\mathfrak{j}_1 + \mathfrak{j}_2$, $\mathfrak{j}_3 + \mathfrak{j}_4$, $\mathfrak{j}_2 + \mathfrak{j}_4$, $\mathfrak{j}_1 + \mathfrak{j}_2 + \mathfrak{j}_3 + \mathfrak{j}_4$ gebildet und in Abb. 82a

$$\frac{AL_1}{AB} \sim \frac{\mathfrak{j}_2}{\mathfrak{j}_1 + \mathfrak{j}_2}, \quad \frac{AL_3}{AB} \sim \frac{\mathfrak{j}_4}{\mathfrak{j}_3 + \mathfrak{j}_4}, \quad \frac{AK}{AB} = \frac{\mathfrak{j}_2 + \mathfrak{j}_4}{\mathfrak{j}_1 + \mathfrak{j}_2 + \mathfrak{j}_3 + \mathfrak{j}_4}$$

konstruiert, wodurch die Punkte L_1, L_3, K gefunden sind. Sodann ist in Abb. 82 in bekannter Weise der Vektor $j = \dfrac{(j_1 + j_2)(j_3 + j_4)}{j_1 + j_2 + j_3 + j_4}$ ermittelt und an die Spitze von j die Richtung des Vektors $j_\mathfrak{x} \parallel i_5$ angetragen, wodurch sich der Winkel φ ergibt, der gleichzeitig der Peripheriewinkel der Kreisdreiecke L_1CK und L_3DK ist. Für einen bestimmten Wert von $j_\mathfrak{x} = j_5$ sind ferner über L_1K bzw. L_3K die Dreiecke $L_1CK \backsim L_3DK \backsim j_5$, j angetragen, wodurch $e_1 = AC$, $e_3 = AD$, $e_2 = CB$, $e_4 = DB$ und $e_5 = CD$ gefunden sind.

Es sind nun noch die Ströme i_1 bis i_5 zu ermitteln. Dieses ist in Abb. 82b geschehen, indem an das aus Abb. 82a übertragene Spannungsdiagramm die Ströme $i_1 = e_1 \dfrac{j_1}{\mathfrak{E}}$, $i_2 = e_2 \dfrac{j_2}{\mathfrak{E}}$, ... angetragen sind. Bei richtiger Zeichnung muß dann nach Gl. (3) und (4) $i_1 = i_2 + i_5$ und $i_4 = i_3 + i_5$ sein.

Es sind weiterhin die geometrischen Orte für die Ströme i_1 bis i_5 bei linearer Veränderung von $j_\mathfrak{x}$ zu ermitteln. Aus Gl. (2) und (14) bis (16) ergibt sich:

$$i_1 = \frac{j_2(j_3 + j_4) + j_\mathfrak{x}(j_2 + j_4)}{(j_1 + j_2)(j_3 + j_4) + j_\mathfrak{x}(j_1 + j_2 + j_3 + j_4)} j_1, \qquad (24a)$$

$$i_3 = \frac{j_4(j_1 + j_2) + j_\mathfrak{x}(j_2 + j_4)}{(j_1 + j_2)(j_3 + j_4) + j_\mathfrak{x}(j_1 + j_2 + j_3 + j_4)} j_3, \qquad (24b)$$

$$i_5 = \frac{j_1 j_4 - j_2 j_3}{(j_1 + j_2)(j_3 + j_4) + j_\mathfrak{x}(j_1 + j_2 + j_3 + j_4)} j_\mathfrak{x}. \qquad (24c)$$

Die Zähler der Gl. (24a) und (b) bestehen aus je einer linearen Funktion von $j_\mathfrak{x}$, die mit dem konstanten Vektor j_1 bzw. j_3 zu multiplizieren ist. Die Produkte sind also wieder lineare Funktionen von $j_\mathfrak{x}$. Der Zähler der Gl. (24c) ist dagegen eine Konstante, die mit $j_\mathfrak{x}$ zu multiplizieren ist. Das Produkt ist daher gleichfalls eine lineare Funktion von $j_\mathfrak{x}$, bei der das konstante Glied entfällt. Die Nenner aller drei Gleichungen, die mit denen der Gl. (14) bis (16) übereinstimmen, sind gleichfalls lineare Funktionen von $j_\mathfrak{x}$. Nach Abschnitt L c, 1 stellen daher Gl. (24a) bis (c) Kreisfunktionen dar, wobei die Gleichheit der Nenner erkennen läßt, daß sämtliche Spannungs- und Stromdreiecke ähnlich sind. Bestimmen wir wieder die Leerlaufwerte l_1, l_3, l_5 bzw. Kurzschlußwerte $\mathfrak{k}_1, \mathfrak{k}_3, \mathfrak{k}_5$ von i_1, i_3, i_5 für $j_\mathfrak{x} = 0$ bzw. $j_\mathfrak{x} = \infty$, so erhalten wir

Kreisdiagramme der Ströme.

für $j_t = 0$: $\quad l_1 = \dfrac{j_1 j_2}{j_1 + j_2}; \quad l_3 = \dfrac{j_3 j_4}{j_3 + j_4}; \quad l_5 = 0,$ \hfill (25a)

für $j_t = \infty$:

$$\mathfrak{k}_1 = \frac{j_1(j_2 + j_4)}{j_1 + j_2 + j_3 + j_4}; \quad \mathfrak{k}_3 = \frac{j_3(j_2 + j_4)}{j_1 + j_2 + j_3 + j_4}; \quad \mathfrak{k}_5 = \frac{j_1 j_4 - j_2 j_3}{j_1 + j_2 + j_3 + j_4} \quad (25b)$$

und

$$j = \frac{(j_1 + j_2)(j_3 + j_4)}{j_1 + j_2 + j_3 + j_4}. \hfill (25c)$$

Die Kreisfunktionen der Ströme i_1, i_3, i_5 und entsprechend auch i_2, i_4 lassen sich daher in nachstehender Form schreiben:

$$\frac{j_t}{j} = \frac{i_1 - l_1}{\mathfrak{k}_1 - i_1} = \frac{i_3 - l_3}{\mathfrak{k}_3 - i_3} = \frac{i_5 - l_5}{\mathfrak{k}_5 - i_5} = \frac{i_2 - l_2}{\mathfrak{k}_2 - i_2} = \frac{i_4 - l_4}{\mathfrak{k}_4 - i_4}. \quad (26)$$

Eine Gegenüberstellung der Gl. (25a) und (b) und der Gl. (20) und (21) für die Leerlauf- und Kurzschlußspannungen $\mathfrak{L}_1$ bis $\mathfrak{L}_5$ bzw. $\mathfrak{K}_1$ bis $\mathfrak{K}_5$ zeigt, daß man die Leerlauf- und Kurzschlußströme durch erstere ausdrücken kann, wodurch sich ihre Konstruktion wesentlich vereinfacht. Es ist

$$l_1 = \mathfrak{L}_1 \frac{j_1}{\mathfrak{E}}, \quad l_3 = \mathfrak{L}_3 \frac{j_3}{\mathfrak{E}}, \quad l_5 = 0, \hfill (27)$$

$$\mathfrak{k}_1 = \mathfrak{K} \frac{j_1}{\mathfrak{E}}, \quad \mathfrak{k}_3 = \mathfrak{K} \frac{j_3}{\mathfrak{E}}, \quad \mathfrak{k}_5 = \mathfrak{L}_5 \frac{j}{\mathfrak{E}} \quad [\text{Gl. (20), (22), (25b)}]. \quad (28)$$

In ähnlicher Weise lassen sich auch l_2, l_4, $\mathfrak{k}_2$, $\mathfrak{k}_4$ darstellen, da

$$i_2 = e_2 \frac{j_2}{\mathfrak{E}} = (\mathfrak{E} - e_1)\frac{j_2}{\mathfrak{E}}$$

und

$$i_4 = e_4 \frac{j_4}{\mathfrak{E}} = (\mathfrak{E} - e_3)\frac{j_4}{\mathfrak{E}}$$

ist, durch

$$l_2 = l_1 = (\mathfrak{E} - \mathfrak{L}_1)\frac{j_2}{\mathfrak{E}}; \quad l_4 = l_3 = (\mathfrak{E} - \mathfrak{L}_3)\frac{j_4}{\mathfrak{E}}; \quad (29)$$

$$\mathfrak{k}_2 = (\mathfrak{E} - \mathfrak{K})\frac{j_2}{\mathfrak{E}}; \quad \mathfrak{k}_4 = (\mathfrak{E} - \mathfrak{K})\frac{j_4}{\mathfrak{E}}. \quad (30)$$

Da ferner

$$i_1 - i_2 - i_5 = 0 \quad \text{und} \quad i_3 - i_4 + i_5 = 0$$

ist, so ist auch

$$l_1 - l_2 - l_5 = 0 \quad \text{und} \quad l_3 - l_4 + l_5 = 0,$$

$$\mathfrak{k}_1 - \mathfrak{k}_2 - \mathfrak{k}_5 = 0 \quad \text{und} \quad \mathfrak{k}_3 - \mathfrak{k}_4 + \mathfrak{k}_5 = 0$$

und

und
$$\left.\begin{array}{l}(\mathfrak{k}_1 - \mathfrak{l}_1) - (\mathfrak{k}_2 - \mathfrak{l}_2) - (\mathfrak{k}_5 - \mathfrak{l}_5) = 0 \\ (\mathfrak{k}_3 - \mathfrak{l}_3) - (\mathfrak{k}_4 - \mathfrak{l}_4) + (\mathfrak{k}_5 - \mathfrak{l}_5) = 0 \, . \end{array}\right\} \quad (31)$$

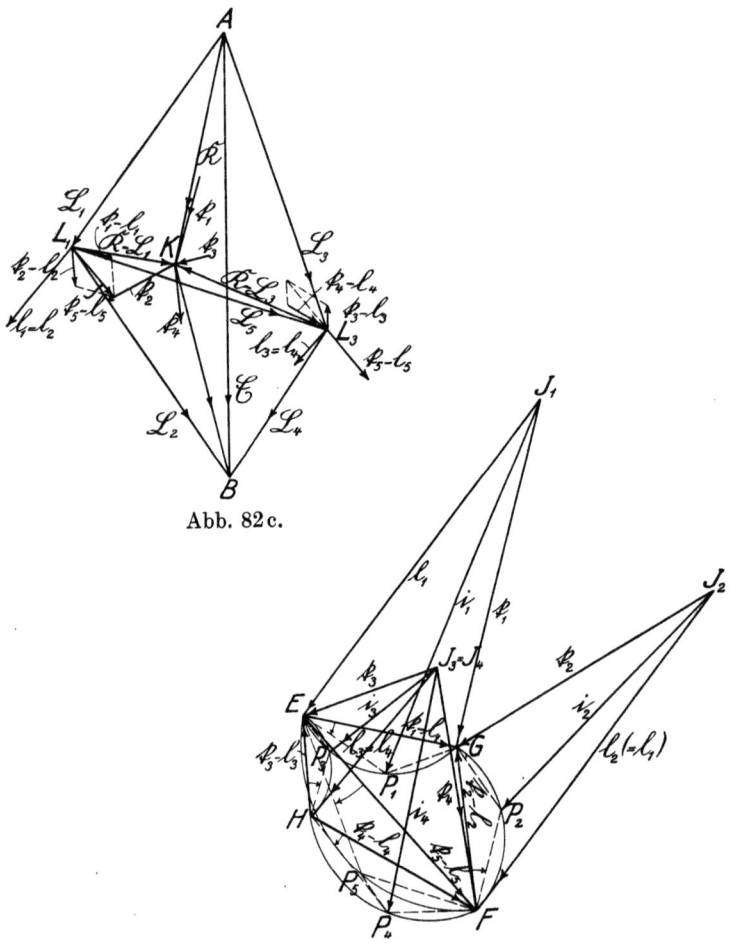

Abb. 82c.

Abb. 82d.

Die drei Vektoren $(\mathfrak{k}_1 - \mathfrak{l}_1)$, $-(\mathfrak{k}_2 - \mathfrak{l}_2)$, $-(\mathfrak{k}_5 - \mathfrak{l}_5)$ lassen sich daher durch eine geschlossene Masche darstellen und ebenso die drei Vektoren $-(\mathfrak{k}_3 - \mathfrak{l}_3)$, $+(\mathfrak{k}_4 - \mathfrak{l}_4)$, $-(\mathfrak{k}_5 - \mathfrak{l}_5)$. Legt man diese beiden Maschen mit der gemeinsamen Seite $-(\mathfrak{k}_5 - \mathfrak{l}_5)$ zusammen

(Abb. 82d, vierfach vergrößert), so bilden dieselben eine Figur, welche der Wheatstoneschen Brücke, d. h. dem Spannungsdiagramm (Abb. 82b) ähnelt[1]). Ebenso lassen sich die Stromvektoren i_1, $-i_2$, $-i_5$ und i_3, $-i_4$, $-i_5$ zu einer Brücke zusammenfügen mit dem Diagonalvektor i_5. Es besteht daher ein vollkommener Dualismus zwischen dem Spannungsdiagramm und dem Stromdiagramm derart, daß einem Knotenpunkt des ersteren eine Masche des letzteren und einer Masche des ersteren ein Knotenpunkt des letzteren entspricht.

Die Konstruktion der Stromdiagramme ist in den Abb. 82c und d durchgeführt, wobei Abb. 82d im Interesse größerer Deutlichkeit vierfach vergrößert dargestellt ist.

Zunächst sind in Abb. 82c nach Gl. (27) bis (30) (unter Benutzung der j-Werte nach Abb. 82) die Vektoren $\mathfrak{l}_1$ bis $\mathfrak{l}_4$ und $\mathfrak{f}_1$ bis $\mathfrak{f}_4$ konstruiert, wobei die Grundfigur ABL_1KL_3 aus Abb. 82a übernommen ist. Aus den Vektoren $\mathfrak{l}_1$ bis $\mathfrak{l}_4$ und $\mathfrak{f}_1$ bis $\mathfrak{f}_4$ sind die Vektoren $(\mathfrak{f}_1 - \mathfrak{l}_1)$ bis $(\mathfrak{f}_4 - \mathfrak{l}_4)$ ermittelt und vierfach vergrößert nach Abb. 82d übertragen, wodurch die Figur $EGFH$ entsteht. An die Anfänge der Vektoren $(\mathfrak{f} - \mathfrak{l})$, vgl. die Pfeilrichtungen, sind die Vektoren $\mathfrak{l}_1$, $\mathfrak{l}_2$, $\mathfrak{l}_3$, $\mathfrak{l}_4$, $\mathfrak{l}_5$ ($\mathfrak{l}_5 = 0$) und an ihre Enden die Vektoren $\mathfrak{f}_1$, $\mathfrak{f}_2$, $\mathfrak{f}_3$, $\mathfrak{f}_4$ angetragen. Beide Vektoren $\mathfrak{l}$ und $\mathfrak{f}$ müssen sich in je einem Punkt J_1, J_2, $J_3 (=J_4)$ treffen; die Konstruktion von $\mathfrak{f}_1$ bis $\mathfrak{f}_5$ ist daher überflüssig, aber als Probe für die Richtigkeit der Konstruktion sehr geeignet. Über den Vektoren $(\mathfrak{f} - \mathfrak{l})$ sind ferner für den Wert $j_x = j_5$ die Kreisdreiecke EP_1G, FP_2G, HP_3E, HP_4F, EP_5F ähnlich dem Dreieck j_x, j eingezeichnet. Dadurch ergibt sich schließlich

$$i_1 = J_1P_1, \quad i_2 = J_2P_2, \quad i_3 = J_3P_3, \quad i_4 = J_4P_4, \quad i_5 = EP_5.$$

Bei einer Änderung der Belastung des Brückenzweiges j_x wandern die Punkte P_1 bis P_5 auf den zugehörigen Kreisen derart, daß die fünf Kreisdreiecke untereinander und mit dem Dreieck j_x, j ähnlich sind. Die durch Pfeile angedeuteten Winkel GEP_1, GFP_2, ... müssen dabei stets gleich sein. Eine Änderung des Belastungszustandes (j_x) drückt sich daher durch gleichartige Verdrehung der Strahlen EP_1, FP_2, ... im gleichen Drehungssinne und um den gleichen Winkel aus.

---

[1]) Vgl. Elektrotechnik und Maschinenbau 1921, H. 42, S. 512.

Vorstehend haben wir j_5 linear veränderlich angenommen, wodurch sich zwei Spannungskreise (Abb. 82a) und fünf Stromkreise (Abb. 82d), zusammen also sieben Kreise, ergeben haben. Würden wir j_5 nur nach seiner Phase, nicht aber nach seinem Betrage veränderlich angenommen haben, so würden sich sieben weitere Kreise ergeben, die die ersteren in den Punkten C, D (Abb. 82a) bzw. P_1 bis P_5 (Abb. 82d) senkrecht schneiden. Würden wir ferner statt j_5 einen der anderen j-Werte j_1 bis j_4 linear oder in seiner Phase veränderlich annehmen, so würden wir für jeden Fall weitere 14 Kreise, zusammen also $7 \cdot 2 \cdot 5 = 70$ verschiedene Kreise, erhalten.

c) Maximum der Gesamtleistung im Brückenzweig.

Diese Aufgabe hat nicht nur für Meßapparate Interesse, sondern auch für Starkstromapparate.

Wir wollen ein Beispiel aus letzterem Gebiete wählen. Es sei die Aufgabe gestellt, ein thermisches Relais für Kurzschlußmotoren zu bauen, welches etwa bei dem fünffachen Anlaßstrom nach 10 Sekunden, bei geringer Überschreitung des Nennstromes, z. B. 1,2 fachem Strom, aber erst nach mehreren Minuten einen Ausschalter betätigt und daher den Motor und die Zuleitungen weitgehend schützt. Bei derartigen Relais zeigt sich meist die unangenehme Erscheinung, daß durch den im ersten Moment nach der Einschaltung auftretenden Rush-Strom, der etwa den 15 fachen Betrag des Nennstromes erreicht, eine unerwünschte Ausschaltung erfolgt. Diesen Übelstand kann man vermeiden, wenn man das Relais in den Brückenzweig CD (Abb. 83) einer im Augenblick der Einschaltung ganz oder nahezu ausgeglichenen Wheatstoneschen Brücke schaltet, so daß der Strom, welcher die beiden Stromzweige ACB und ADB durchfließt, ohne Einfluß auf das im Zweige CD liegende Relais bleibt. Die Punkte CD müßten daher, da sie gleiches Wechselpotential haben sollen, zusammenfallen. Im Interesse der Übersichtlichkeit ist hiervon in Abb. 83 abgewichen. Bestehen nun die Zweige AC und DB aus Konstantan, die Zweige AD und CB dagegen aus Eisen, so steigen die Widerstände der letzteren bei längerem Stromdurchgang infolge des hohen Temperaturkoeffizienten des Eisens derart, daß sich zwischen den Punkten CD (Abb. 83a) eine Span-

Maximum der Gesamtleistung im Brückenzweig. 167

nungsdifferenz bildet, welche zur Betätigung des Relais ausreicht. Sind die (Widerstände oder) Leitwerte der Zweige AC, CB, AD, DB gegeben, so drängt sich für den Konstrukteur die Frage auf, für welche Spannung und Stromstärke, d. h. mit welcher Drahtsorte er das Relais wickeln muß, um die größte Zugkraft zu erzielen. Die Beantwortung dieser Frage ist deshalb von besonderem Interesse, weil bei dem an sich ungünstigen Wirkungsgrad der Brückenschaltung die Vernichtung unnötiger Leistungen in den Zweigen ACB und ADB vermieden werden muß.

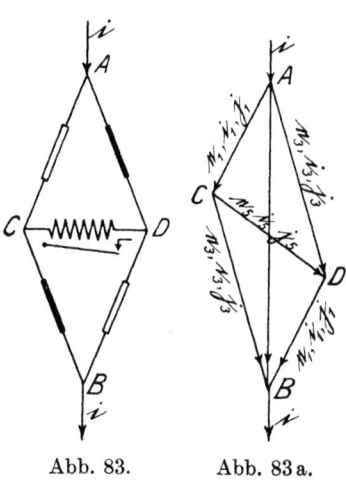

Abb. 83.   Abb. 83a.

Nimmt nun das Relais bei einer bestimmten Bewicklung einen Strom i_r und eine Spannung e_r mit einer gegebenen Phasenverschiebung φ auf, so würde es bei einer Bewicklung mit der doppelten Windungszahl eines Drahtes von halbem Querschnitt den vierfachen Wirkwiderstand und auch den vierfachen Blindwiderstand besitzen, also $\tfrac{1}{2} i_r$ und $2 e_r$ aufnehmen, während die Phasenverschiebung des Stromes gegen die Spannung unverändert bleibt.

Wenn wir daher den gesuchten Leitwert des Brückenzweiges mit $\dfrac{j_5}{\mathfrak{E}_0}$ bezeichnen, so können wir die Phasenverschiebung von j_5 gegen $\mathfrak{E}_0$ als gegeben betrachten und brauchen nur noch den Betrag von $|j_5|$ zu bestimmen.

Zur Erleichterung der Berechnung nehmen wir an, daß die beiden Konstantanwiderstände den gleichen Leitwert $\dfrac{j_1}{\mathfrak{E}_0}$ und ebenso die beiden Eisenwiderstände den gleichen Leitwert $\dfrac{j_3}{\mathfrak{E}_0}$ (im warmen Zustande) besitzen.

Da die ganze Stromverzweigung in den Stromkreis des Verbrauchers eingeschaltet ist, so ist der bei A zufließende Gesamtstrom i, aber nicht wie bei den vorhergehenden Berechnungen die Klemmenspannung $\mathfrak{E}$ zwischen A und B, gegeben.

$\mathfrak{E}$ ist daher nicht zu verwechseln mit der konstanten Bezugsspannung $\mathfrak{E}_0$, die wir nunmehr in Richtung von i annehmen. Wenn wir hiernach die früher berechneten Gleichungen benutzen wollen, müssen wir sie entsprechend umgestalten.

Nach Gl. (7), (8), (9) und (2) ist für $j_2 = j_3$ und $j_4 = j_1$

$$e_1 = \mathfrak{E} \frac{j_3 + j_5}{j_1 + j_3 + 2j_5}, \tag{32}$$

$$e_3 = \mathfrak{E} \frac{j_1 + j_5}{j_1 + j_3 + 2j_5}, \tag{33}$$

$$e_5 = \mathfrak{E} \frac{j_1 - j_3}{j_1 + j_3 + 2j_5}, \tag{34}$$

$$i_1 = \frac{j_1}{\mathfrak{E}_0} \mathfrak{E} \frac{j_3 + j_5}{j_1 + j_3 + 2j_5}, \tag{35}$$

$$i_3 = \frac{j_3}{\mathfrak{E}_0} \mathfrak{E} \frac{j_1 + j_5}{j_1 + j_3 + 2j_5}, \tag{36}$$

$$i_5 = \frac{j_5}{\mathfrak{E}_0} \mathfrak{E} \frac{j_1 - j_3}{j_1 + j_3 + 2j_5}. \tag{37}$$

In den Gl. (32) bis (37) ist noch die unbekannte Spannung $\mathfrak{E}$ enthalten. Diese ist zu eliminieren bzw. durch den Gesamtstrom i auszudrücken unter Benutzung der Beziehungen

$$i = i_1 + i_3, \tag{38}$$

$$i_5 = i_1 - i_3. \tag{39}$$

Danach ist

$$i = i_1 + i_3 = \frac{\mathfrak{E}}{\mathfrak{E}_0} \frac{j_1(j_3+j_5) + j_3(j_1+j_5)}{j_1 + j_3 + 2j_5} = \frac{\mathfrak{E}}{\mathfrak{E}_0} \frac{2j_1 j_3 + j_5(j_1 + j_3)}{j_1 + j_3 + 2j_5}.$$

Daraus ergibt sich

$$\mathfrak{E} = \mathfrak{E}_0 \frac{i(j_1 + j_3 + 2j_5)}{2j_1 j_3 + j_5(j_1 + j_3)}. \tag{40}$$

Dieser Wert in Gl. (34) eingesetzt gibt

$$e_5 = \mathfrak{E}_0 \frac{i(j_1 - j_3)}{2j_1 j_3 + j_5(j_1 + j_3)}, \tag{41}$$

$$i_5 = \frac{i(j_1 - j_3) j_5}{2j_1 j_3 + (j_1 + j_3) j_5}. \tag{42}$$

Maximum der Gesamtleistung im Brückenzweig.

Setzen wir zur Vereinfachung die Konstanten

$$i\frac{j_1 - j_3}{j_1 + j_3} = \mathfrak{a} \tag{43}$$

und

$$\frac{2 j_1 j_3}{j_1 + j_3} = \mathfrak{b}, \tag{44}$$

die in Abb. 83 b konstruiert sind, so können wir Gl. (41) und (42) schreiben

$$e_5 = \mathfrak{E}_0 \frac{\mathfrak{a}}{\mathfrak{b} + j_5}, \tag{45}$$

$$i_5 = \frac{\mathfrak{a} j_5}{\mathfrak{b} + j_5}. \tag{46}$$

Hiernach können wir die in dem Brückenzweig aufgenommene Gesamtleistung $\mathfrak{N} = \mathfrak{N}_w + \mathfrak{N}_b$ ausdrücken durch das Vektorprodukt

$$\mathfrak{N} = \{e_5 \cdot i_5\} = \left\{\mathfrak{E}_0 \frac{\mathfrak{a}}{\mathfrak{b} + j_5} \cdot \frac{\mathfrak{a} j_5}{\mathfrak{b} + j_5}\right\}. \tag{47}$$

Das Vektorverhältnis $\dfrac{\mathfrak{a}}{\mathfrak{b} + j_5}$ transportieren wir auf die rechte Seite unter Einführung des Spiegelvektors $\mathfrak{a}_{(\mathfrak{b}+j_5)}$ und Benutzung des spiegelnden Vektors $(\mathfrak{b} + j_5)$ und erhalten

$$\mathfrak{N} = \left\{\mathfrak{E}_0 \cdot \frac{\mathfrak{a}_{(\mathfrak{b}+j_5)} \mathfrak{a} j_5}{(\mathfrak{b} + j_5)(\mathfrak{b} + j_5)}\right\}. \tag{48}$$

Das Kreuzprodukt $\mathfrak{a}_{(\mathfrak{b}+j_5)} \mathfrak{a}$ ist aber nach Abschnitt J gleich dem Quadrat eines Vektors $\mathfrak{a}_1$ (Abb. 83b) in der Richtung $\mathfrak{b} + j_5$ und von dem Betrage $|\mathfrak{a}_1| = |\mathfrak{a}| = |\mathfrak{a}_{(\mathfrak{b}+j_5)}|$. Daher ist

$$\frac{\mathfrak{a}_{(\mathfrak{b}+j_5)} \mathfrak{a}}{(\mathfrak{b} + j_5)(\mathfrak{b} + j_5)} = \frac{\mathfrak{a}_1^2}{(\mathfrak{b} + j_5)^2} = \frac{|\mathfrak{a}|^2}{|\mathfrak{b} + j_5|^2} \tag{49}$$

ein reiner dimensionsloser Skalar, also ein reeller, wenn auch veränderlicher Zahlenwert z^2, und $\mathfrak{N}$ ist daher zu schreiben

$$\mathfrak{N} = \{\mathfrak{E}_0 \cdot z^2 j_5\}. \tag{50}$$

Da die Richtung von j_5 gegen $\mathfrak{E}_0$ nach den oben gegebenen Erläuterungen konstant ist, so bringt diese Gleichung zum Ausdruck, daß der Phasenwinkel von $\mathfrak{N}$ konstant, nämlich gleich dem Winkel $\mathfrak{E}_0 \mathfrak{j}_5$, ist, und daß sich nur der Betrag von $|\mathfrak{N}|$ mit dem Betrage von $|\mathfrak{i}_5|$ ändert. Wir können daher Gl. (48) schreiben

$$|\mathfrak{N}| = |\mathfrak{E}_0| \cdot \frac{|\mathfrak{a}|^2 |\mathfrak{j}_5|}{|\mathfrak{b} + \mathfrak{j}_5|^2}. \tag{51}$$

Wir kommen nunmehr zur Erörterung der Frage, für welchen Wert von $\mathfrak{j}_5$ die Leistung $|\mathfrak{N}|$ ein Maximum wird. Hierbei ist zu beachten, daß $|\mathfrak{b} + \mathfrak{j}_5|$ der Betrag des Vektors $\mathfrak{b} + \mathfrak{j}_5$ und nicht etwa die Summe des Einzelbeträge $|\mathfrak{b}|$ und $|\mathfrak{j}_5|$ ist. Den Wert von $|\mathfrak{b} + \mathfrak{j}_5|$ berechnen wir nach dem Kosinussatz, wobei wir den Phasenwinkel zwischen $\mathfrak{j}_5$ und $\mathfrak{b}$ mit ψ bezeichnen (Abb. 83b):

$$|\mathfrak{b} + \mathfrak{j}_5|^2 = |\mathfrak{b}|^2 + 2|\mathfrak{b}||\mathfrak{j}_5| \cos\psi + |\mathfrak{j}_5|^2. \tag{52}$$

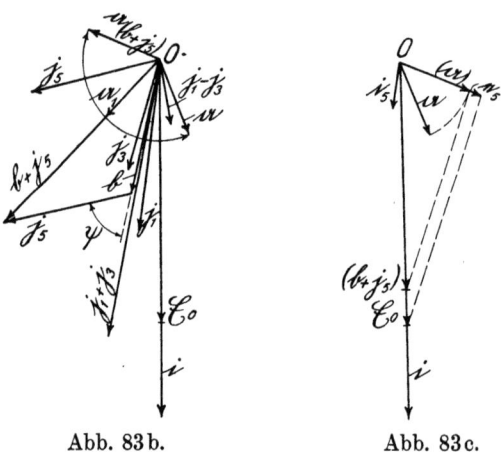

Abb. 83b.   Abb. 83c.

Da in Gl. (51) $|\mathfrak{E}_0|$ und $|\mathfrak{a}|^2$ Konstanten sind, wird $|\mathfrak{N}|$ gleichzeitig mit $\dfrac{|\mathfrak{j}_5|}{|\mathfrak{b} + \mathfrak{j}_5|^2}$ ein Maximum. Für $\mathfrak{j}_5 = 0$ wird $\mathfrak{N} = 0$ und ebenso für $\mathfrak{j}_5 = \infty$. Es ist daher für einen Wert von $\mathfrak{j}_5$ zwischen 0 und ∞ ein Maximum zu erwarten. Dieses erhalten wir aus der Beziehung

$$\frac{d\dfrac{|\mathfrak{j}_5|}{|\mathfrak{b}+\mathfrak{j}_5|^2}}{d|\mathfrak{j}_5|} = \frac{d\dfrac{|\mathfrak{j}_5|}{\mathfrak{b}^2 + 2|\mathfrak{b}||\mathfrak{j}_5|\cos\psi + |\mathfrak{j}_5|^2}}{d|\mathfrak{j}_5|} = 0 \tag{53}$$

oder

$$|\mathfrak{b}|^2 + 2|\mathfrak{b}||\mathfrak{j}_5|\cos\psi + |\mathfrak{j}_5|^2 - |\mathfrak{j}_5|(2|\mathfrak{b}|\cos\psi + 2|\mathfrak{j}_5|) = 0,$$

Maximum der Gesamtleistung im Brückenzweig. 171

woraus sich $|j_5|^2 = |\mathfrak{b}|^2$ und
$$|j_5| = |\mathfrak{b}| \qquad (54)$$
oder mit Gl. (44) $|j_5| = 2 \left| \dfrac{j_1 j_3}{j_1 + j_3} \right|$ ergibt.

Hierdurch ist also auch der Betrag von $|j_5|$ bestimmt, für den $\mathfrak{N}$ ein Maximum wird, nachdem die Richtung von j_5 von vornherein gegeben war. Der Abb. 83b ist dieser Betrag von j_5 bereits zugrunde gelegt. Das aus $\mathfrak{b}$, j_5 und $(\mathfrak{b} + j_5)$ bestehende Dreieck ist somit ein gleichseitiges, und damit ist auch der Vek-

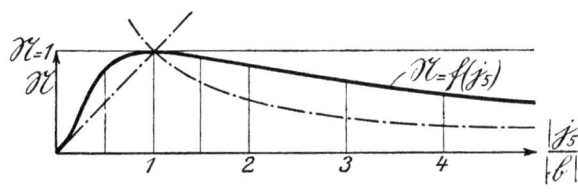

Abb. 83 d.

tor $\mathfrak{b} + j_5$ gefunden. Nach der Konstruktion des Vektors $\mathfrak{b} = \dfrac{2 j_1 j_3}{j_1 + j_3}$ ist daher nur noch der Betrag von j_5 gleich $|\mathfrak{b}|$ zu machen. Der Stromvektor $\mathfrak{a}$ bzw. das Quadrat desselben $|\mathfrak{a}|^2$ ist bei dieser Konstruktion gar nicht benötigt. Es dient lediglich zur Bestimmung der Gesamtleistung $\mathfrak{N}$ nach Gl. (51) und zur Ermittlung der Vektoren e_5 und i_5 nach Gl. (45) und (46). In Abb. 83c ist $e_5 = \mathfrak{E}_0 \dfrac{\mathfrak{a}}{\mathfrak{b} + j_5}$ und $i_5 = \dfrac{\mathfrak{a} j_5}{\mathfrak{b} + j_5}$ in bekannter Weise ermittelt.

In Abb. 83d ist der Wert von $|\mathfrak{N}|$ nach Gl. (51) für veränderliche Werte von $\dfrac{|j_5|}{|\mathfrak{b}|}$ dargestellt, wobei $\mathfrak{E}_0 \cdot \mathfrak{a}^2 = 1$ gesetzt ist. Es ist eine Kurve dritten Grades, die an ihrem Anfang eine Gerade unter 45° von außen und an ihrem Ende eine gleichseitige Hyperbel von innen berührt. Das Maximum liegt über $\dfrac{|j_5|}{|\mathfrak{b}|} = 1$. Da das Maximum für größere Werte von $\dfrac{|j_5|}{|\mathfrak{b}|}$ sanfter abfällt, so ist es, wenn man den für das Maximum geeigneten Drahtdurchmesser nicht zur Verfügung hat, vorteilhafter, das Relais für einen etwas größeren Wert von j_5 als $\mathfrak{b}$ zu berechnen. Nun ist aber

$$\frac{i_5}{e_5} = \frac{j_5}{\mathfrak{E}_0}.$$

Es ist daher vorteilhafter, das Relais für größeren Strom und geringere Spannung zu wickeln als umgekehrt. Daraus ergibt sich die Vorschrift, stets die nächst stärkere zur Verfügung stehende Drahtstärke zu wählen, wenn die dem Maximum entsprechende nicht zur Verfügung steht.

G. Spannungsresonanz[1]).

In einem Stromkreise (Abb. 84), der Widerstand R, Selbstinduktion L und Kapazität C enthält, tritt S p a n n u n g s r e s o n a n z ein, wenn die dem Strom um 90° voreilende S p a n n u n g an der Selbstinduktion L und die ihm um 90° nacheilende an der Kapazität C gleich groß sind, so daß ihre Summe gleich Null wird. In diesem Falle ergibt sich eine maximale Stromstärke, die nur durch die Netzspannung $\mathfrak{E}$ und den Wirkwiderstand R bestimmt ist, während Selbstinduktion und Kapazität bei der Berechnung des Stromes völlig ausscheiden. Bei der Berechnung der Spannung an L und C sind sie dagegen zu berücksichtigen, und es ist bekannt, daß diese Spannungen im Falle der Resonanz gefährliche Beträge annehmen können.

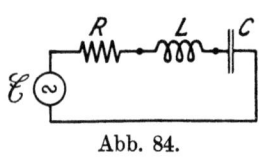

Abb. 84.

Der Scheinwiderstand der drei hintereinandergeschalteten Stromzweige ist

$$\sqrt{R^2 + \left(\omega L - \frac{1}{\omega C}\right)^2},$$

worin ω die Kreisfrequenz und die Phasennacheilung φ des Stromes $\mathfrak{J}$ gegen die Spannung $\mathfrak{E}$

$$\operatorname{tg}\varphi = \frac{\omega L - \dfrac{1}{\omega C}}{R}$$

ist. Resonanz tritt daher ein, wenn

$$\omega L = \frac{1}{\omega C}$$

---

[1]) Vgl. A. Fränkel: Theorie der Wechselströme, S. 22 u. 53. Berlin: Julius Springer 1921. Der Verfasser schließt sich der vorbildlichen Darstellung von Fränkel an, um damit den Nachweis zu erbringen, daß sich diese Probleme ebensogut und gewiß anschaulicher ohne imaginäre Größen behandeln lassen.

Spannungsresonanz.

ist. In diesem Falle ist der Scheinwiderstand gleich R. Bezeichnen wir daher den Wert der Kreisfrequenz ω, für den sich Resonanz ergibt, mit ω_0, so ist

$$\omega_0 = \frac{1}{\sqrt{LC}}. \quad (1)$$

Bei dieser Frequenz tritt der Maximalstrom J_0 auf. Es ist daher

$$J_0 = \frac{E}{R}; \quad \operatorname{tg}\varphi_0 = 0. \quad (2)$$

Für jeden größeren oder kleineren Wert von ω ist der Strom $J < J_0$. Für $\omega = 0$ (Gleichstrom) ist J gleich Null, da die Kapazität für Gleichstrom undurchlässig ist; für $\omega = \infty$ ist J gleichfalls gleich Null, da die Induktion L hochfrequenten Strom nicht durchläßt. Will man den Strom bei einer von ω_0 abweichenden Frequenz ω bestimmen, so geht man vorteilhaft von dem Grenzfall ω_0 aus. Sollen ferner die Wirk- und Blindwiderstände durch Vektorverhältnisse ausgedrückt werden, so ist als Bezugseinheit für diese vorteilhaft in gleicher Weise der Resonanzstrom $\mathfrak{J}_0$ zu verwenden. Dann erhält man für R, L und C folgende Beziehungen für den Fall der Resonanz ω_0:

$$\left. \begin{array}{l} \text{für } R\colon \dfrac{\mathfrak{f}_\mathfrak{R}}{\mathfrak{J}_0} = \dfrac{\mathfrak{E}}{\mathfrak{J}_0} = R; \quad \mathfrak{f}_\mathfrak{R} = \mathfrak{E}; \\[6pt] \text{für } L\colon \dfrac{\mathfrak{f}_\mathfrak{L}}{|\mathfrak{J}_0|} = \omega_0 L = +\sqrt{\dfrac{L}{C}}; \quad |\mathfrak{f}_\mathfrak{L}| = |\mathfrak{J}_0|\sqrt{\dfrac{L}{C}} = |\mathfrak{f}_\mathfrak{R}|\dfrac{\mathfrak{J}_0}{\mathfrak{E}}\sqrt{\dfrac{L}{C}}; \\[6pt] \text{für } C\colon \dfrac{\mathfrak{f}_\mathfrak{C}}{|\mathfrak{J}_0|} = \dfrac{1}{\omega_0 C} = -\sqrt{\dfrac{L}{C}}; \quad |\mathfrak{f}_\mathfrak{C}| = |-\mathfrak{f}_\mathfrak{L}| = |\mathfrak{f}_\mathfrak{L}|, \end{array} \right\} \quad (3)$$

$\mathfrak{f}_\mathfrak{R}$ ist in Phase mit $\mathfrak{J}_0$,
$\mathfrak{f}_\mathfrak{L}$ eilt dem Strom $\mathfrak{J}_0$ um $90°$ vor,
$\mathfrak{f}_\mathfrak{C}$ eilt dem Strom $\mathfrak{J}_0$ um $90°$ nach.

Der Vektor $\mathfrak{f}_\mathfrak{R}$ ist unabhängig von der Frequenz, die Beträge der Vektoren $\mathfrak{f}_\mathfrak{L}$ und $\mathfrak{f}_\mathfrak{C}$ gelten dagegen nur für die Resonanzfrequenz ω_0. Für eine andere Frequenz

$$\omega = \delta\omega_0,$$

Spannungsresonanz.

worin $\delta > 0$ ein reeller Zahlenwert ist, ändert sich daher

$\mathfrak{f}_\mathfrak{L}$ in $\delta \mathfrak{f}_\mathfrak{L}$

und $\mathfrak{f}_\mathfrak{C}$ in $\dfrac{1}{\delta}\mathfrak{f}_\mathfrak{C} = -\dfrac{1}{\delta}\mathfrak{f}_\mathfrak{L}$.

Der Scheinwiderstand aller drei Stromzweige ist

$$\frac{\mathfrak{f}}{\mathfrak{J}_0} = \frac{\mathfrak{f}_\mathfrak{R} + \delta\mathfrak{f}_\mathfrak{L} + \dfrac{1}{\delta}\mathfrak{f}_\mathfrak{C}}{\mathfrak{J}_0} = \frac{\mathfrak{f}_\mathfrak{R} + \left(\delta - \dfrac{1}{\delta}\right)\mathfrak{f}_\mathfrak{L}}{\mathfrak{J}_0} \qquad (4)$$

und der bei der Frequenz ω auftretende Strom $\mathfrak{J}$

$$\mathfrak{J} = \frac{\mathfrak{E}}{\dfrac{\mathfrak{f}}{\mathfrak{J}_0}} = \mathfrak{J}_0 \frac{\mathfrak{E}}{\mathfrak{f}} = \mathfrak{J}_0 \frac{\mathfrak{E}}{\mathfrak{f}_\mathfrak{R} + \left(\delta - \dfrac{1}{\delta}\right)\mathfrak{f}_\mathfrak{L}}. \qquad (5)$$

Für wachsende Werte von δ ist der Faktor $\left(\delta - \dfrac{1}{\delta}\right)$

$\delta =$ 0,4   0,6   0,8   0,9   1,0   1,1   1,2   1,4   1,6   1,8   2,0,

$\left(\delta - \dfrac{1}{\delta}\right) =$ $-2{,}10$ $-1{,}07$ $-0{,}45$ $-0{,}21$ 0 $0{,}191$ $0{,}367$ $0{,}686$ $0{,}975$ $1{,}245$ $1{,}50$.

Für $\delta = \dfrac{1(\overset{+}{-})\sqrt{5}}{2} = \dfrac{1 + 2{,}236}{2} = 1{,}618$ wird $\delta - \dfrac{1}{\delta} = 1$. Der negative Wurzelwert kommt nicht in Frage, da wir nur positive Frequenzen ($\delta > 0$) zu berücksichtigen haben. Für $\delta = 1{,}618$ wird daher $\left(\delta - \dfrac{1}{\delta}\right)\mathfrak{f}_\mathfrak{L} = \mathfrak{f}_\mathfrak{L}$.

Die Spannungen an den drei Stromzweigen berechnen sich aus der Beziehung

$$\mathfrak{E}_\mathfrak{R} : \mathfrak{E}_\mathfrak{L} : \mathfrak{E}_\mathfrak{C} : \mathfrak{E} = \mathfrak{f}_\mathfrak{R} : \delta\mathfrak{f}_\mathfrak{L} : \frac{1}{\delta}\mathfrak{f}_\mathfrak{C} : \mathfrak{f}; \qquad (6)$$

$$\mathfrak{E}_\mathfrak{R} = \mathfrak{f}_\mathfrak{R}\frac{\mathfrak{E}}{\mathfrak{f}}; \quad \mathfrak{E}_\mathfrak{L} = \delta\mathfrak{f}_\mathfrak{L}\frac{\mathfrak{E}}{\mathfrak{f}}; \quad \mathfrak{E}_\mathfrak{C} = \frac{1}{\delta}\mathfrak{f}_\mathfrak{C}\frac{\mathfrak{E}}{\mathfrak{f}} = -\frac{1}{\delta}\mathfrak{f}_\mathfrak{L}\frac{\mathfrak{E}}{\mathfrak{f}}; \qquad (7)$$

$$\mathfrak{E}_\mathfrak{L} = \mathfrak{E}_\mathfrak{R}\frac{\delta\mathfrak{f}_\mathfrak{L}}{\mathfrak{f}_\mathfrak{R}} = \delta\mathfrak{f}_\mathfrak{L}; \quad \mathfrak{E}_\mathfrak{C} = \mathfrak{E}_\mathfrak{R}\frac{\dfrac{1}{\delta}\mathfrak{f}_\mathfrak{C}}{\mathfrak{f}_\mathfrak{R}} = -\mathfrak{E}_\mathfrak{R}\frac{\dfrac{1}{\delta}\mathfrak{f}_\mathfrak{L}}{\mathfrak{f}_\mathfrak{R}} = \frac{1}{\delta}\mathfrak{f}_\mathfrak{C} = -\frac{1}{\delta}\mathfrak{f}_\mathfrak{L} \quad (8)$$

und für den Fall der Resonanz ω_0 mit $\delta = 1$ und $\mathfrak{E}_\mathfrak{R} = \mathfrak{E} = \mathfrak{f}_\mathfrak{R}$

$$\mathfrak{E}_{\mathfrak{L}_0} = \mathfrak{E}\frac{\mathfrak{f}_\mathfrak{L}}{\mathfrak{f}_\mathfrak{R}} = \mathfrak{f}_\mathfrak{L}; \quad \mathfrak{E}_{\mathfrak{C}_0} = \mathfrak{E}\frac{\mathfrak{f}_\mathfrak{C}}{\mathfrak{f}_\mathfrak{R}} = \mathfrak{f}_\mathfrak{C} = -\mathfrak{f}_\mathfrak{L}. \qquad (9)$$

Die Spannungen an den Reaktanzen sind daher im wesentlichen abhängig von dem Verhältnis $\dfrac{|\mathfrak{f}_\mathfrak{L}|}{|\mathfrak{f}_\mathfrak{R}|} = \dfrac{\sqrt{\dfrac{L}{C}}}{R}$ und können ein Mehrfaches der Netzspannung erreichen, wenn $\mathfrak{f}_\mathfrak{L}$ bzw. $\mathfrak{f}_\mathfrak{C}$ groß im Verhältnis zu $\mathfrak{f}_\mathfrak{R}$ ist.

In den Abb. 85 und 86 sind diese Entwicklungen konstruktiv ausgewertet. Dabei ist zunächst

$$|\mathfrak{f}_\mathfrak{L}| = |\mathfrak{f}_\mathfrak{R}| \quad \text{gewählt oder} \quad \sqrt{\dfrac{L}{C}} = R.$$

In Abb. 85 sind $\mathfrak{f}_\mathfrak{R} = OA$, $\mathfrak{f}_\mathfrak{L} = OB$, $\mathfrak{f}_\mathfrak{C} = OC$ und $\mathfrak{E} = OA$, im Spannungsmaßstab gemessen, und $\mathfrak{J}_0 = OD$, im Strommaßstab gemessen, dargestellt. Sodann sind auf der Senkrechten AF zu OA die Werte $\left(\delta - \dfrac{1}{\delta}\right)\mathfrak{f}_\mathfrak{L}$ von A aus aufgetragen und die betreffenden Endpunkte dieser Strecken mit dem Werte von δ bezeichnet. Der Punkt L (1,6) entspricht daher der Strecke $AL = \left(1,6 - \dfrac{1}{1,6}\right)\mathfrak{f}_\mathfrak{L} = 0{,}975\,\mathfrak{f}_\mathfrak{L}$ und der Vektor $\mathfrak{f} = \mathfrak{f}_\mathfrak{R} + \left(\delta - \dfrac{1}{\delta}\right)\mathfrak{f}_\mathfrak{L}$ der Strecke $O\ 1{,}6 = OL$.

Für eine Frequenz $\omega = \delta\omega_0$ ist nach Gl. (5) $\dfrac{\mathfrak{J}}{\mathfrak{J}_0} = \dfrac{\mathfrak{E}}{\mathfrak{f}}$. Man erhält daher $\mathfrak{J}$, wenn man das Dreieck $OGD \backsim OAL$ zeichnet. Da aber $\measuredangle OAL = \measuredangle OGD = 90°$ ist, so liegt G auf einem Kreise über $OD = \mathfrak{J}_0$ als Durchmesser, und $OG = \mathfrak{J}$ ist das Spiegelbild von $OH = \mathfrak{J}_\mathfrak{C}$. Man hat daher für $\delta = 1{,}6$ nur den Strahl OL zu ziehen und zu dem Schnittpunkt H mit dem Kreise den Spiegelpunkt G aufzusuchen. Jeder anderen Frequenz $(\delta\omega_0)$ entspricht ein anderer Strahl.

Vorstehend ist die Größe von $|\mathfrak{f}_\mathfrak{L}| = |\mathfrak{f}_\mathfrak{R}|$ gewählt oder $\sqrt{\dfrac{L}{C}} = R$. Wäre aber beispielsweise $\sqrt{\dfrac{L}{C}} = 4R$, so müßte die Punktskala auf AF viermal so groß gezeichnet werden. Statt dessen kann man auch eine neue Senkrechte im Abstand $OK = \frac{1}{4}OA$ ziehen, auf ihr die gleiche Punktskala abtragen (in Abb. 85 sind nur die drei Punkte ⓘ₁,₄, ⓘ₁,₆, ⓘ₁,₈ eingetragen), von O aus die Strahlen nach diesen Punkten ziehen und ihre Schnittpunkte mit dem Kreise über OD und deren Spiegelbilder ermitteln.

176   Spannungsresonanz.

In Abb. 86 sind die Werte $\dfrac{J}{J_0} = \dfrac{|\Im|}{|\Im_0|}$ als Funktion der Frequenz (δ) für die Werte $|\mathfrak{f}_\mathfrak{L}| = |\mathfrak{f}_\mathfrak{R}|$, $|\mathfrak{f}_\mathfrak{L}| = 4|\mathfrak{f}_\mathfrak{R}|$, $|\mathfrak{f}_\mathfrak{L}| = 10|\mathfrak{f}_\mathfrak{R}|$ in orthogonalen Koordinaten aufgetragen. Man erkennt aus dieser

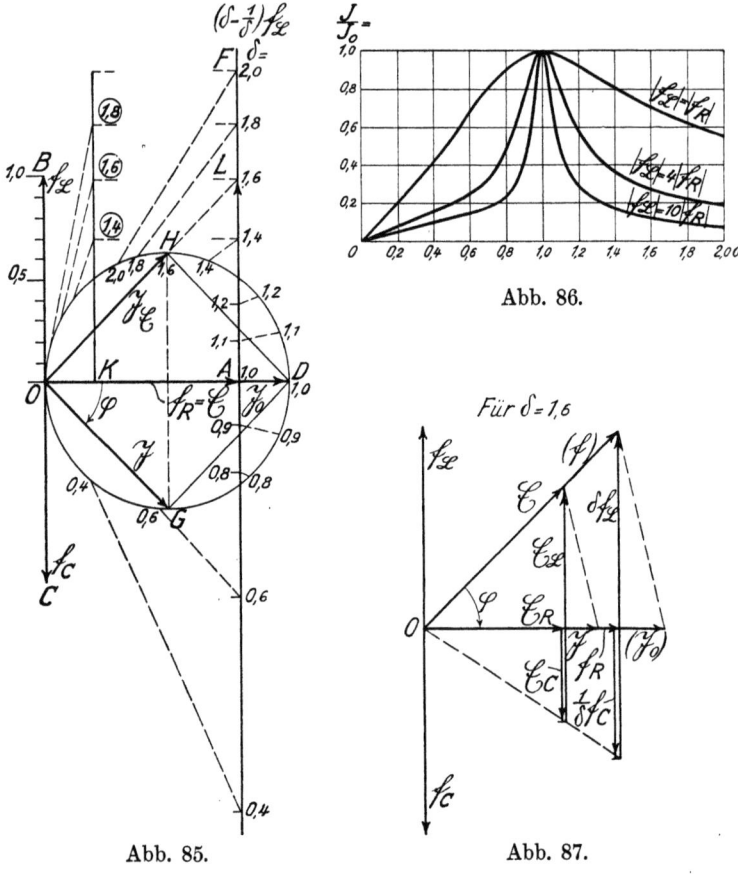

Abb. 86.

Abb. 85.   Abb. 87.

Darstellung, wie mit der Vergrößerung von $\dfrac{\mathfrak{f}_\mathfrak{L}}{\mathfrak{f}_\mathfrak{R}}$ das Strommaximum eine ausgeprägte Spitzenbildung zeigt. Dagegen läßt diese Abbildung gegenüber der Abb. 85 die Phasenverschiebung von $\Im$ gegen $\mathfrak{E}$ nicht erkennen. Die Darstellung Abb. 85, aus der die Phasenstellung von $\Im$ hervorgeht und bei der der geometrische

Ort von $\mathfrak{J}$ in einfachster Weise durch einen Kreis dargestellt wird, zeigt nur den Übelstand, daß die Spitzenbildung nicht so scharf wie aus Abb. 86 hervortritt. Trägt man aber die Werte von δ in den Kreis ein, so ist aus dem schnelleren oder langsameren Fortschreiten der δ-Werte auch die Spitzenbildung zu erkennen. In Abb. 87 sind schließlich für $\delta = 1,6$ und $\mathfrak{f}_\mathfrak{L} = \mathfrak{f}_\mathfrak{R}$ die Spannungen $\mathfrak{E}_\mathfrak{R}$, $\mathfrak{E}_\mathfrak{C} = -\dfrac{1}{\delta}\mathfrak{f}_\mathfrak{L}$, $\mathfrak{E}_\mathfrak{L} = \delta\mathfrak{f}_\mathfrak{L}$, die Spannung $\mathfrak{E}$ und der Strom $\mathfrak{J} = \mathfrak{J}_0 \dfrac{\mathfrak{E}}{\mathfrak{f}}$ konstruiert. Eine Erläuterung erübrigt sich, es sei nur erwähnt, daß in dieser Abbildung $\mathfrak{J}$ in die Richtung von ($\mathfrak{J}_0$) gelegt ist und daher $\mathfrak{E}$ in die Richtung ($\mathfrak{f}$) fällt.

H. Stromresonanz.

Liegt an einer Spannung $\mathfrak{E}$ (Abb. 88) eine Selbstinduktion L mit einem Vorschaltwiderstand R_1 und eine Kapazität C mit einem Vorschaltwiderstand R_2, so tritt Stromresonanz ein, wenn sich die Kombination aus der Parallelschaltung von (R_1 und ωL) mit $\left(R_2 \text{ und } \dfrac{1}{\omega C}\right)$ für die in Frage kommende Frequenz ω durch einen Wirkwiderstand ersetzen läßt. Es soll nachstehend ermittelt werden, für welche Werte von R_1, R_2, L, C und ω dieser Fall eintritt. Bei der Spannungsresonanz, bei der nur ein Wirkwiderstand R in Frage kam, ermittelten wir die Resonanzfrequenz zu $\omega_0 = \dfrac{1}{\sqrt{LC}}$. Bei der Stromresonanz, bei der noch ein zweiter Wirkwiderstand hinzutritt, wird sich im allgemeinen ein von ω_0 abweichender Wert ergeben.

Es sollen nun nachstehend zwei Fälle durchgerechnet werden:

1. R_1, R_2, L und C werden als gegeben angesehen, und es soll diejenige Frequenz $\omega = \delta\omega_0$ ermittelt werden, bei der Resonanz eintritt. Als Bezugseinheit für die Frequenz wird hierbei der Wert $\omega_0 = \dfrac{1}{\sqrt{LC}}$ angenommen.

2. Es ist die Frequenz ω gegeben, ferner die Werte R_1, R_2 und eine der beiden Reaktanzen L oder C, beispielsweise C, und es soll der Wert der zweiten Reaktanz, beispielsweise L, ermittelt werden, bei der Resonanz eintritt.

Stromresonanz.

Da es sich nach Abb. 88 teilweise um eine Hintereinanderschaltung, teilweise um eine Parallelschaltung von Scheinwiderständen handelt, so ist es an sich gleichgültig, ob die Berechnung

a) mit Scheinleitwerten ($\mathfrak{j}$-Werten) oder
b) mit Scheinwiderständen ($\mathfrak{f}$-Werten)

durchgeführt wird. Beide Ansätze müssen dieselben Resultate ergeben und sollen wegen ihres Lehrwertes durchgeführt werden.

Die vier Scheinleitwerte bzw. -widerstände werden wieder durch Vektorverhältnisse, $\dfrac{\mathfrak{j}}{\mathfrak{E}}$ bzw. $\dfrac{\mathfrak{f}}{\mathfrak{J}_0}$, dargestellt; die gewählten Bezeichnungen und Indizes sind aus Abb. 89 und 90 zu ersehen, wobei die Bezugseinheiten $\mathfrak{E}$ bzw. $\mathfrak{J}_0$ fortgelassen sind.

Es werden daher dargestellt:

Fall	R_1	R_2	$\omega_0 L$	$\omega_0 C$	ωL	ωC
1 a. durch	$\dfrac{\mathfrak{j}_1}{\mathfrak{E}}=\dfrac{1}{R_1}$	$\dfrac{\mathfrak{j}_2}{\mathfrak{E}}=\dfrac{1}{R_2}$	$\dfrac{\mathfrak{j}_\mathfrak{L}}{\mathfrak{E}}=\dfrac{1}{\omega_0 L}=+\sqrt{\dfrac{C}{L}}$	$\dfrac{\mathfrak{j}_\mathfrak{C}}{\mathfrak{E}}=\omega_0 C=-\sqrt{\dfrac{C}{L}}=\dfrac{-\mathfrak{j}_\mathfrak{L}}{\mathfrak{E}}$	$\dfrac{\tfrac{1}{\delta}\mathfrak{j}_\mathfrak{L}}{\mathfrak{E}}=\dfrac{1}{\delta\omega_0 L}$	$\dfrac{\delta\mathfrak{j}_\mathfrak{C}}{\mathfrak{E}}=\delta\omega_0 C=$
1 b. durch	$\dfrac{\mathfrak{f}_1}{\mathfrak{J}_0}=R_1$	$\dfrac{\mathfrak{f}_2}{\mathfrak{J}_0}=R_2$	$\dfrac{\mathfrak{f}_\mathfrak{L}}{\mathfrak{J}_0}=\omega_0 L=+\sqrt{\dfrac{L}{C}}$	$\dfrac{\mathfrak{f}_\mathfrak{C}}{\mathfrak{J}_0}=\dfrac{1}{\omega_0 C}=-\sqrt{\dfrac{L}{C}}=\dfrac{-\mathfrak{f}_\mathfrak{L}}{\mathfrak{J}_0}$	$\dfrac{\tfrac{1}{\delta}\mathfrak{f}_\mathfrak{L}}{\mathfrak{J}_0}=\delta\omega_0 L$	$\dfrac{\mathfrak{f}_\mathfrak{C}}{\mathfrak{J}_0}=\dfrac{1}{\delta\omega_0 C}$
2 a. durch	$\dfrac{\mathfrak{j}_1}{\mathfrak{E}}=\dfrac{1}{R_1}$	$\dfrac{\mathfrak{j}_2}{\mathfrak{E}}=\dfrac{1}{R_2}$	—	—	$\dfrac{\mathfrak{j}_\mathfrak{L}}{\mathfrak{E}}=\dfrac{1}{\omega L}$	$\dfrac{\mathfrak{j}_\mathfrak{C}}{\mathfrak{E}}=\omega C$
2 b. durch	$\dfrac{\mathfrak{f}_1}{\mathfrak{J}_0}=R_1$	$\dfrac{\mathfrak{f}_2}{\mathfrak{J}_0}=R_2$	—	—	$\dfrac{\mathfrak{f}_\mathfrak{L}}{\mathfrak{J}_0}=\omega L$	$\dfrac{\mathfrak{f}_\mathfrak{C}}{\mathfrak{J}_0}=\dfrac{1}{\omega C}$

Aus vorstehender Tabelle geht hervor und mag, um Mißverständnissen vorzubeugen, besonders betont werden, daß unter $\mathfrak{j}_\mathfrak{L}$ und $\mathfrak{j}_\mathfrak{C}$ (bzw. $\mathfrak{f}_\mathfrak{L}$, $\mathfrak{f}_\mathfrak{C}$) im Fall 1 und 2 verschiedene Werte zu verstehen sind, da im Fall 1 $\mathfrak{j}_\mathfrak{L}$ und $\mathfrak{j}_\mathfrak{C}$ sich auf die als Einheit gewählte Frequenz $\omega_0 = \dfrac{1}{\sqrt{LC}}$, im Fall 2 dagegen auf die für den Fall 2 gegebene Resonanzfrequenz ω beziehen.

1. Bekannt sind: R_1, R_2, L, C, $\omega_0 = \dfrac{1}{\sqrt{LC}}$; gesucht wird die Resonanzfrequenz $\omega = \delta\omega_0$, d. h. der Zahlenwert δ.

Stromresonanz. 179

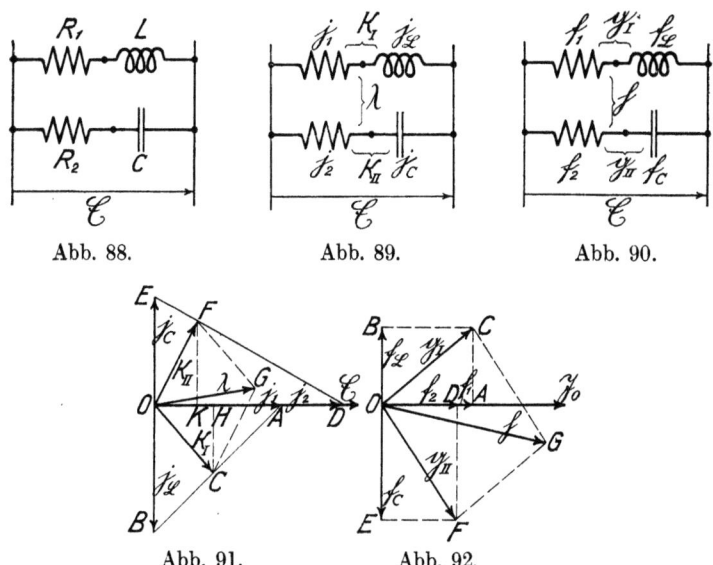

Abb. 88. Abb. 89. Abb. 90.

Abb. 91. Abb. 92.

a) Berechnung mit Leitwerten.

Es ist zunächst nach Abb. 89 und 91 für $\mathfrak{E} = 1$ der resultierende Wert $\varkappa_I$ der hintereinandergeschalteten Werte $\mathfrak{j}_1$ und $\mathfrak{j}_\mathfrak{L}$ zu bilden. Diesen erhält man nach Abb. 17b bzw. 91, indem man von O aus ein Lot $OC = \varkappa_I$ auf die Verbindungslinie AB der Spitzen von $\mathfrak{j}_1$ und $\mathfrak{j}_\mathfrak{L}$ fällt. Ebenso erhält man den Leitwert $\varkappa_{II}$, indem man $OF \perp DE$ ($\mathfrak{j}_2$ und $\mathfrak{j}_\mathfrak{C}$) zieht. Um schließlich den Leitwert λ der Kombination der vier Scheinwiderstände zu erhalten, konstruiert man aus $\varkappa_I = OC$ und $\varkappa_{II} = OF$ das Parallelogramm $OCGF$, dann ist die Diagonale OG der Leitwert λ der ganzen Kombination. Resonanz tritt daher ein, wenn $OG = \lambda$ in die Richtung von $\mathfrak{E}$ fällt oder wenn das Lot CH auf $\mathfrak{E}$ gleich dem Lot KF auf $\mathfrak{E}$ ist. Nun ist

$$\frac{CH}{|\varkappa_I|} = \frac{|\mathfrak{j}_1|}{\sqrt{\mathfrak{j}_1^2 + \mathfrak{j}_\mathfrak{L}^2}} \quad \text{und} \quad \frac{|\varkappa_I|}{|\mathfrak{j}_\mathfrak{L}|} = \frac{|\mathfrak{j}_1|}{\sqrt{\mathfrak{j}_1^2 + \mathfrak{j}_\mathfrak{L}^2}}, \quad (1)$$

daher

$$CH = \frac{|\mathfrak{j}_1| |\varkappa_I|}{\sqrt{\mathfrak{j}_1^2 + \mathfrak{j}_\mathfrak{L}^2}} = \frac{\mathfrak{j}_1^2 |\mathfrak{j}_\mathfrak{L}|}{\mathfrak{j}_1^2 + \mathfrak{j}_\mathfrak{L}^2} \quad \text{und entsprechend } KF = \frac{\mathfrak{j}_2^2 |\mathfrak{j}_\mathfrak{C}|}{\mathfrak{j}_2^2 + \mathfrak{j}_\mathfrak{C}^2}. \quad (2)$$

Stromresonanz.

Dieses sind die Werte von CH bzw. KF für die Frequenz ω_0. Die Werte für die Resonanzfrequenz $\omega = \delta\omega_0$ erhält man, wenn man nach obiger Tabelle für den Fall 1a für $|\mathrm{i}_\mathfrak{L}| \ldots \frac{1}{\delta}|\mathrm{i}_\mathfrak{L}|$ und für $|\mathrm{i}_\mathfrak{C}| \ldots \delta|\mathrm{i}_\mathfrak{C}|$ einsetzt. Dadurch ergibt sich

$$\frac{\mathrm{j}_1^2 \frac{1}{\delta}|\mathrm{i}_\mathfrak{L}|}{\mathrm{j}_1^2 + \frac{1}{\delta^2}\mathrm{j}_\mathfrak{L}^2} = \frac{\mathrm{j}_2^2 \delta |\mathrm{i}_\mathfrak{C}|}{\mathrm{j}_2^2 + \delta^2 \mathrm{j}_\mathfrak{C}^2}$$

und mit $|\mathrm{i}_\mathfrak{C}| = |\mathrm{i}_\mathfrak{L}|$, $\mathrm{j}_1 = \frac{\mathfrak{E}}{R_1}$, $\mathrm{j}_2 = \frac{\mathfrak{E}}{R_2}$, $\mathrm{i}_\mathfrak{L} = \mathfrak{E}\sqrt{\frac{C}{L}}$ nach einigen Umstellungen

$$\delta = \genfrac{}{}{0pt}{}{+}{(-)}\frac{\mathrm{j}_2}{\mathrm{j}_1}\sqrt{\frac{\mathrm{j}_1^2 - \mathrm{j}_\mathfrak{L}^2}{\mathrm{j}_2^2 - \mathrm{j}_\mathfrak{L}^2}} = \sqrt{\frac{\frac{1}{\mathrm{j}_\mathfrak{L}^2} - \frac{1}{\mathrm{j}_1^2}}{\frac{1}{\mathrm{j}_\mathfrak{L}^2} - \frac{1}{\mathrm{j}_2^2}}} = \sqrt{\frac{\frac{L}{C} - R_1^2}{\frac{L}{C} - R_2^2}}.\text{[1]} \quad (3)$$

Der negative Wurzelwert für δ kommt nicht in Frage, da nur positive Frequenzen zu berücksichtigen sind. Beschreibt man daher nach Abb. 93 über $\mathrm{j}_1 = OC$ und $\mathrm{j}_2 = OD$ je einen Halbkreis und mit $\mathrm{i}_\mathfrak{L} = OL$ um O einen Kreis, der die ersteren beiden Kreise in A bzw. B schneidet, so ist

$$AC = \sqrt{\mathrm{j}_1^2 - \mathrm{i}_\mathfrak{L}^2} \quad \text{und} \quad BD = \sqrt{\mathrm{j}_2^2 - \mathrm{i}_\mathfrak{L}^2}$$

und $\qquad \dfrac{\sqrt{\mathrm{j}_1^2 - \mathrm{i}_\mathfrak{L}^2}}{\mathrm{j}_1} = \sin\alpha \quad$ und $\quad \dfrac{\sqrt{\mathrm{j}_2^2 - \mathrm{i}_\mathfrak{L}^2}}{\mathrm{j}_2} = \sin\beta,$

daher $\qquad\qquad \delta = \dfrac{\sin\alpha}{\sin\beta} = \dfrac{AE}{BF}. \qquad\qquad (4)$

Um die Vektoren $\frac{1}{\delta}\mathrm{i}_\mathfrak{L}$ und $\delta\mathrm{j}_\mathfrak{C}$ zu konstruieren, macht man $FH = EJ = OL = \mathrm{j}_\mathfrak{L}$ und legt durch den Schnittpunkt G von AB mit der Abszissenachse die Strahlen GH und GJ. Dann erhält man $FM_1 = \frac{1}{\delta}\mathrm{j}_\mathfrak{L}$ und $KE = +\delta\mathrm{j}_\mathfrak{C}$. Trägt man die

---

[1] In der angezogenen Literaturstelle ist der Fall $\mathrm{j}_1 = \mathrm{j}_2$ oder $R_1 = R_2$, wobei $\delta = 1$ wird, eingehend behandelt. Darauf soll hier verzichtet werden, da die R_1 entsprechenden dielektrischen Verluste der Kapazität jedenfalls nur zufällig den R_2 entsprechenden Wattverlusten der Drosselspule (bei gleichem Strom) gleich sind.

Strecke $\frac{1}{\delta} j_\mathfrak{L} = FM_1 = OM$ und $\delta j_\mathfrak{C} = KE = ON$ auf der Ordinatenachse auf und konstruiert die Lote OP bzw. OQ auf MC bzw. ND, so ist die Diagonale $OR = \lambda$ des aus OP und OQ konstruierten Parallelogramms der Leitwert λ der ganzen Kombination im Falle der Resonanz $\omega = \delta \omega_0$. In Abb. 94 ist schließlich für einige andere Werte von δ_0, δ, δ_1, δ_2 der resultierende

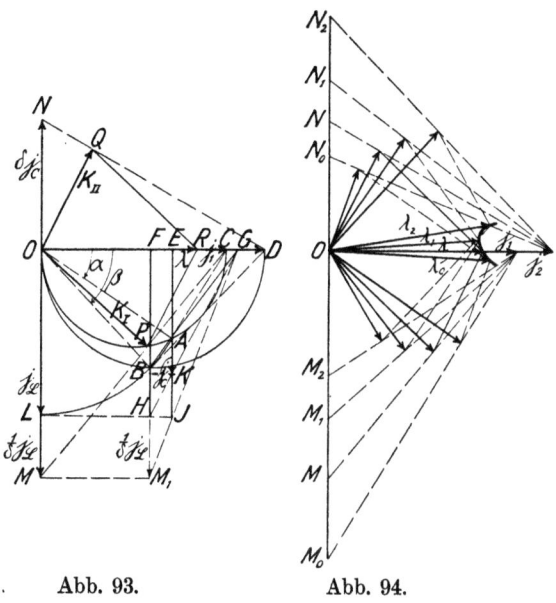

Abb. 93. Abb. 94.

Leitwert λ_0, λ, λ_1, λ_2 konstruiert und der geometrische Ort für die Spitze von λ ermittelt.

Aus Abb. 93 wie aus der Gl. (3) für δ ist noch zu erkennen, daß der Resonanzwert δ imaginär wird, wenn der mit $j_\mathfrak{L} = OL$ beschriebene Kreis nur einen der beiden über j_1 und j_2 beschriebenen Kreise schneidet, d. h. wenn $|i_1| < |i_\mathfrak{L}| < |i_2|$ (oder $|i_2| < |i_\mathfrak{L}| < |i_1|$) ist.

Wird aber $|i_2| < |i_\mathfrak{L}| > |i_1|$, so wird δ wieder reell. In diesem Falle ist zu schreiben

$$\delta = \frac{i_2}{i_1} \sqrt{\frac{i_\mathfrak{L}^2 - i_1^2}{i_\mathfrak{L}^2 - i_2^2}}. \tag{5}$$

b) Berechnung derselben Aufgabe mit Scheinwiderständen.

Setzen wir in Gl. (3): $\delta = \sqrt{\dfrac{\dfrac{1}{j_\mathfrak{L}^2} - \dfrac{1}{j_1^2}}{\dfrac{1}{j_\mathfrak{L}^2} - \dfrac{1}{j_2^2}}}$, allgemein für $\dfrac{\mathfrak{E}}{\;} = \dfrac{\mathfrak{f}}{\mathfrak{J}_0}$

oder $\dfrac{1}{\mathfrak{j}} = \dfrac{\mathfrak{f}}{\mathfrak{E}\mathfrak{J}_0}$.

also $\dfrac{1}{\mathfrak{j}_1} = \dfrac{\mathfrak{f}_1}{\mathfrak{E}\mathfrak{J}_0}$; $\dfrac{1}{\mathfrak{j}_2} = \dfrac{\mathfrak{f}_2}{\mathfrak{E}\mathfrak{J}_0}$; $\dfrac{1}{\mathfrak{j}_\mathfrak{L}} = \dfrac{\mathfrak{f}_\mathfrak{L}}{\mathfrak{E}\mathfrak{J}_0}$,

so erhalten wir

$$\delta = \sqrt{\dfrac{\mathfrak{f}_\mathfrak{L}^2 - \mathfrak{f}_1^2}{\mathfrak{f}_\mathfrak{L}^2 - \mathfrak{f}_2^2}} = \sqrt{\dfrac{\dfrac{L}{C} - R_1^2}{\dfrac{L}{C} - R_2^2}}. \tag{6}$$

Hierdurch ist die Lösung auf den Fall 1a (Berechnung mit Schein=widerständen) zurückgeführt.

2. Bekannt sind: R_1, R_2, C und ω. Gesucht der Wert von L, für den Resonanz eintritt.

a) Berechnung mit Leitwerten.

Werden die gegebenen Scheinwiderstände durch Leitwerte ausgedrückt, so wird in Abb. 91 und 95 für $\mathfrak{E} = 1$

der Leitwert von $\dfrac{1}{R_1}$ durch $\mathfrak{j}_1 = OA$,

„ „ „ $\dfrac{1}{R_2}$ „ $\mathfrak{j}_2 = OD$,

„ „ „ ωC „ $\mathfrak{j}_\mathfrak{C} = OE$

und der noch zu bestimmende

Leitwert von $\dfrac{1}{\omega L}$ durch $\mathfrak{j}_\mathfrak{L} = OB$

dargestellt.

Den resultierenden Leitwert $\varkappa_I = OC$ von $\mathfrak{j}_1 = OA$ und $\mathfrak{j}_\Omega = OB$ erhält man, indem man nach Abb. 17b bzw. 91 $OC = \varkappa_I \perp$ zu AB zieht, und ebenso den resultierenden Leitwert $\varkappa_{II} = OF$ von $\mathfrak{j}_2 = OD$ und $\mathfrak{j}_\mathfrak{C} = OE$, indem man $OF = \varkappa_{II} \perp$ zu DE zieht. Der resultierende Leitwert $\lambda = OG$ von $\varkappa_I$ und $\varkappa_{II}$ wird als Diagonale OG des aus $\varkappa_I = OC$ und $\varkappa_{II} = OF$ konstruierten Parallelogramms erhalten. Soll $OG = \lambda$ für den Fall der Resonanz mit der Richtung von $\mathfrak{E}$ zusammenfallen, so müssen wieder die Höhen FK und CH der Dreiecke OGF und OGC gleich groß sein. Bildet man nun von der Figur $OACB$ das Spiegelbild $OAC'B'$, so muß $C'F$ parallel $\mathfrak{E}$ sein. Da ferner die $\sphericalangle OFD$ und $OC'A$ gleich $90°$ sind, so liegen F und C' auf den Halbkreisen über $\mathfrak{j}_1$ bzw. $\mathfrak{j}_2'$. Da der Punkt F durch $\mathfrak{j}_2$ und $\mathfrak{j}_\mathfrak{C}$ gegeben ist, erhält man den Punkt C' als

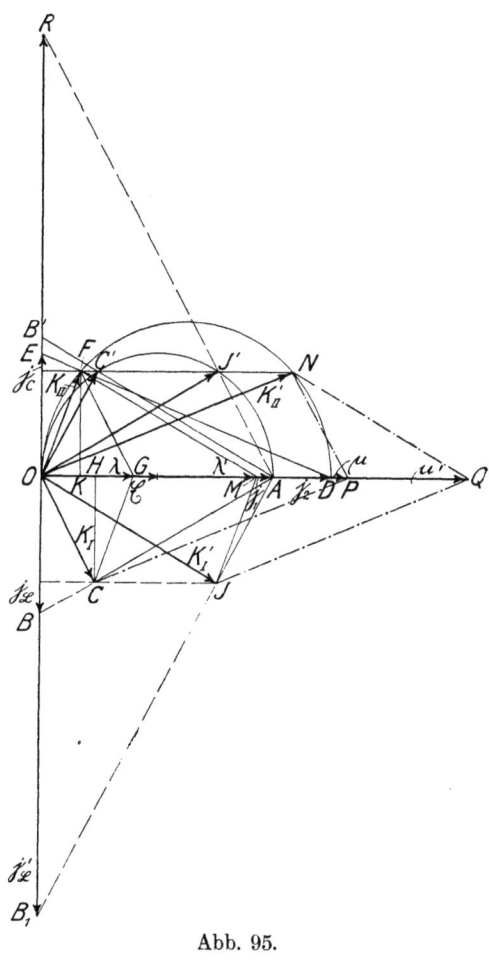

Abb. 95.

Schnittpunkt der Parallelen FC' zur Abszissenachse mit dem Kreis über $\mathfrak{j}_1$. Konstruiert man nunmehr den Spiegelpunkt C zu C' und zieht eine Gerade durch A und C, so erhält man in OB den gesuchten Leitwert $\mathfrak{j}_\Omega$.

Die Abb. 95 läßt aber erkennen, daß die Parallele zu $\mathfrak{E}$ durch F mit dem Kreise über $\mathfrak{j}_1$ außer C' noch einen zweiten Schnittpunkt J' ergibt. J' ist als Spiegelbild der Punkt J zugeordnet und der Strahl AJ schneidet auf der Ordinatenachse einen zweiten Wert $\mathfrak{j}'_\mathfrak{L} = OB_1$ ab, für welchen gleichfalls Resonanz eintritt. Der resultierende Leitwert aus $\mathfrak{j}_1 = OA$ und $\mathfrak{j}'_\mathfrak{L} = OB_1$ ist $\varkappa'_I = OJ$ und derjenige von $\varkappa'_I = OJ$ und $\varkappa_{II} = OF$, nämlich $\lambda' = OM$, wird erhalten, wenn man aus $\varkappa'_I$ und $\varkappa_{II}$ das Parallelogramm $OFMJ$ konstruiert. Damit ist die Aufgabe an sich gelöst. Abb. 95 läßt aber weiterhin erkennen, daß die Leitwerte $\varkappa_I = OC$ und $\varkappa'_I = OJ$ nicht nur mit $\varkappa_{II} = OF$ Resonanz ergeben, sondern auch noch mit einem weiteren Leitwert $\varkappa'_{II} = ON$, der sich aus dem zweiten Schnittpunkt der Parallelen zur Abszissenachse durch F ergibt. Die Kombination von $\varkappa'_{II} = ON$ mit $\varkappa_I = OC$ bzw. $\varkappa'_I = OJ$ ergibt die weiteren Parallelogramme $ONPC$ bzw. $ONQJ$ und die resultierenden Gesamtleitwerte μ bzw. μ'. Es ist aber hierbei zu beachten, daß $\varkappa'_{II}$ die Resultante aus $\mathfrak{j}_2$ und einem neuen, nicht dargestellten, Wert $\mathfrak{j}'_\mathfrak{C}$ ist, der von dem in der Aufgabe gegebenen abweicht. Jedenfalls erhalten wir aber das interessante Resultat, daß für den Resonanzfall $\varkappa_I$, $\varkappa'_I$, $\varkappa_{II}$, $\varkappa'_{II}$ nach nebenstehendem Schema

$$\begin{matrix} \varkappa_I & \varkappa_{II} \\ \varkappa'_I & \varkappa'_{II} \end{matrix}$$ paarweise zugeordnet sind.

b) Berechnung derselben Aufgabe mit Scheinwiderständen.

Es werden dargestellt in Abb. 96:

$$R_1 \text{ durch } \mathfrak{f}_1 = OA \text{ bzw. } \mathfrak{f}_1 : \mathfrak{Z}_0,$$
$$R_2 \quad ,, \quad \mathfrak{f}_2 = OD \quad ,, \quad \mathfrak{f}_2 : \mathfrak{Z}_0,$$
$$\frac{1}{\omega C} \quad ,, \quad \mathfrak{f}_\mathfrak{C} = OE \quad ,, \quad \mathfrak{f}_\mathfrak{C} : \mathfrak{Z}_0$$

und der noch zu bestimmende Wert

$$\omega L \text{ durch } \mathfrak{f}_\mathfrak{L} = OB \text{ bzw. } \mathfrak{f}_\mathfrak{L} : \mathfrak{Z}_0.$$

$\mathfrak{f}_1 = OA$ und $\mathfrak{f}_\mathfrak{L} = OB$ setzen sich zu dem resultierenden Vektor $\mathfrak{g}_I = OC$ und $\mathfrak{f}_2 = OD$ und $\mathfrak{f}_\mathfrak{C} = OE$ setzen sich zu dem resultierenden Vektor $\mathfrak{g}_{II} = OF$ zusammen.

Stromresonanz. 185

Die Parallelschaltung von $\frac{\mathfrak{J}_0}{\mathfrak{g}_I}$ und $\frac{\mathfrak{J}_0}{\mathfrak{g}_{II}}$ ergibt einen neuen Leitwert $\frac{\mathfrak{J}_0}{\mathfrak{h}} = \frac{\mathfrak{J}_0}{\mathfrak{g}_I} + \frac{\mathfrak{J}_0}{\mathfrak{g}_{II}}$, woraus

$$\mathfrak{h} = \frac{\mathfrak{g}_I \mathfrak{g}_{II}}{\mathfrak{g}_I + \mathfrak{g}_{II}} \tag{7}$$

folgt.

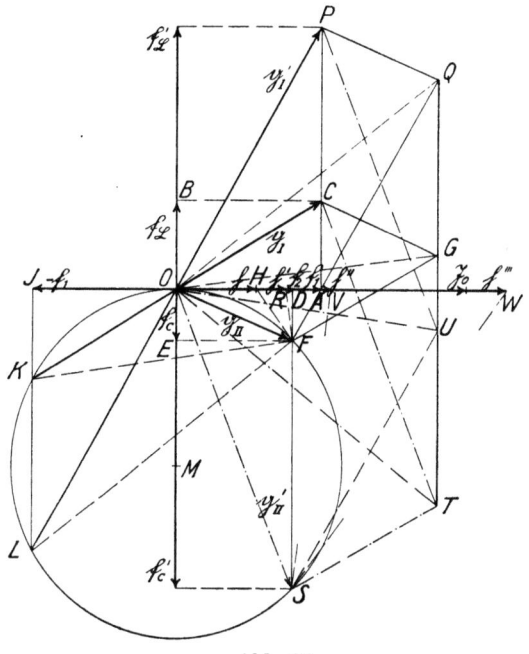

Abb. 96.

Die Konstruktion von $\mathfrak{h}$ nach vorstehender Formel, die in Abb. 18a und 92 gegeben ist, soll hier der Übersichtlichkeit halber nochmals entwickelt werden. Die Gleichung besagt, daß der Vektor $\mathfrak{g}_{II} = OF$ mit dem Vektorverhältnis $\frac{\mathfrak{g}_I}{\mathfrak{g}_I + \mathfrak{g}_{II}}$ zu multiplizieren ist $\left(\text{oder } \mathfrak{g}_I \text{ mit } \frac{\mathfrak{g}_{II}}{\mathfrak{g}_I + \mathfrak{g}_{II}}\right)$.

Wir bilden daher $\mathfrak{g}_I + \mathfrak{g}_{II} = OG$ und tragen an $OF = \mathfrak{g}_{II}$ das $\triangle FOH \sim \triangle GOC$ an, wodurch wir $OH = \mathfrak{h}$ erhalten.

Im Falle der Resonanz soll nun $\mathfrak{h}$ mit der Richtung von $\mathfrak{J}_0$, wie in der Abb. 96 dargestellt, zusammenfallen. Aus dieser

Bedingung wollen wir nun rückwärts die Lage von $\mathfrak{g}_I = OC$ und den Betrag von $\mathfrak{f}_\mathfrak{L} = OB$ ableiten. Zu dem Zweck beschreiben wir einen Kreis, der durch die Punkte O und F geht und die Abszissenachse in O tangiert, und ziehen ferner im Abstand $OJ = -\mathfrak{f}_1$ eine Senkrechte JK. Dann ist $\triangle FKO \cong \triangle GOC$ und $OC = OK$ liegt in der Verlängerung von KO, denn der $\sphericalangle OKF$ ist gleich dem Winkel zwischen der Sehne OF und der Tangente OH, und dieser soll nach der obigen Konstruktion von $\dfrac{\mathfrak{g}_I\,\mathfrak{g}_{II}}{\mathfrak{g}_I + \mathfrak{g}_{II}}$ gleich $\sphericalangle COG$ sein. $COFG$ ist daher das gesuchte Parallelogramm aus $\mathfrak{g}_I$ und $\mathfrak{g}_{II}$, und damit ist $\mathfrak{g}_I$ gefunden. Die Zerlegung von $\mathfrak{g}_I = OC$ in seine Komponenten $\mathfrak{f}_I = OA$ (gegeben) und $\mathfrak{f}_\mathfrak{L} = OB$ (gesucht) erfolgt durch Parallelen zur Ordinaten- und Abszissenachse durch den Punkt C. Damit ist der gesuchte Vektor $\mathfrak{f}_\mathfrak{L} = OB$ gefunden. Das Lot JK besitzt aber noch einen zweiten Schnittpunkt L mit dem Kreise FOK. Daraus ergibt sich eine zweite Lösung $\mathfrak{g}_I' = OP = LO$ und das zugehörige Parallelogramm $FOPQ$. Der resultierende Gesamtwiderstand $\mathfrak{h}' = OR$ wird ermittelt, indem $\triangle OFR \sim \triangle OQP$ konstruiert wird.

Die gleichen Vektoren $\mathfrak{g}_I = OC$ und $\mathfrak{g}_I' = OP$ würden aber auch mit dem Vektor $\mathfrak{g}_{II}' = OS$ Resonanz ergeben, der dem zweiten Schnittpunkt S von DF mit dem Kreise entspricht, wodurch die Parallelogramme $OCTS$ bzw. $OPUS$ entstehen.

Der resultierende Gesamtwiderstand ergibt sich hierbei zu $\mathfrak{h}'' = OV$ (bzw. $\mathfrak{h}''' = OW$), indem $\triangle OSV \sim \triangle OTC$ (bzw. $\triangle OSW \sim \triangle OUP$) konstruiert wird.

Wir finden also auch bei dieser Darstellungsweise die paarweise Zuordnung von

$$\begin{array}{c}\mathfrak{g}_{II} \diagdown \mathfrak{g}_I \\ \mathfrak{g}_{II}' \diagup \mathfrak{g}_I'\end{array}$$

für den Fall der Resonanz, wobei wieder zu beachten ist, daß der Vektor $\mathfrak{g}_{II}'$ sich aus $\mathfrak{f}_2$ und einem von dem gegebenen Wert $\mathfrak{f}_\mathfrak{C}$ verschiedenen Vektor $\mathfrak{f}_\mathfrak{C}'$ zusammensetzt.

Es sei schließlich noch erwähnt, daß die Eckpunkte $QGUT$ der vier Parallelogramme auf einer Senkrechten im Abstande $\mathfrak{f}_1 + \mathfrak{f}_2$ von O liegen.

J. Die Berechnung von Transformatoren und Asynchronmotoren.

Wir legen der Berechnung einen schwach gesättigten Transformator mit dem Übersetzungsverhältnis 1 : 1 zugrunde und stellen ihn durch das bekannte Ersatzschema Abb. 97 eines ideellen Transformators dar, bei dem der primäre und sekundäre Streufluß getrennt von dem Hauptfluß angenommen ist. Da der letztere Primär- und Sekundärwicklung in gleicher Weise durchflutet, so erzeugt er in ihnen die gleiche Spannung. Wir können daher die Klemmen dieser beiden Wicklungen verbunden und letztere durch eine einzige ideelle Wicklung ersetzt denken, die von der vektoriellen Differenz i des Primärstromes i_1 und

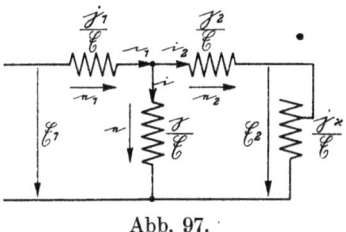

Abb. 97.

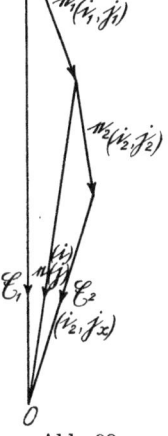

Abb. 98.

des Sekundärstromes i_2 durchflossen wird. Den Scheinleitwert dieser Wicklung bezeichnen wir durch das Vektorverhältnis $\frac{i}{\mathfrak{E}}$ und die Scheinleitwerte der von dem primären bzw. sekundären Streufluß induzierten ideellen Wicklungen mit $\frac{j_1}{\mathfrak{E}}$ bzw. $\frac{j_2}{\mathfrak{E}}$. Die sekundäre Belastung des Transformators wird durch den veränderlichen Scheinleitwert $\frac{j_x}{\mathfrak{E}}$[1]) dargestellt. Die primäre Klemmenspannung (Abb. 98) wird mit $\mathfrak{E}_1$, die sekundäre mit $\mathfrak{E}_2$, und die Teilspannungen werden mit e, e_1, e_2 bezeichnet. Je nachdem der Trans-

---

[1]) Statt der Scheinleitwerte j, j_1, j_2, j_x mit der Bezugsspannung $\mathfrak{E}$ kann man auch die Scheinwiderstände $\frac{f}{\mathfrak{J}}\left(=\frac{\mathfrak{E}}{j}\right)$, $\frac{f_1}{\mathfrak{J}}\left(=\frac{\mathfrak{E}}{j_1}\right)$ usw. benutzen. Die Ergebnisse der Rechnung bleiben dabei unverändert.

formator von links oder rechts gespeist wird, wird $\mathfrak{E}_1$ oder $\mathfrak{E}_2$ gleich $\mathfrak{E}$ gesetzt. Dieses Ersatzschema dient in gleicher Weise zur Berechnung des Asynchronmotors, wenn $\mathfrak{E}_2$ als Sternspannung des Läufers und die sekundäre Belastung des Transformators $\left(\dfrac{\mathfrak{j}_x}{\mathfrak{E}}\right)$ als induktionsfrei ($\mathfrak{j}_x \parallel \mathfrak{E}$) angenommen wird. Unter dieser speziellen Annahme ist $(\mathfrak{E}_2\,\mathfrak{i}_2) = \left(\mathfrak{E}_2^2\,\dfrac{\mathfrak{j}_x}{\mathfrak{E}}\right) = 1000\,N$, also $\dfrac{\mathfrak{j}_x}{\mathfrak{E}} = \dfrac{1000\,N}{\mathfrak{E}_2^2}$, worin N die Nutzleistung in Kilowatt bezeichnet. In den nachstehenden Berechnungen wird aber die Richtung von $\mathfrak{j}_x$ gegenüber $\mathfrak{E}$ vorläufig als beliebig, aber konstant angenommen, während der Betrag von $|\mathfrak{j}_x|$ veränderlich ist. Aus Abb. 98 ist abzulesen:

$$\mathfrak{E}_1 = \mathfrak{e}_1 + \mathfrak{e}; \qquad (1)$$
$$\mathfrak{e} = \mathfrak{e}_2 + \mathfrak{E}_2; \qquad (2)$$
$$\mathfrak{i}_1 = \mathfrak{i} + \mathfrak{i}_2. \qquad (3)$$

Ferner ist

$$\mathfrak{i} = \dfrac{\mathfrak{j}}{\mathfrak{E}}\,\mathfrak{e}; \qquad (4)$$

$$\mathfrak{i}_1 = \dfrac{\mathfrak{j}_1}{\mathfrak{E}}\,\mathfrak{e}_1; \qquad (5)$$

$$\mathfrak{i}_2 = \dfrac{\mathfrak{j}_2}{\mathfrak{E}}\,\mathfrak{e}_2 = \dfrac{\mathfrak{j}_x}{\mathfrak{E}}\,\mathfrak{E}_2, \qquad (6)$$

daher

$$\mathfrak{e} = \mathfrak{e}_2 + \mathfrak{E}_2 = \mathfrak{i}_2\,\mathfrak{E}\left(\dfrac{1}{\mathfrak{j}_2} + \dfrac{1}{\mathfrak{j}_x}\right) = \mathfrak{i}_2\,\mathfrak{E}\,\dfrac{\mathfrak{j}_2 + \mathfrak{j}_x}{\mathfrak{j}_2\,\mathfrak{j}_x};$$

$$\mathfrak{i}_2 = \dfrac{\mathfrak{j}_2\,\mathfrak{j}_x}{\mathfrak{j}_2 + \mathfrak{j}_x}\,\dfrac{\mathfrak{e}}{\mathfrak{E}}. \qquad (7)$$

Setzt man die Werte für $\mathfrak{i}, \mathfrak{i}_1, \mathfrak{i}_2$ Gl. (4), (5), (7) in Gl. (3) ein, so erhält man [neben Gl. (1) und (2)] eine dritte Gleichung für die vier gesuchten Spannungen $\mathfrak{e}, \mathfrak{e}_1, \mathfrak{e}_2$ und $\mathfrak{E}_2$:

$$\mathfrak{j}_1\,\mathfrak{e}_1 = \mathfrak{j}\,\mathfrak{e} + \dfrac{\mathfrak{j}_2\,\mathfrak{j}_x}{\mathfrak{j}_2 + \mathfrak{j}_x}\,\mathfrak{e} = \mathfrak{j}_1\,(\mathfrak{E}_1 - \mathfrak{e}).$$

Setzt man hierin $\mathfrak{E}_1$ gleich der Bezugsspannung $\mathfrak{E}$, so ist

$$\mathfrak{e} = \mathfrak{E}\,\dfrac{\mathfrak{j}_1}{\mathfrak{j} + \mathfrak{j}_1 + \dfrac{\mathfrak{j}_2\,\mathfrak{j}_x}{\mathfrak{j}_2 + \mathfrak{j}_x}} = \mathfrak{E}\,\dfrac{\mathfrak{j}_1\,\mathfrak{j}_2 + \mathfrak{j}_1\,\mathfrak{j}_x}{(\mathfrak{j} + \mathfrak{j}_1)\,\mathfrak{j}_2 + (\mathfrak{j} + \mathfrak{j}_1 + \mathfrak{j}_2)\,\mathfrak{j}_x}; \qquad (8)$$

$$\mathfrak{e}_1 = \mathfrak{E} - \mathfrak{e} = \mathfrak{E}\,\dfrac{\mathfrak{j}\,\mathfrak{j}_2 + (\mathfrak{j} + \mathfrak{j}_2)\,\mathfrak{j}_x}{(\mathfrak{j} + \mathfrak{j}_1)\,\mathfrak{j}_2 + (\mathfrak{j} + \mathfrak{j}_1 + \mathfrak{j}_2)\,\mathfrak{j}_x}. \qquad (9)$$

Berechnung der Spannungen und Ströme.

Da ferner nach Gl. (6)
$$\frac{e_2}{\mathfrak{E}_2} = \frac{\mathfrak{j}_x}{\mathfrak{j}_2},$$
so ist
$$\frac{e_2}{e_2 + \mathfrak{E}_2} = \frac{e_2}{e} = \frac{\mathfrak{j}_x}{\mathfrak{j}_2 + \mathfrak{j}_x} \quad \text{und} \quad \frac{\mathfrak{E}_2}{e_2 + \mathfrak{E}_2} = \frac{\mathfrak{E}_2}{e} = \frac{\mathfrak{j}_2}{\mathfrak{j}_2 + \mathfrak{j}_x};$$

$$e_2 = e \frac{\mathfrak{j}_x}{\mathfrak{j}_2 + \mathfrak{j}_x} = \mathfrak{E} \frac{\mathfrak{j}_1 \mathfrak{j}_x}{(\mathfrak{j} + \mathfrak{j}_1)\mathfrak{j}_2 + (\mathfrak{j} + \mathfrak{j}_1 + \mathfrak{j}_2)\mathfrak{j}_x}; \tag{10}$$

$$\mathfrak{E}_2 = e \frac{\mathfrak{j}_2}{\mathfrak{j}_2 + \mathfrak{j}_x} = \mathfrak{E} \frac{\mathfrak{j}_1 \mathfrak{j}_2}{(\mathfrak{j} + \mathfrak{j}_1)\mathfrak{j}_2 + (\mathfrak{j} + \mathfrak{j}_1 + \mathfrak{j}_2)\mathfrak{j}_x}; \tag{11}$$

$$\mathfrak{i} = \mathfrak{j} \frac{\mathfrak{j}_1 \mathfrak{j}_2 + \mathfrak{j}_1 \mathfrak{j}_x}{(\mathfrak{j} + \mathfrak{j}_1)\mathfrak{j}_2 + (\mathfrak{j} + \mathfrak{j}_1 + \mathfrak{j}_2)\mathfrak{j}_x}; \tag{12}$$

$$\mathfrak{i}_1 = \mathfrak{j}_1 \frac{\mathfrak{j}\mathfrak{j}_2 + (\mathfrak{j} + \mathfrak{j}_2)\mathfrak{j}_x}{(\mathfrak{j} + \mathfrak{j}_1)\mathfrak{j}_2 + (\mathfrak{j} + \mathfrak{j}_1 + \mathfrak{j}_2)\mathfrak{j}_x}; \tag{13}$$

$$\mathfrak{i}_2 = \mathfrak{j}_2 \frac{\mathfrak{j}_1 \mathfrak{j}_x}{(\mathfrak{j} + \mathfrak{j}_1)\mathfrak{j}_2 + (\mathfrak{j} + \mathfrak{j}_1 + \mathfrak{j}_2)\mathfrak{j}_x}. \tag{14}$$

Die Scheinleitwerte $\frac{1}{\mathfrak{E}} \cdot \mathfrak{j}$ bzw. $\mathfrak{j}_1 \mathfrak{j}_2$ sind vorstehend als bekannt und $\mathfrak{j}_x$ als veränderlich angenommen. Tatsächlich sind aber die Vektoren $\mathfrak{j}$, $\mathfrak{j}_1$, $\mathfrak{j}_2$ ideelle Konstanten, welche sich der direkten Messung entziehen, während $\mathfrak{j}_x$ gemessen werden kann. Die Vektoren $\mathfrak{j}$, $\mathfrak{j}_1$, $\mathfrak{j}_2$ können aber aus den Resultaten von Leerlauf- und Kurzschlußversuchen bestimmt werden, und zwar kann man bei diesen Versuchen den Transformator sowohl von links (Primärseite) wie von rechts (Sekundärseite) her speisen. Im letzteren Falle ist der regelbare Scheinleitwert $\frac{\mathfrak{j}_x}{\mathfrak{E}}$ auf die linke Seite der Abb. 97 zu schaffen. Zur Unterscheidung soll er hier mit $\frac{\mathfrak{j}_y}{\mathfrak{E}}$ und die Netzspannung in allen Fällen mit $\mathfrak{E}$ bezeichnet werden. Die Bezeichnung der Leerlauf- und Kurzschlußströme $\mathfrak{l}_1$, $\mathfrak{l}_2$, $\mathfrak{k}_1$, $\mathfrak{k}_2$, $\mathfrak{k}_3$, $\mathfrak{k}_4$ sowie der Spannungen e_l, e_{1l}, e_k, e_{1k}, e_{2k}, $\mathfrak{E}_{2l}$ sind aus den Abb. 99 bis 102 zu ersehen, welche die vier möglichen Versuche schematisch darstellen. Die ungeraden Indizes gelten dabei für die Speisung von links, die geraden für die Speisung von rechts. Zur Bestimmung der drei Vektoren $\mathfrak{j}$, $\mathfrak{j}_1$, $\mathfrak{j}_2$ sind jedoch nur drei beliebige der sechs meßbaren Vektoren $\mathfrak{l}_1$, $\mathfrak{l}_2$, $\mathfrak{k}_1$, $\mathfrak{k}_2$,

$\mathfrak{k}_3$, $\mathfrak{k}_4$ erforderlich. Da aber die nachfolgende Rechnung ergibt, daß stets $\mathfrak{k}_3 = \mathfrak{k}_4$ ist, so sind nur noch fünf derselben verfügbar. Daraus lassen sich zehn Permutationen von je drei Größen bilden, nämlich

$$\mathfrak{k}_1, \mathfrak{k}_2, \mathfrak{k}_3, \quad \mathfrak{k}_1\, \mathfrak{k}_2 {<}{\mathfrak{l}_1 \atop \mathfrak{l}_2}, \quad \mathfrak{k}_1\, \mathfrak{k}_3 {<}{\mathfrak{l}_1 \atop \mathfrak{l}_2}, \quad \mathfrak{k}_2\, \mathfrak{k}_3 {<}{\mathfrak{l}_1 \atop \mathfrak{l}_2}, \quad \mathfrak{l}_1\, \mathfrak{l}_2 {<}{\mathfrak{k}_1 \atop \mathfrak{k}_3}\mathfrak{k}_2.$$

Sind aber drei dieser fünf Größen bekannt, so sind dadurch nicht nur die Größen $\mathfrak{j}$, $\mathfrak{j}_1$, $\mathfrak{j}_2$ bestimmt, sondern auch die noch fehlende

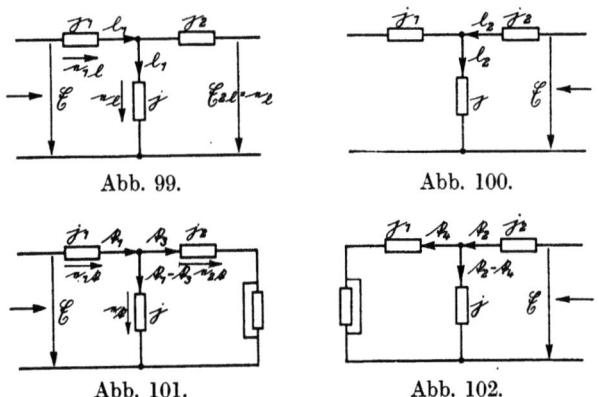

Abb. 99.   Abb. 100.

Abb. 101.   Abb. 102.

vierte und fünfte gegeben, denn die Eigenschaften des Transformators sind ja durch die Werte $\mathfrak{j}$, $\mathfrak{j}_1$, $\mathfrak{j}_2$ eindeutig bestimmt. Setzt man in den Gl. (8) bis (14) nacheinander $\mathfrak{j}_x = 0$, $\mathfrak{j}_y = 0$, $\mathfrak{j}_x = \infty$, $\mathfrak{j}_y = \infty$, so erhält man für

Gl.(8),(9) u.(10) $\mathfrak{j}_x = 0$: $\quad \mathfrak{e}_\mathfrak{l} = \mathfrak{E}\dfrac{\mathfrak{j}_1}{\mathfrak{j} + \mathfrak{j}_1}; \quad \mathfrak{e}_{1\mathfrak{l}} = \mathfrak{E}\dfrac{\mathfrak{j}}{\mathfrak{j} + \mathfrak{j}_1}; \quad \mathfrak{e}_{2\mathfrak{l}} = 0;$ (15)

Gl. (11) $\mathfrak{j}_x = 0$: $\mathfrak{E}_{2\mathfrak{l}} = \mathfrak{E}\dfrac{\mathfrak{j}_1}{\mathfrak{j} + \mathfrak{j}_1};$ (16)

Gl. (8),(9) u. 10 $\begin{cases} \mathfrak{j}_x = \infty: \; \mathfrak{e}_\mathfrak{l} = \mathfrak{E}\dfrac{\mathfrak{j}_1}{\mathfrak{j} + \mathfrak{j}_1 + \mathfrak{j}_2}; \quad \mathfrak{e}_{1\mathfrak{l}} = \mathfrak{E}\dfrac{\mathfrak{j} + \mathfrak{j}_2}{\mathfrak{j} + \mathfrak{j}_1 + \mathfrak{j}_2}; \\ \mathfrak{e}_{2\mathfrak{l}} = \mathfrak{E}\dfrac{\mathfrak{j}_1}{\mathfrak{j} + \mathfrak{j}_1 + \mathfrak{j}_2}; \end{cases}$ (17)

Gl. (13) $\mathfrak{j}_x = 0$: $\mathfrak{l}_1 = \dfrac{\mathfrak{j}\mathfrak{j}_1}{\mathfrak{j} + \mathfrak{j}_1};$ (18)

Gl. (13) $\quad j_y = 0: \quad l_2 = \dfrac{i j_2}{j + j_2}$ (j_2 gegen j_1 vertauscht); (19)

Gl. (13) $\quad j_x = \infty: \quad \mathfrak{k}_1 = j_1 \dfrac{j + j_2}{j + j_1 + j_2};$ (20)

Gl. (13) $\quad j_y = \infty: \quad \mathfrak{k}_2 = j_2 \dfrac{j + j_1}{j + j_1 + j_2}$ (j_2 gegen j_1 vertauscht); (21)

Gl. (14) $\quad j_x = \infty: \quad \mathfrak{k}_3 = \dfrac{j_1 j_2}{j + j_1 + j_2}$ (22)

Gl. (14) $\quad j_y = \infty: \quad \mathfrak{k}_4 = \dfrac{j_1 j_2}{j + j_1 + j_2}$ (j_2 gegen j_1 vertauscht). (23)

daher ist stets $\mathfrak{k}_3 = \mathfrak{k}_4$

Es mögen nun die obengenannten 10 Fälle durchgerechnet werden, wobei einige derselben aus Symmetriegründen durch Vertauschung der betreffenden Indizes bestimmt werden können. Die letztgenannten Resultate sind in Klammern gesetzt.

a) Gegeben $\mathfrak{k}_1, \mathfrak{k}_2, \mathfrak{k}_3$.
Aus den Gl. (20), (21), (22)

$$\mathfrak{k}_1 = j_1 \dfrac{j + j_2}{j + j_1 + j_2} \ (20); \quad \mathfrak{k}_2 = j_2 \dfrac{j + j_1}{j + j_1 + j_2} \ (21); \quad \mathfrak{k}_3 = \dfrac{j_1 j_2}{j + j_1 + j_2} \ (22)$$

ergibt sich

$$\dfrac{\mathfrak{k}_1}{\mathfrak{k}_3} = \dfrac{j + j_2}{j_2}; \quad j_2 = j \dfrac{\mathfrak{k}_3}{\mathfrak{k}_1 - \mathfrak{k}_3}; \tag{24}$$

$$\dfrac{\mathfrak{k}_2}{\mathfrak{k}_3} = \dfrac{j + j_1}{j_1}; \quad j_1 = j \dfrac{\mathfrak{k}_3}{\mathfrak{k}_2 - \mathfrak{k}_3}. \tag{25}$$

Diese Werte in Gl. (22) eingesetzt gibt

$$j = \dfrac{\mathfrak{k}_1 \mathfrak{k}_2 - \mathfrak{k}_3^2}{\mathfrak{k}_3}; \tag{26}$$

$$j_1 = \dfrac{\mathfrak{k}_1 \mathfrak{k}_2 - \mathfrak{k}_3^2}{\mathfrak{k}_2 - \mathfrak{k}_3}; \tag{27}$$

$$j_2 = \dfrac{\mathfrak{k}_1 \mathfrak{k}_2 - \mathfrak{k}_3^2}{\mathfrak{k}_1 - \mathfrak{k}_3}. \tag{28}$$

b) Gegeben $l_1, \mathfrak{k}_1, \mathfrak{k}_3, (l_2, \mathfrak{k}_2, \mathfrak{k}_3)$.
Aus den Gl. (18), (20), (22)

$$l_1 = \dfrac{j j_1}{j + j_1} \ (18); \quad \mathfrak{k}_1 = j_1 \dfrac{j + j_2}{j + j_1 + j_2} \ (20); \quad \mathfrak{k}_3 = \dfrac{j_1 j_2}{j + j_1 + j_2} \ (22)$$

ergibt sich

$$\frac{\mathfrak{k}_1}{\mathfrak{k}_3} = \frac{j + j_2}{j_2}; \quad j_2 = j\frac{\mathfrak{k}_3}{\mathfrak{k}_1 - \mathfrak{k}_3}; \quad j_1 = j\frac{\mathfrak{l}_1}{j - \mathfrak{l}_1};$$

$$j = \mathfrak{l}_1 \frac{\mathfrak{k}_3}{\mathfrak{k}_1 - \mathfrak{l}_1} \left(= \mathfrak{l}_2 \frac{\mathfrak{k}_3}{\mathfrak{k}_2 - \mathfrak{l}_2}\right); \tag{29}$$

$$j_1 = \mathfrak{l}_1 \frac{\mathfrak{k}_3}{\mathfrak{k}_3 - \mathfrak{k}_1 + \mathfrak{l}_1} \left(= \mathfrak{l}_2 \frac{\mathfrak{k}_3^2}{(\mathfrak{k}_2 - \mathfrak{l}_2)(\mathfrak{k}_2 - \mathfrak{k}_3)}\right); \tag{30}$$

$$j_2 = \mathfrak{l}_1 \frac{\mathfrak{k}_3^2}{(\mathfrak{k}_1 - \mathfrak{l}_1)(\mathfrak{k}_1 - \mathfrak{k}_3)} \left(= \mathfrak{l}_2 \frac{\mathfrak{k}_3}{\mathfrak{k}_3 - \mathfrak{k}_2 + \mathfrak{l}_2}\right). \tag{31}$$

c) Gegeben $\mathfrak{l}_2, \mathfrak{k}_1, \mathfrak{k}_3, (\mathfrak{l}_1, \mathfrak{k}_2, \mathfrak{k}_3)$.

Aus den Gl. (19), (20), (22)

$$\mathfrak{l}_2 = \frac{j j_2}{j + j_2} \; (19); \quad \mathfrak{k}_1 = j_1 \frac{j + j_2}{j + j_1 + j_2} \; (20); \quad \mathfrak{k}_3 = \frac{j_1 j_2}{j + j_1 + j_2} \; (22)$$

ergibt sich

$$\frac{\mathfrak{k}_1}{\mathfrak{k}_3} = \frac{j + j_2}{j_2}; \quad j_2 = j\frac{\mathfrak{k}_3}{\mathfrak{k}_1 - \mathfrak{k}_3} = i\frac{\mathfrak{l}_2}{j - \mathfrak{l}_2};$$

$$j = \mathfrak{l}_2 \frac{\mathfrak{k}_1}{\mathfrak{k}_3} \left(= \frac{\mathfrak{l}_1 \mathfrak{k}_2}{\mathfrak{k}_3}\right); \tag{32}$$

$$j_1 = \mathfrak{l}_2 \frac{\mathfrak{k}_1^2}{\mathfrak{l}_2 \mathfrak{k}_1 - \mathfrak{k}_3(\mathfrak{k}_1 - \mathfrak{k}_3)} \left(= \mathfrak{l}_1 \frac{\mathfrak{k}_2}{\mathfrak{k}_2 - \mathfrak{k}_3}\right); \tag{33}$$

$$j_2 = \mathfrak{l}_2 \frac{\mathfrak{k}_1}{\mathfrak{k}_1 - \mathfrak{k}_3} \left(= \mathfrak{l}_1 \frac{\mathfrak{k}_2^2}{\mathfrak{l}_1 \mathfrak{k}_2 - \mathfrak{k}_3(\mathfrak{k}_2 - \mathfrak{k}_3)}\right). \tag{34}$$

d) Gegeben $\mathfrak{l}_1, \mathfrak{l}_2, \mathfrak{k}_1, (\mathfrak{l}_2, \mathfrak{l}_1, \mathfrak{k})$.

Aus den Gl. (18), (19), (20)

$$\mathfrak{l}_1 = \frac{j j_1}{j + j_1} \; (18); \quad \mathfrak{l}_2 = \frac{j j_2}{j + j_2} \; (19); \quad \mathfrak{k}_1 = j_1 \frac{j + j_2}{j + j_1 + j_2} \; (20)$$

ergibt sich

$$j_1 = \mathfrak{l}_1 \frac{j}{j - \mathfrak{l}_1}; \quad j_2 = \mathfrak{l}_2 \frac{j}{j - \mathfrak{l}_2}; \quad \mathfrak{k}_1 = \mathfrak{l}_1 \frac{j^2}{j^2 - \mathfrak{l}_1 \mathfrak{l}_2};$$

$$j^2 = \frac{\mathfrak{l}_1 \mathfrak{l}_2 \mathfrak{k}_1}{\mathfrak{k}_1 - \mathfrak{l}_1} \left(= \frac{\mathfrak{l}_1 \mathfrak{l}_2 \mathfrak{k}_2}{\mathfrak{k}_2 - \mathfrak{l}_2}\right). \tag{35}$$

---

[1] Dieses Zeichen deutet die Entstehung der eingeklammerten Gleichungen durch Vertauschung der Indizes 1 und 2 an.

Aus dieser quadratischen Vektorgleichung ist zunächst j zu bestimmen, dann ist

$$j_1 = l_1 \frac{j}{j - l_1}; \qquad (36)$$

$$j_2 = l_2 \frac{j}{j - l_2}. \qquad (37)$$

e) Gegeben f_1, f_2, l_1, (f_2, f_1, l_2).

Nach Gl. (32) ist $l_2 f_1 = l_1 f_2$, daher kann Gl. (35) auch geschrieben werden:

$$j^2 = l_1 \frac{l_1 f_2}{f_1 - l_1} \left(= l_2 \frac{l_2 f_1}{f_2 - l_2} \right). \qquad (38)$$

Aus dieser quadratischen Vektorgleichung ist zunächst j zu bestimmen, ferner ist nach

Gl. (35) $\qquad j_1 = j \frac{l_1}{j - l_1} \left(= j \frac{f_1 l_2}{j f_2 - f_1 l_2} \right); \qquad (39)$

$\times$[1])

Gl. (20), (21), (39) $\qquad j_2 = j \frac{f_2 l_1}{j f_1 - f_2 l_1} \left(= j \frac{l_2}{j - l_2} \right). \qquad (40)$

f) Gegeben f_3, l_1, l_2.

Aus den Gl. (18), (19), (22)

$$l_1 = \frac{j j_1}{j + j_1} \ (18); \quad l_2 = \frac{j j_2}{j + j_2} \ (19); \quad f_3 = \frac{j_1 j_2}{j + j_1 + j_2} \ (22)$$

ergibt sich

$$j_1 = \frac{j l_1}{j - l_1}; \qquad j_2 = \frac{j l_2}{j - l_2}; \qquad f_3 = \frac{j l_1 l_2}{j^2 - l_1 l_2};$$

$$j^2 - j \frac{l_1 l_2}{f_3} = l_1 l_2. \qquad (41)$$

Aus dieser quadratischen Vektorgleichung ist zunächst j zu bestimmen, dann ist

$$j_1 = l_1 \frac{j}{j - l_1}; \qquad (42)$$

$$j_2 = l_2 \frac{j}{j - l_2}. \qquad (43)$$

---

[1]) Dieses Zeichen deutet die Entstehung der eingeklammerten Gleichungen durch Vertauschung der Indizes 1 und 2 an.

194   Leerlauf- und Kurzschlußströme.

Aus den Dreifachgleichungen (29) und (32) ergibt sich

$$\text{a)} \qquad \text{b)} \qquad \text{c)} \qquad \text{d)}$$
$$\mathfrak{j} = \frac{\mathfrak{l}_1\,\mathfrak{k}_3}{\mathfrak{k}_1 - \mathfrak{l}_1} = \frac{\mathfrak{l}_2\,\mathfrak{k}_3}{\mathfrak{k}_2 - \mathfrak{l}_2} = \frac{\mathfrak{l}_2\,\mathfrak{k}_1}{\mathfrak{k}_3} = \frac{\mathfrak{l}_1\,\mathfrak{k}_2}{\mathfrak{k}_3}$$

und aus

c) d) $\left\{ \dfrac{\mathfrak{l}_1}{\mathfrak{k}_1} = \dfrac{\mathfrak{l}_2}{\mathfrak{k}_2};\quad \mathfrak{l}_1 = \dfrac{\mathfrak{l}_2\,\mathfrak{k}_1}{\mathfrak{k}_2};\quad \mathfrak{l}_2 = \dfrac{\mathfrak{l}_1\,\mathfrak{k}_2}{\mathfrak{k}_1};\quad \mathfrak{k}_1 = \mathfrak{k}_2\dfrac{\mathfrak{l}_1}{\mathfrak{l}_2};\quad \mathfrak{k}_2 = \mathfrak{k}_1\dfrac{\mathfrak{l}_2}{\mathfrak{l}_1}; \right.$

b) c) $\left\{ \begin{array}{l} \dfrac{\mathfrak{k}_3}{\mathfrak{k}_2 - \mathfrak{l}_2} = \dfrac{\mathfrak{l}_1}{\mathfrak{k}_3};\quad \mathfrak{k}_3^2 = \mathfrak{l}_1(\mathfrak{k}_2 - \mathfrak{l}_2);\quad \mathfrak{l}_1 = \dfrac{\mathfrak{k}_3^2}{\mathfrak{k}_2 - \mathfrak{l}_2};\quad \mathfrak{l}_2 = \dfrac{\mathfrak{l}_1\,\mathfrak{k}_2 + \mathfrak{k}_3^2}{\mathfrak{k}_1}; \\[2ex] \mathfrak{l}_2 = \dfrac{\mathfrak{k}_1\,\mathfrak{k}_2 - \mathfrak{k}_3^2}{\mathfrak{k}_1}; \end{array} \right.$

a) c) $\left\{ \begin{array}{l} \dfrac{\mathfrak{l}_1\,\mathfrak{k}_3}{\mathfrak{k}_1 - \mathfrak{l}_1} = \mathfrak{l}_2\dfrac{\mathfrak{k}_1}{\mathfrak{k}_3};\quad \mathfrak{k}_3^2 = \dfrac{\mathfrak{l}_2}{\mathfrak{l}_1}\mathfrak{k}_1(\mathfrak{k}_1 - \mathfrak{l}_1);\quad \mathfrak{k}_1^2 - \mathfrak{k}_1\,\mathfrak{l}_1 = \dfrac{\mathfrak{l}_1}{\mathfrak{l}_2}\mathfrak{k}_3^2; \\[2ex] \mathfrak{l}_1 = \dfrac{\mathfrak{l}_2\,\mathfrak{k}_1^2}{\mathfrak{l}_2\,\mathfrak{k}_1 + \mathfrak{k}_3^2};\quad \mathfrak{l}_2 = \dfrac{\mathfrak{l}_1\,\mathfrak{k}_3^2}{\mathfrak{k}_1(\mathfrak{k}_1 - \mathfrak{l}_1)}; \end{array} \right.$

a) d) $\left\{ \begin{array}{l} \dfrac{\mathfrak{k}_3}{\mathfrak{k}_1 - \mathfrak{l}_1} = \dfrac{\mathfrak{l}_2}{\mathfrak{k}_3};\quad \mathfrak{k}_3^2 = \mathfrak{l}_2(\mathfrak{k}_1 - \mathfrak{l}_1);\quad \mathfrak{l}_1 = \dfrac{\mathfrak{l}_1\,\mathfrak{k}_2 + \mathfrak{k}_3^2}{\mathfrak{k}_2};\quad \mathfrak{l}_2 = \dfrac{\mathfrak{k}_3^2}{\mathfrak{k}_1 - \mathfrak{l}_1}; \\[2ex] \mathfrak{l}_1 = \dfrac{\mathfrak{k}_1\,\mathfrak{k}_2 - \mathfrak{k}_3^2}{\mathfrak{k}_2}; \end{array} \right.$

b) d) $\left\{ \begin{array}{l} \dfrac{\mathfrak{l}_2\,\mathfrak{k}_3}{\mathfrak{k}_2 - \mathfrak{l}_2} = \dfrac{\mathfrak{l}_1\,\mathfrak{k}_2}{\mathfrak{k}_3};\quad \mathfrak{k}_3^2 = \dfrac{\mathfrak{l}_1}{\mathfrak{l}_2}\mathfrak{k}_2(\mathfrak{k}_2 - \mathfrak{l}_2);\quad \mathfrak{k}_2^2 - \mathfrak{k}_2\,\mathfrak{l}_2 = \dfrac{\mathfrak{l}_2}{\mathfrak{l}_1}\mathfrak{k}_3^2; \\[2ex] \mathfrak{l}_1 = \dfrac{\mathfrak{l}_2\,\mathfrak{k}_3^2}{\mathfrak{k}_2(\mathfrak{k}_2 - \mathfrak{l}_2)};\quad \mathfrak{l}_2 = \dfrac{\mathfrak{l}_1\,\mathfrak{k}_2^2}{\mathfrak{l}_1\,\mathfrak{k}_2 + \mathfrak{k}_3^2}. \end{array} \right.$

Diese Beziehungen zwischen den Vektorgrößen $\mathfrak{j}$, $\mathfrak{j}_1$, $\mathfrak{j}_2$ und $\mathfrak{l}_1, \mathfrak{l}_2, \mathfrak{k}_1, \mathfrak{k}_2, \mathfrak{k}_3$ sowie der letzteren untereinander sind in der nachstehenden Formeltabelle (S. 195) übersichtlich zusammengestellt. Einige dieser Beziehungen führen zu quadratischen Vektorgleichungen (in der Tabelle stark umrahmt), deren Lösung in Abschnitt J eingehend behandelt ist.

Die Richtigkeit der entwickelten Formeln wurde durch einen Versuch nachgeprüft. Dabei wurde ein Transformator (Übersetzung 1:1) mit absichtlich sehr großer Streuung benutzt, um verhältnismäßig große Leerlaufströme zu erhalten. Ferner wurde die Sekundärstreuung durch einen Luftspalt innerhalb der Sekundärwicklung gegenüber der Primärstreuung künstlich vergrößert, um

Leerlauf- und Kurzschlußströme.

Nr.	Durch Versuche ermittelt $\mathfrak{k}_1$	$\mathfrak{k}_2$	L_1	L_2	L_3	i	i_1	i_2	$\mathfrak{k}_1$	$\mathfrak{k}_2$	$\mathfrak{k}_3$	L_1	L_2
1	$\mathfrak{k}_1$	$\mathfrak{k}_2$	L_1	—	—	$\dfrac{\mathfrak{k}_1 L_2 - \mathfrak{k}_3^2}{L_1 L_2 - L_3^2}$	$\dfrac{\mathfrak{k}_1 L_2 - \mathfrak{k}_3^2}{L_2}$	$\dfrac{\mathfrak{k}_1 L_2 - \mathfrak{k}_3^2}{L_1}$	—	—	—	$\dfrac{\mathfrak{k}_1 L_3^2 - \mathfrak{k}_3^2}{L_1 L_2 - \mathfrak{k}_3^2}$	$\dfrac{\mathfrak{k}_1 L_2^2 - \mathfrak{k}_3^2}{L_1 L_2 - \mathfrak{k}_3^2}$
2	$\mathfrak{k}_1$	—	—	—	$\mathfrak{k}_3$	$i^2 = \dfrac{L_2^2 \mathfrak{k}_1}{L_1} - L_1$	$\dfrac{L_1 i}{i - L_1}$	$\dfrac{L_1 \mathfrak{k}_2 i}{i L_1 - L_2 L_1}$	—	—	$\mathfrak{k}_3^2 = L_2(\mathfrak{k}_1 - L_1)$	—	—
3	$\mathfrak{k}_1$	—	—	L_2	—	$i^2 = \dfrac{\mathfrak{k}_2 L_1}{L_2} - L_1$	$\dfrac{L_2 i L_1}{i L_2 - \mathfrak{k}_2 L_1}$	$\dfrac{L_2 i}{i - L_2}$	$\dfrac{L_2 \mathfrak{k}_1 - L_1^2}{L_2}$	—	$\mathfrak{k}_3^2 = L_1(\mathfrak{k}_2 - L_2)$	—	—
4	$\mathfrak{k}_1$	—	—	—	$\mathfrak{k}_3$	$\dfrac{L_1 \mathfrak{k}_3^2}{\mathfrak{k}_3^2 - L_1} $	$\dfrac{L_1 \mathfrak{k}_3}{\mathfrak{k}_3 - L_1} + L_1(\mathfrak{k}_1 - L_1)$	$\dfrac{L_1 \mathfrak{k}_3^2}{(\mathfrak{k}_1 - L_1)(\mathfrak{k}_3 - L_1)}$	—	$\dfrac{\mathfrak{k}_3^2}{\mathfrak{k}_1} - L_1$	—	—	$\mathfrak{k}_1(\mathfrak{k}_1 - L_1)$
5	$\mathfrak{k}_1$	—	—	L_2	—	$\dfrac{\mathfrak{k}_2 L_1}{L_2} - L_1$	$\dfrac{\mathfrak{k}_2}{L_2} \cdot \dfrac{L_1 \mathfrak{k}_3}{\mathfrak{k}_3 - L_2}$	$\dfrac{L_2 \mathfrak{k}_3}{\mathfrak{k}_3 - L_2}$	—	—	—	—	—
6	—	—	—	—	$\mathfrak{k}_3$	$\dfrac{L_2 \mathfrak{k}_3}{\mathfrak{k}_2 - L_2}$	$\dfrac{L_1 \mathfrak{k}_3^2}{\mathfrak{k}_2 L_1 - L_3^2(L_1 - L_3)}$	$\dfrac{L_2 \mathfrak{k}_3}{\mathfrak{k}_2 - L_2}$	$L_1 L_2 + \dfrac{\mathfrak{k}_3^2}{L_2}$	—	—	$L_1 L_2 + \dfrac{\mathfrak{k}_3^2}{L_1}$	—
7	—	—	—	L_2	$\mathfrak{k}_3$	$\dfrac{L_2 \mathfrak{k}_3}{\mathfrak{k}_2 - L_2} - L_2$	$\dfrac{L_1 \mathfrak{k}_2 - L_2 \mathfrak{k}_3(L_1 - L_3)}{L_2 L_3 - L_3}$	$\dfrac{L_2 \mathfrak{k}_3}{\mathfrak{k}_3 - L_2} + L_2$	—	—	—	—	—
8	$\mathfrak{k}_1$	—	L_1	L_2	—	$i^2 = \dfrac{L_1 L_2 \mathfrak{k}_1}{\mathfrak{k}_1} - L_1$	$\dfrac{L_1 i}{i - L_1}$	$\dfrac{L_2 i}{i - L_2}$	—	$\dfrac{L_1 L_2}{L_1}$	$\dfrac{L_2}{\mathfrak{k}_3^2} = \dfrac{\mathfrak{k}_1(L_1 - L_1)}{L_1}$	—	—
9	—	—	L_1	L_2	—	$\dfrac{L_1 L_2}{\mathfrak{k}_2 - L_2}$	$\dfrac{L_1 i}{i - L_1}$	$\dfrac{L_2 i}{i - L_2}$	—	—	$\mathfrak{k}_3^2 = \mathfrak{k}_2(\mathfrak{k}_2 - L_2)$	—	—
10	—	—	—	L_2	$\mathfrak{k}_3$	$i^2 = \dfrac{i L_2}{j - L_2} = L_1 L_2$	$\dfrac{L_2 i}{i - L_1}$	$\dfrac{L_2 i}{j - L_2}$	$\mathfrak{k}_1 - L_1 = \dfrac{L_1}{L_2}\mathfrak{k}_3^2 - \mathfrak{k}_2 L_2 = \dfrac{L_2 \mathfrak{k}_3^2}{L_1}$	—	—	—	—

Die stark umrahmten Formeln erfordern die Lösung quadratischer Vektorgleichungen.

13*

möglichst verschiedene Phasenwinkel der Leerlauf- und Kurzschlußströme zu erhalten.

Speisung des Transformators	Es wurden gemessen für $\mathfrak{E} = 18$ Volt	
→	$\mathfrak{E}_{2l} = 11{,}2$ Volt	
→	$\mathfrak{l}_1 = 0{,}55$ Amp	$\cos \mathfrak{l}_1, \mathfrak{E} = 0{,}28$
←	$\mathfrak{l}_3 = 0{,}77$ „	$\cos \mathfrak{l}_2, \mathfrak{E} = 0{,}35$
→	$\mathfrak{k}_1 = 1{,}23$ „	$\cos \mathfrak{k}_1, \mathfrak{E} = 0{,}445$
←	$\mathfrak{k}_2 = 1{,}73$ „	$\cos \mathfrak{k}_2, \mathfrak{E} = 0{,}51$
→	$\mathfrak{k}_3 = 1{,}078$ ⎫ $\sim 1{,}082$ A	$\cos \mathfrak{k}_3, \mathfrak{E} = 0{,}538$ ⎫ $\sim 0{,}533$
←	$\mathfrak{k}_4 = 1{,}086$ ⎭	$\cos \mathfrak{k}_4, \mathfrak{E} = 0{,}529$ ⎭

Der Abb. 103 sind nun die gemessenen Werte von $\mathfrak{l}_1$, $\mathfrak{k}_1$, $\mathfrak{k}_2$ zugrunde gelegt. Dann ergibt sich $\mathfrak{E}_{2l} = 11{,}4$ Volt statt $11{,}2$ Volt,

$$\mathfrak{l}_2 = \mathfrak{l}_1 \frac{\mathfrak{k}_2}{\mathfrak{k}_1} = 0{,}55 \frac{1{,}73}{1{,}23} = 0{,}774 \text{ statt } 0{,}77 \text{ Amp.}$$

Ferner ergibt die Zeichnung $\mathfrak{k}_1 - \mathfrak{l}_1 = 0{,}693$ Amp, daher

$$|\mathfrak{k}_3| = \sqrt{|\mathfrak{k}_1 - \mathfrak{l}_1| \cdot |\mathfrak{k}_2|} = \sqrt{0{,}693 \cdot 1{,}73} = 1{,}10 \text{ statt } 1{,}082 \text{ Amp.}$$

Diese Werte wie auch die Phasenwinkel der Ströme [$\sphericalangle \mathfrak{l}_2, \mathfrak{k}_2$ muß gleich $\sphericalangle \mathfrak{l}_1, \mathfrak{k}_1$ sein, und ferner muß $\mathfrak{k}_3$ den $\sphericalangle (\mathfrak{k}_1 - \mathfrak{l}_1), \mathfrak{k}_2$ halbieren] stimmen innerhalb der Meßgenauigkeit mit den gemessenen Werten hinreichend überein, zumal die Formeln den Sättigungsgrad des Eisens nicht berücksichtigen können.

Ermittlung der Kreisdiagramme.

Gl. (8)
$$e = \mathfrak{E} \frac{j_1 j_2 + j_1 j_x}{(j + j_1) j_2 + (j + j_1 + j_2) j_x}$$

ist nach Abschnitt L c, 1 eine Kreisgleichung.

Für $j_x = 0$ ist $e_l = \mathfrak{E} \dfrac{j_1}{j + j_1}$ und für $j_x = \infty$ $e_f = \mathfrak{E} \dfrac{j_1}{j + j_1 + j_2}$.

Daher kann man schreiben:

$$\frac{j_x}{j_2 \dfrac{j + j_1}{j + j_1 + j_2}} = \frac{e - e_l}{e_f - e}. \tag{44}$$

Nach Gl. (21) ist ferner $j_2 \dfrac{j + j_1}{j + j_1 + j_2} = \mathfrak{k}_2$, daher

$$\frac{j_x}{\mathfrak{k}_2} = \frac{e - e_l}{e_f - e}. \tag{45}$$

Kreisdiagramme.

In gleicher Weise entsteht aus den Gl. (9) bis (14)

$$\frac{j_x}{f_2} = \frac{e_1 - e_{1l}}{e_{1l} - e_1}; \tag{46}$$

$$\frac{j_x}{f_2} = \frac{e_2 - e_{2l}}{e_{2l} - e_2}; \tag{47}$$

$$\frac{j_x}{f_2} = \frac{\mathfrak{E}_2 - \mathfrak{E}_{2l}}{\mathfrak{E}_{2l} - \mathfrak{E}_2} = \frac{\mathfrak{E}_{2l} - \mathfrak{E}_2}{\mathfrak{E}_2}, \quad \text{da } \mathfrak{E}_{2l} = 0 \text{ ist;} \tag{48}$$

$$\frac{j_x}{f_2} = \frac{i - l_1}{(f_1 - f_3) - i}; \tag{49}$$

$$\frac{j_x}{f_2} = \frac{i_1 - l_1}{f_1 - i_1}; \tag{50}$$

$$\frac{j_x}{f_2} = \frac{i_2 - 0}{f_3 - i_2} \quad \text{(bei Leerlauf ist } i_2 = 0\text{).} \tag{51}$$

Von den Gl. (45) bis (51), die ohne weiteres als Kreisgleichungen zu erkennen sind, haben die durch Gl. (45) bis (47) gegebenen geringeres praktisches Interesse, da die ideellen Teilspannungen e, e_1, e_2 ebenso wie die Scheinleitwerte j, j_1, j_2 sich der direkten Messung entziehen. Dagegen ist das Diagramm der Sekundärspannung $\mathfrak{E}_2$ [Gl. (48)] sowie diejenigen der Ströme i, i_1, i_2 [Gl. (49) bis (51)] von Bedeutung. Zur Aufzeichnung des ersteren ist nach Gl. (48) $\frac{j_x}{f_2} = \frac{\mathfrak{E}_2 - \mathfrak{E}_{2l}}{0 - \mathfrak{E}_2}$ die Kenntnis der sekundären Leerlaufspannung $\mathfrak{E}_{2l}$ erforderlich. Diese ist nach Größe und Phase leicht zu messen oder nach den Gl. (16), (21), (22) zu bestimmen:

$$\mathfrak{E}_{2l} = \mathfrak{E} \frac{j_1}{j + j_1} = \mathfrak{E} \frac{f_3}{f_2}. \tag{52}$$

In Abb. 103 und 104 sind die Kreisdiagramme in der gleichen Weise entwickelt wie in den Abb. 81 b und c. Für einen bestimmten Wert j_x sind die Vektoren $\mathfrak{E}_2$, i, i_1, i_2 in Abb. 103 eingetragen, und in Abb. 104 ist das vereinfachte Kreisdiagramm dargestellt, in dem durch einen einzigen der Belastung j_x entsprechenden Leitstrahl alle vier gesuchten Vektoren gefunden werden. Da die linken Seiten der Gl. (45 bis 51) identisch sind, so müssen sämtliche Kreisdreiecke einschließlich der Kreisbogen und Kreismittelpunkte ähnliche Figuren darstellen, wie auch die Abbildungen zeigen.

Zur Konstruktion der Abb. 103 diene folgendes:

Da der Vektor $\mathfrak{l}_2$ in keiner der Gl. (45) bis (51) vorkommt, möge auf die Messung von $\mathfrak{l}_2$ verzichtet sein; dagegen sollen $\mathfrak{l}_1$, $\mathfrak{f}_1$, $\mathfrak{f}_2$ bekannt sein. Die Konstruktion von $\mathfrak{l}_2$ bietet übrigens keine Schwierigkeiten, da die Dreiecke $\mathfrak{l}_1, \mathfrak{l}_2$ und $\mathfrak{f}_1, \mathfrak{f}_2$ ähnlich sind $\left(\text{s. Formeltabelle S. 195 } \mathfrak{l}_2 = \mathfrak{l}_1 \frac{\mathfrak{f}_2}{\mathfrak{f}_1}\right)$. Zur Konstruktion von $\mathfrak{f}_3$ benutzen wir die (quadratische) Vektorgleichung $\mathfrak{f}_3^2 = \mathfrak{f}_2(\mathfrak{f}_1 - \mathfrak{l}_1)$ (s. die gleiche Tabelle) und konstruieren $\mathfrak{f}_1 - \mathfrak{l}_1$ (in Abb. 103 gestrichelt); dann muß $\mathfrak{f}_3$ auf der Winkelhalbierenden zwischen $\mathfrak{f}_1 - \mathfrak{l}_1$ und $\mathfrak{f}_2$ liegen und der Betrag von $|\mathfrak{f}_3| = +\sqrt{|\mathfrak{f}_1 - \mathfrak{l}_1| |\mathfrak{f}_2|}$ sein. Der negative Wurzelwert kommt nicht in Frage, da einem negativen $\mathfrak{f}_3$ auch ein negatives

$$\mathfrak{j} = \frac{\mathfrak{f}_1 \mathfrak{f}_2 - \mathfrak{f}_3^2}{\mathfrak{f}_3}$$

entsprechen und der gemeinsame Fluß in diesem Falle Wirk- und Blindleistung erzeugen statt aufnehmen würde. $\mathfrak{j}$ und $\mathfrak{f}_3$ müssen daher im ersten Quadranten gegenüber $\mathfrak{E}$ liegen.

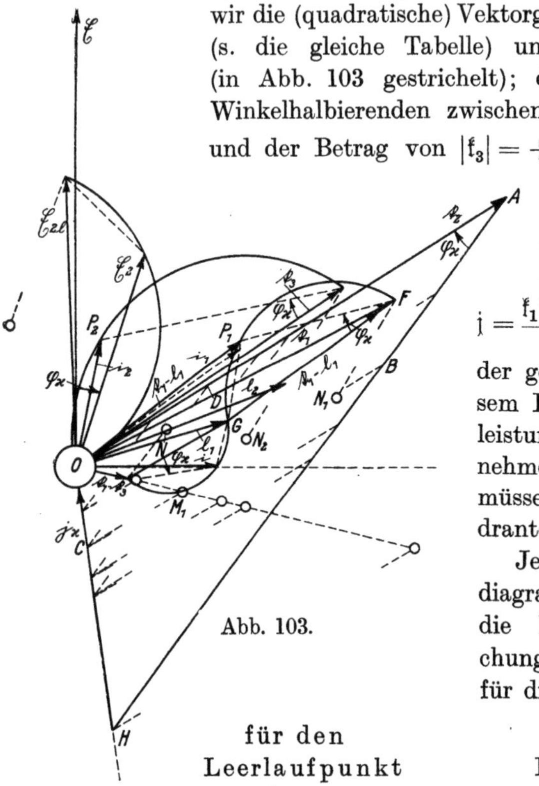

Je zwei Punkte der Kreisdiagramme sind ferner durch die Konstanten der Gleichungen bestimmt, und zwar für die Grenzwerte von

Abb. 103.

	für den Leerlaufpunkt	für den Kurzschlußpunkt
$\mathfrak{E}_2$:	die Spitze von $\mathfrak{E}_{2l}$	der Punkt 0
$\mathfrak{i}$:	die Spitze von $\mathfrak{l}_1$	die Spitze von $\mathfrak{f}_1 - \mathfrak{f}_3$
$\mathfrak{i}_1$:	die Spitze von $\mathfrak{l}_1$	die Spitze von $\mathfrak{f}_1$
$\mathfrak{i}_2$:	der Punkt 0	die Spitze von $\mathfrak{f}_3$.

Es ist nunmehr noch in jedem Kreisdiagramm der geometrische Ort des wandernden Punktes, d. h. der Radius des Kreises, zu bestimmen. Als Beispiel möge das Kreisdiagramm von $\mathfrak{i}_1$ ermittelt

Vereinfachte Kreisdiagramme. 199

werden. Da nach Abb. 103 die Pfeilrichtungen von $\overrightarrow{i_1 - \mathfrak{l}_1}$ und $\overrightarrow{\mathfrak{f}_1 - i_1}$ nacheinander gleichsinnig durchlaufen werden, so ist auch $i_x = HO$ so angetragen, daß $\overrightarrow{j_x}$ und $\overrightarrow{\mathfrak{f}_2} = OA$ gleichsinnig nacheinander durchlaufen werden, d. h. j_x zeigt mit der Pfeilspitze nach O.

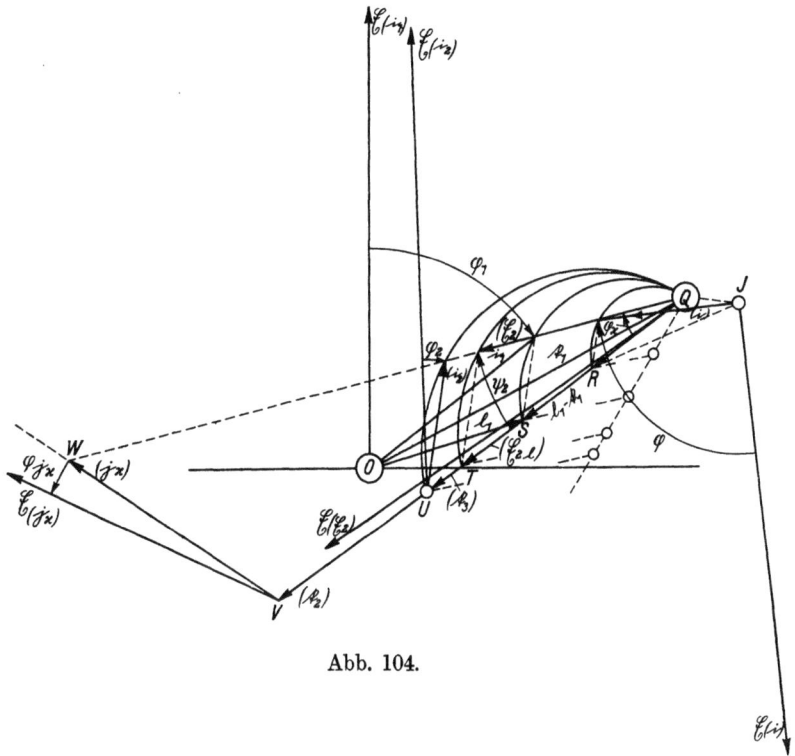

Abb. 104.

Wir konstruieren nunmehr das $\triangle GP_1F \sim \triangle HOA$, wodurch der Punkt P_1 gefunden ist. Der Punkt P_1 entspricht dann einer bestimmten durch j_x gegebenen Belastung. Bei der Bestimmung der Mittelpunkte der Kreise (für $\mathfrak{E}_2$, i, i_1, i_2) ist zu beachten, daß auch die Mittelpunkte sich in ähnlicher Lage befinden wie der Mittelpunkt eines durch HOA gehenden Kreises.

Die Kreisdiagramme der übrigen Vektoren werden in gleicher Weise konstruiert. Die entsprechenden Kreisdreiecke sind sämtlich ähnlich dem aus j_x und $\mathfrak{f}_2$ gebildeten $\triangle HAO$ mit dem $\sphericalangle \varphi_x$

bei A, und die Endpunkte der Dreiecksgrundlinien sind durch die Grenzwerte der Kreisgleichungen bestimmt, welche sich für $j_x = 0$ und $j_x = \infty$, d. h. für Leerlauf und Kurzschluß, ergeben.

In Abb. 104 sind die Kreisdiagramme so zusammengelegt, daß die Dreiecke mit ihren Grundlinien und einem Eckpunkt zusammenfallen. Es wäre zwar logisch richtiger, das Kreisdiagramm für $\mathfrak{E}_2$ und die Grundspannung $\mathfrak{E}$ in der Lage Abb. 103 zu belassen und alle übrigen Kreisdiagramme zu verdrehen (und zu verschieben); da es aber in der Literatur üblich ist, i_1 in richtiger Phasenstellung gegenüber $\mathfrak{E}$ darzustellen, so wurde dieses auch bei Abb. 104 durchgeführt.

Die nicht in richtiger Phase dargestellten Vektoren sind in Abb. 104 in Klammern gesetzt, z. B. (i), (i_2), ($\mathfrak{E}_2$) usw.

In Abb. 104 ist nun $OS = \mathfrak{l}_1$, $OQ = \mathfrak{k}_1$ $QS = \mathfrak{l}_1 - \mathfrak{k}_1$ in richtiger, $QR = [\mathfrak{l}_1 - (\mathfrak{k}_1 - \mathfrak{k}_3)]$, $QT = (\mathfrak{E}_{21})$, $QU = (\mathfrak{k}_3)$ mit verdrehter Phase in der Richtung $QS = \mathfrak{l}_1 - \mathfrak{k}_1$ und ferner das aus (j_x) und $(\mathfrak{k}_2)$ bestehende Dreieck QVW als Spiegelbild des Dreiecks AOH der Abb. 103 aufgetragen. Der Phasenwinkel Null für die verschiedenen Vektoren ist gegeben für

	$\mathfrak{E}_2$	i	i_1	i_2	j_x
(Anfangspunkt des Vektors)					
	Q	J	O	U	V
durch	$\mathfrak{E}_{(\mathfrak{E}_2)}$	$\mathfrak{E}_{(i)}$	$\mathfrak{E}_{(i_1)}$	$\mathfrak{E}_{(i_2)}$	$\mathfrak{E}_{(j_x)}$

und ihr wirklicher Phasenwinkel gegenüber $\mathfrak{E}$ durch ⌒-Pfeile angedeutet. Diese Pfeile gehen immer von dem Bezugsvektor zu dem veränderlichen Vektor; nur bei $\mathfrak{E}_{(j_x)}$ ist die Pfeilrichtung für φ_{j_x} umgekehrt eingetragen (wegen der Spiegelbildung). Sämtliche eingetragenen Pfeile mit Ausnahme desjenigen für j_x entsprechen also einer Nacheilung des betreffenden Vektors gegen $\mathfrak{E}$.

Man könnte noch einen Schritt weiter gehen und die vier Kreisdiagramme zu einem einzigen vereinigen, indem man für jeden Spannungs- und Stromvektor einen eigenen Maßstab wählt. Man kommt dann zu einem dem Heyland- oder Osanna-Kreise ähnlichen Diagramme, aus dem sich außer i_1 und i_2 noch i und $\mathfrak{E}_2$ sowie die wahren Phasenwinkel aller Vektoren ablesen lassen.

Primäre und sekundäre Leistung, Nutzeffekt, Schlüpfung.

Wir betrachten zunächst den allgemeinen Fall, daß der Transformator nicht induktionsfrei belastet ist (Abb. 105) (während der Asynchronmotor im allgemeinen als induktionsfrei belastet anzusprechen ist).

Die primäre Leistung ist durch das Vektorprodukt $\mathfrak{N}_1 = \{\mathfrak{E} \cdot \mathfrak{i}_1\}$ gegeben, welches in die

$$\text{Blindleistung } \mathfrak{N}_{1b} = E\, i_1 \sin\varphi_1$$

und die

$$\text{Wirkleistung } \mathfrak{N}_{1w} = E\, i_1 \cos\varphi_1$$

zerfällt, worin $\varphi_1 = \sphericalangle\, \mathfrak{E}, \mathfrak{i}_1$ ist.

Es sind daher nur die beiden Komponenten $i_1 \sin\varphi_1 = OQ$ und $i_1 \cos\varphi_1 = OP$ (im Strommaßstab gemessen) mit E (im Spannungsmaßstab gemessen) miteinander zu multiplizieren. Die sekundäre Leistung ist durch das Vektorprodukt $\mathfrak{N}_2 = \{\mathfrak{E}_2 \cdot \mathfrak{i}_2\}$ gegeben. Da hierin sowohl $\mathfrak{E}_2$ wie $\mathfrak{i}_2$ veränderlich sind und die Verwendung derselben Bezugsgrößen $\mathfrak{E}$ und $\mathfrak{i}_1$ wie für die Primärleistung erwünscht ist, setzen wir

$$\mathfrak{E}_2 = \mathfrak{E}_{2l} \frac{\mathfrak{k}_1 - \mathfrak{i}_1}{\mathfrak{k}_1 - \mathfrak{l}_1} = \mathfrak{E}\, \frac{\mathfrak{k}_3}{\mathfrak{k}_2}\, \frac{\mathfrak{k}_1 - \mathfrak{i}_1}{\mathfrak{k}_1 - \mathfrak{l}_1} \quad [\text{s. Gl. (52)}]$$

und

$$\mathfrak{i}_2 = \mathfrak{k}_3\, \frac{\mathfrak{i}_1 - \mathfrak{l}_1}{\mathfrak{k}_1 - \mathfrak{l}_1};$$

$$\mathfrak{N}_2 = \{\mathfrak{E}_2 \cdot \mathfrak{i}_2\} = \left\{ \mathfrak{E}\, \frac{\mathfrak{k}_3}{\mathfrak{k}_2}\, \frac{\mathfrak{k}_1 - \mathfrak{i}_1}{\mathfrak{k}_1 - \mathfrak{l}_1} \cdot \mathfrak{k}_3\, \frac{\mathfrak{i}_1 - \mathfrak{l}_1}{\mathfrak{k}_1 - \mathfrak{l}_1} \right\}.$$

In dem zweiten Faktor des Vektorprodukts setzen wir nach der Tabelle auf S. 195

$$\mathfrak{k}_1 - \mathfrak{l}_1 = \frac{\mathfrak{k}_3^2}{\mathfrak{k}_2}$$

und erhalten

$$\mathfrak{N}_2 = \left\{ \mathfrak{E}\, \frac{\mathfrak{k}_3}{\mathfrak{k}_2}\, \frac{\mathfrak{k}_1 - \mathfrak{i}_1}{\mathfrak{k}_1 - \mathfrak{l}_1} \cdot \frac{\mathfrak{k}_2}{\mathfrak{k}_3}\, (\mathfrak{i}_1 - \mathfrak{l}_1) \right\}.$$

Nunmehr transportieren wir $\dfrac{\mathfrak{k}_1 - \mathfrak{i}_1}{\mathfrak{k}_1 - \mathfrak{l}_1}$ nach rechts und $\dfrac{\mathfrak{k}_2}{\mathfrak{k}_3}$ nach links unter Einführung der entsprechenden Spiegelvektoren

$$\mathfrak{N}_2 = \left\{ \mathfrak{E}\, \frac{\mathfrak{k}_{2(\mathfrak{k}_3)}}{\mathfrak{k}_2} \cdot \frac{(\mathfrak{k}_1 - \mathfrak{i}_1)(\mathfrak{i}_1 - \mathfrak{l}_1)}{\mathfrak{k}_1 - \mathfrak{l}_1}\, (\mathfrak{i}_1 - \mathfrak{l}_1) \right\}.$$

Da nach Gl. (52)

$$\frac{\mathfrak{f}_3}{\mathfrak{f}_2} = \frac{\mathfrak{E}_{21}}{\mathfrak{E}} \quad \text{ist (Abb. 105), so ist} \quad \mathfrak{E}\frac{\mathfrak{f}_{2(\mathfrak{f}_3)}}{\mathfrak{f}_2} = \mathfrak{E}_{(\mathfrak{E}_2 \mathfrak{l})}.$$

Zur Bestimmung des zweiten Faktors betrachten wir das Spiegelbild $L_1 K_1 R$ des Dreiecks $L_1 K_1 P_1$; darin ist $\frac{(\mathfrak{f}_1 - \mathfrak{i}_1)_{(\mathfrak{l}_1 - \mathfrak{l}_1)}}{\mathfrak{f}_1 - \mathfrak{l}_1} = \frac{R K_1}{L_1 K_1}$. Da mit diesem Vektorverhältnis der Vektor $\mathfrak{i}_1 - \mathfrak{l}_1 = L_1 P_1$ zu multiplizieren ist, brauchen wir nur das $\triangle L_1 S P_1$ ähnlich dem $\triangle L_1 R K_1$ zu machen und erhalten

$$\frac{(\mathfrak{f}_1 - \mathfrak{i}_1)_{(\mathfrak{i}_1 - \mathfrak{l}_1)}}{\mathfrak{f}_1 - \mathfrak{l}_1} (\mathfrak{i}_1 - \mathfrak{l}_1) = SP_1.$$

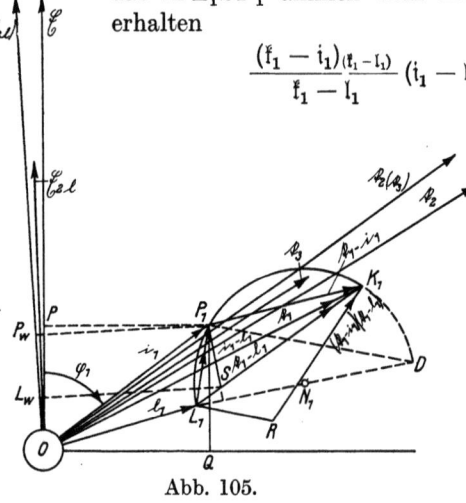

Abb. 105.

Die Konstruktion läßt sich noch einfacher gestalten, wenn man $P_1 S \perp L_1 N_1$ zieht, da $\sphericalangle L_1 P_1 S = \sphericalangle P_1 D L_1 = \sphericalangle P_1 K_1 L_1 = \sphericalangle R K_1 L_1$ ist. Daher ist

$$\mathfrak{N}_2 = \{\mathfrak{E}_{(\mathfrak{E}_2 \mathfrak{l})} \cdot SP_1\}.$$

Die Wattkomponente von $\mathfrak{N}_2$ erhalten wir durch Projektion von SP_1 auf $\mathfrak{E}_{(\mathfrak{E}_2 \mathfrak{l})}$

$\mathfrak{E}_{(\mathfrak{E}_2 \mathfrak{l})} \cdot L_w P_w$, und da $|\mathfrak{E}_{(\mathfrak{E}_2 \mathfrak{l})}| = |\mathfrak{E}|$

ist, den Nutzeffekt $\eta = \frac{L_w P_w}{OP}$, in dem Beispiel (Abb. 105) etwa gleich 50%.

Die induktionsfreie Belastung des Transformators, wobei $\mathfrak{j}_x$ in die Richtung von $\mathfrak{E}$ fällt, kann als Sonderfall betrachtet werden.

Um die Schlüpfung eines Asynchronmotors zu bestimmen, nehmen wir nach Abb. 106 induktionsfreie Belastung des Rotors an ($\mathfrak{j}_x \parallel \mathfrak{E}$). Die Belastung $\mathfrak{j}_x$ kann jeden Wert von Null bis Unendlich annehmen. Wir können aber auch für $\mathfrak{j}_x$ einen derartigen ideellen negativen Wert $\mathfrak{j}_{x0}$ wählen, daß die Ohmsche

Leistung, Nutzeffekt, Schlüpfung. 203

Komponente von j_2 gerade kompensiert wird. Dadurch finden wir in dem Kreisdiagramm den ideellen Kurzschlußpunkt P. Es ist nach der Tabelle S. 195

$$j_2 = \mathfrak{k}_1 \frac{l_2}{\mathfrak{k}_1 - \mathfrak{k}_3} = \mathfrak{k}_2 \frac{l_1}{\mathfrak{k}_1 - \mathfrak{k}_3}.$$

Wir können daher j_2 in bekannter Weise konstruieren, indem wir das Dreieck $(\mathfrak{k}_1 - \mathfrak{k}_3)(= OH)$, $(l_1)(= OL_1)$ an $\mathfrak{k}_2$ antragen und durch die Spitze von $\mathfrak{k}_2$ eine Parallele zur Grundlinie DB ziehen; da aber der Schnittpunkt dieser Parallele mit OB über die Zeichenebene hinausfällt, so bilden wir einen Vektor

$$OB = \alpha j_2 = \alpha \mathfrak{k}_2 \frac{l_1}{\mathfrak{k}_1 - \mathfrak{k}_3}$$

und wählen den Faktor α so groß, daß $\alpha |\mathfrak{k}_2| = |l_1| = OL_1$ ist. Wir brauchen daher jetzt nur das Dreieck OHL_1 in die Lage ODB zu verdrehen, um $\alpha j_2 = OB$ zu finden.

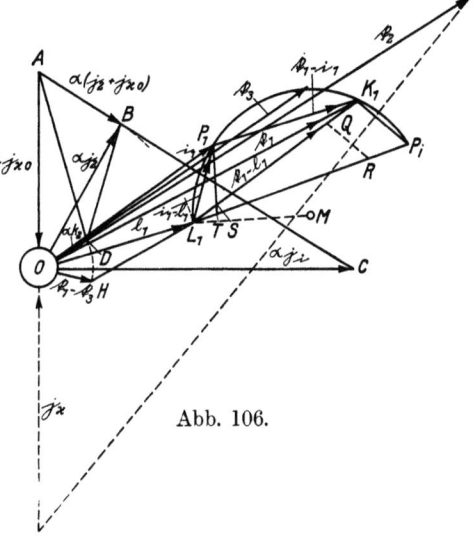

Abb. 106.

Die Hintereinanderschaltung von j_2 und j_{x0} gibt einen neuen Leitwert j_i, und es ist

$$\frac{1}{j_i} = \frac{1}{j_2} + \frac{1}{j_{x0}} \quad \text{oder} \quad \alpha j_i = \alpha \frac{j_2 j_{x0}}{j_2 + j_{x0}},$$

worin $\alpha(j_2 + j_{x0}) = AB$ ist.

Da außerdem $j_i \perp j_{x0}$ oder $\perp \mathfrak{E}$ stehen soll, so ergibt sich eine einfache Konstruktion von αj_{x0} und αj_i dadurch, daß man $ABC \perp OB$ zieht, wodurch $AO = \alpha j_{x0}$ und $OC = \alpha j_i$ bestimmt sind. Zieht man ferner die Linie AD, so ist das Vektorverhältnis

$$\frac{AO}{OD} = \frac{\alpha j_{x0}}{\alpha \mathfrak{k}_2} = \frac{j_{x0}}{\mathfrak{k}_2}.$$

Man braucht daher nur das Dreieck DAO nach QL_1R zu verschieben und $K_1P_i \parallel QR$ zu ziehen, um den gesuchten ideellen Kurzschlußpunkt P_i zu finden.

Die sekundäre Leistungsabgabe ist nach früheren Ermittlungen $E \cdot SP_1$ ohne Kompensierung des Ohmschen Läuferwiderstandes und $E \cdot TP_1$ bei Kompensierung desselben. Der Schlupf ist daher gleich $\dfrac{TS}{TP_1}$.

K. Drehstrom-Asynchronmotor mit doppeltem Käfiganker[1]).

Das Drehmoment eines Asynchronmotors im Stillstand ist proportional der im Läuferkreis vernichteten Wattleistung. Um daher bei Kurzschlußmotoren ein starkes Anzugsmoment zu erzielen, ist es erforderlich, die Käfigwicklung mit absichtlich vergrößertem Widerstand der Stäbe oder Ringe auszuführen. Dadurch wird aber der Wirkungsgrad bei voller Drehzahl erheblich verschlechtert und die Erwärmung des Motors erhöht. Um ein gutes Anzugsmoment besonders vom Stillstand aus zu erzielen, ohne den Wirkungsgrad im Betriebe zu verschlechtern, werden daher nach dem Vorschlage von Boucherot Kurzschlußmotoren mit doppeltem Käfiganker gebaut, wobei der äußere Käfig mit großem, der innere mit möglichst kleinem Widerstand ausgeführt wird. Bei einem derartigen Motor durchsetzt der vom Ständer erzeugte Kraftfluß im Stillstand zunächst im wesentlichen nur die Stäbe des äußeren Käfigs und dringt erst bei zunehmender Drehzahl allmählich tiefer in das Blechpaket des Läufers ein, um bei voller Drehzahl auch die Stäbe des inneren Käfigs zu umschließen.

Im nachfolgenden sollen nun die Ständer- und Läuferströme und das Drehmoment in Abhängigkeit von der Schlüpfung bestimmt werden. Um die Berechnung übersichtlich zu gestalten, werden dabei eine Reihe vereinfachender Annahmen gemacht. Der Verlauf der Ströme und Spannungen wird als sinusförmig und die Kraftflüsse werden außerdem räumlich sinusförmig angenommen. Die magnetischen Widerstände im Eisen werden

---

[1]) Die Anregung zur Behandlung dieser Aufgabe und die Unterlagen für den Ansatz verdanke ich der liebenswürdigen Mitwirkung des Herrn Dr. Ing. e. h. M. Schenkel.

Drehstrommotor mit doppeltem Käfiganker. 205

vernachlässigt und nur diejenigen der **Luftpfade** berücksichtigt. Es wird angenommen, daß letztere durch Rechnung oder Versuche ermittelt sind. Es wird die gleiche Stabzahl für die Ständer- und die beiden Läuferwicklungen vorausgesetzt. In Abb. 107 ist die Stabzahl pro Phase gleich 1 angenommen, während sie in Wirklichkeit natürlich größer ist. Die Wicklungsfaktoren der Ständer- und Läuferwicklungen werden als gleich angenommen.

Die Stromrichtungen von $\mathfrak{J}_1$ bzw. $\mathfrak{J}_2 \mathfrak{J}_3$ sind durch $\oplus$ bzw. $\odot$ gekennzeichnet, wodurch angedeutet wird, daß $\mathfrak{J}_2 \mathfrak{J}_3$, die transformatorisch durch $\mathfrak{J}_1$ erzeugt werden, wesentlich entgegengesetzte Richtung haben wie $\mathfrak{J}_1$. Liegt daher $\mathfrak{J}_1$ im vierten

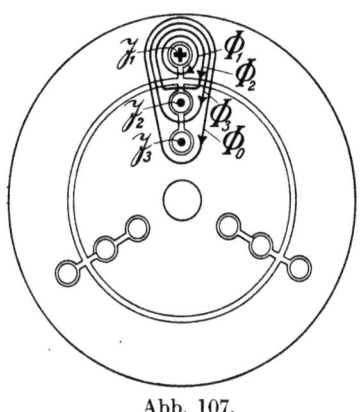
Abb. 107.

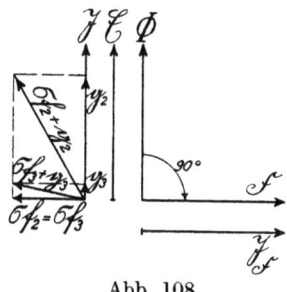
Abb. 108.

Quadranten gegen die Netzspannung $\mathfrak{E}$, so liegen $\mathfrak{J}_2$, $\mathfrak{J}_3$ im zweiten Quadranten. Die positiven Pfeilrichtungen der magnetischen Kraftflüsse Φ_0, Φ_1, Φ_2, Φ_3, welche sämtlich durch $\mathfrak{J}_1$ erzeugt werden, sind durch die angenommene Richtung von $\mathfrak{J}_1$ nach der Schwimmerregel gegeben.

Als Grundlage für die Berechnung setzen wir nach Abb. 108 als Maßeinheiten für die Spannung und den Strom die Vektoren $\mathfrak{E}$ und $\mathfrak{J}$ an, wobei $\mathfrak{E}$ gleich der Netzspannung (Phasenspannung) gesetzt werde.

Als weitere Maßeinheiten brauchen wir noch eine Einheit des Kraftflusses Φ und eine durch ihn erzeugte, um 90° gegen ihn nacheilende Spannung $\mathfrak{F}$, wobei $|\mathfrak{F}| = |\mathfrak{E}|$ gewählt ist.

Der Scheinwiderstand der Käfigwicklungen $\mathfrak{J}_2$, $\mathfrak{J}_3$ wird durch die Vektorverhältnisse $\dfrac{\sigma \mathfrak{f}_2 + \mathfrak{g}_2}{\mathfrak{J}}$ bzw. $\dfrac{\sigma \mathfrak{f}_3 + \mathfrak{g}_3}{\mathfrak{J}}$ dargestellt, worin

Drehstrommotor mit doppeltem Käfiganker.

$\mathfrak{f}_2$, $\mathfrak{f}_3$ Spannungsvektoren $\perp \mathfrak{J}$, aber entgegengesetzt $\mathfrak{J}$, und $\mathfrak{g}_2$, $\mathfrak{g}_3$ Spannungsvektoren in der Richtung von $\mathfrak{J}$ sind, während σ die Schlüpfung bedeutet. $\frac{\mathfrak{g}_2}{\mathfrak{J}}$ bzw. $\frac{\mathfrak{g}_3}{\mathfrak{J}}$ stellt daher den Wirkwiderstand und $\frac{\sigma \mathfrak{f}_2}{\mathfrak{J}}$ bzw. $\frac{\sigma \mathfrak{f}_3}{\mathfrak{J}}$ den Blindwiderstand dar.

Die durch die magnetischen Flüsse in den drei Wicklungen erzeugten Spannungen bezeichnen wir mit $\mathfrak{E}_1$, $\mathfrak{E}_2$, $\mathfrak{E}_3$.

Bei der Aufstellung der Gleichungen für die magnetischen Flüsse Φ_0 bis Φ_3 und der Spannungen $\mathfrak{E}_1$, $\mathfrak{E}_2$, $\mathfrak{E}_3$ ist folgendes zu beachten.

Der magnetische Fluß Φ_x, welcher durch einen Strom $\mathfrak{J}_x$ erzeugt wird, ist dem letzteren proportional und phasengleich:

$$\Phi_x = k_x \mathfrak{J}_x,$$

worin k_x eine Proportionalitätskonstante mit der Maßeinheit $\frac{\Phi}{\mathfrak{J}}$ ist. $k_x = \frac{\Phi_x}{\mathfrak{J}}$ ist daher ein Vektorverhältnis, welches den **magnetischen Leitwert in Kraftlinien pro Amp** angibt. Der reziproke Wert $\frac{1}{k_x} = \frac{\mathfrak{J}}{\Phi_x}$ ist daher der magnetische Widerstand, bezogen auf die Maßeinheit $\mathfrak{J}$ Amp oder die erforderliche Feldstärke. Sind mehrere magnetische Widerstände **hintereinandergeschaltet**, so ist

$$\frac{1}{k_h} = \frac{1}{k_x} + \frac{1}{k_y} \ldots$$

Verzweigen sich dagegen die Kraftflüsse durch mehrere **parallele** Kraftpfade, so ist

$$k_p = k_x + k_y \ldots$$

Im nachfolgenden erhalten die Zähler der Vektorverhältnisse $\frac{\Phi_x}{\mathfrak{J}}$ stets zwei Indizes, z. B. $k_{32} = \frac{\Phi_{32}}{\mathfrak{J}}$ deren erster sich auf den induzierenden Strom ($\mathfrak{J}_3$) und deren letzterer sich auf den Pfad des Kraftflusses (Φ_2) bezieht. $\frac{\Phi_{32}}{\mathfrak{J}}$ ist daher der magnetische Leitwert dieses Pfades, und die erste Indexziffer dient nur zur Unterscheidung von dem Kraftfluß Φ_2 selbst.

Die von einem Kraftfluß Φ_x erzeugte Spannung $\mathfrak{E}_x$ ist ersterem proportional und um 90° nacheilend:

$$\mathfrak{E}_x = c_x \Phi_x$$

Drehstrommotor mit doppeltem Käfiganker.

c_x ist daher gleichfalls ein Vektorverhältnis mit der Maßeinheit $\dfrac{\mathfrak{J}}{\Phi}$, welches außerdem die Stabzahl der betreffenden Wicklung enthält. Wir setzen daher

$$c_x = \frac{\mathfrak{J}_x}{\Phi}.$$

Wir können nunmehr folgende zehn Bestimmungsgleichungen aufstellen:

$$\Phi_1 = \frac{\Phi_{11}}{\mathfrak{J}}\mathfrak{J}_1, \qquad (1)$$

$$\Phi_2 = \frac{\Phi_{22}}{\mathfrak{J}}\mathfrak{J}_2 + \frac{\Phi_{32}}{\mathfrak{J}}\mathfrak{J}_3 \qquad (2)$$

$$\Phi_3 = \frac{\Phi_{33}}{\mathfrak{J}}\mathfrak{J}_3, \qquad (3)$$

$$\Phi_0 + \Phi_2 + \Phi_3 = \frac{\Phi_{10}}{\mathfrak{J}}\mathfrak{J}_1 - \frac{\Phi_{20}}{\mathfrak{J}}\mathfrak{J}_2 - \frac{\Phi_{30}}{\mathfrak{J}}\mathfrak{J}_3, \qquad (4)$$

$$\mathfrak{E}_1 = \frac{\mathfrak{J}_1}{\Phi}(\Phi_0 + \Phi_1 + \Phi_2 + \Phi_3), \qquad (5)$$

$$\mathfrak{E}_2 = \frac{\mathfrak{J}_2}{\Phi}(\Phi_0 + \Phi_3)\sigma, \qquad (6)$$

$$\mathfrak{E}_3 = \frac{\mathfrak{J}_3}{\Phi}\Phi_0\sigma, \qquad (7)$$

$$\mathfrak{E}_1 = -\mathfrak{E}, \qquad (8)$$

$$\mathfrak{E}_2 = \frac{\sigma\mathfrak{f}_2 + \mathfrak{g}_2}{\mathfrak{J}}\mathfrak{J}_2, \qquad (9)$$

$$\mathfrak{E}_3 = \frac{\sigma\mathfrak{f}_3 + \mathfrak{g}_3}{\mathfrak{J}}\mathfrak{J}_3. \qquad (10)$$

Um aus diesen zehn Gleichungen, welche die zehn Unbekannten Φ_0, Φ_1, Φ_2, Φ_3, $\mathfrak{E}_1$, $\mathfrak{E}_2$, $\mathfrak{E}_3$, $\mathfrak{J}_1$, $\mathfrak{J}_2$, $\mathfrak{J}_3$ enthalten, $\mathfrak{J}_1$, $\mathfrak{J}_2$, $\mathfrak{J}_3$ zu berechnen, müssen wir Φ_0 bis Φ_3 und $\mathfrak{E}_1$, $\mathfrak{E}_2$, $\mathfrak{E}_3$ eliminieren.

Aus Gl. (1) und (4) ergibt sich

$$\Phi_0 + \Phi_1 + \Phi_2 + \Phi_3 = \frac{\Phi_{10} + \Phi_{11}}{\mathfrak{J}}\mathfrak{J}_1 - \frac{\Phi_{20}}{\mathfrak{J}}\mathfrak{J}_2 - \frac{\Phi_{30}}{\mathfrak{J}}\mathfrak{J}_3, \qquad (11)$$

aus Gl. (2) und (4)

$$\Phi_0 + \Phi_3 = \frac{\Phi_{10}}{\Im}\Im_1 - \frac{\Phi_{20} + \Phi_{22}}{\Im}\Im_2 - \frac{\Phi_{30} + \Phi_{32}}{\Im}\Im_3 \qquad (12)$$

und aus Gl. (3) und (12)

$$\Phi_0 = \frac{\Phi_{10}}{\Im}\Im_1 - \frac{\Phi_{20} + \Phi_{22}}{\Im}\Im_2 - \frac{\Phi_{30} + \Phi_{32} + \Phi_{33}}{\Im}\Im_3. \qquad (13)$$

Gl. (8), (9), (10) und (11), (12), (13) in Gl. (5), (6), (7) eingesetzt, ergibt

$$\mathfrak{F}_1\left[\frac{\Phi_{10} + \Phi_{11}}{\Phi}\Im_1 - \frac{\Phi_{20}}{\Phi}\Im_2 - \frac{\Phi_{30}}{\Phi}\Im_3\right] = -\mathfrak{E}\Im, \qquad (14)$$

$$\mathfrak{F}_2\sigma\left[\frac{\Phi_{10}}{\Phi}\Im_1 - \frac{\Phi_{20} + \Phi_{22}}{\Phi}\Im_2 - \frac{\Phi_{30} + \Phi_{32}}{\Phi}\Im_3\right] = (\sigma\mathfrak{f}_2 + \mathfrak{g}_2)\Im_2, \qquad (15)$$

$$\mathfrak{F}_3\sigma\left[\frac{\Phi_{10}}{\Phi}\Im_1 - \frac{\Phi_{20} + \Phi_{22}}{\Phi}\Im_2 - \frac{\Phi_{30} + \Phi_{32} + \Phi_{33}}{\Phi}\Im_3\right] = (\sigma\mathfrak{f}_3 + \mathfrak{g}_3)\Im_3. \qquad (16)$$

Φ_{10}, Φ_{11} ... sind nur räumlich, aber nicht zeitlich verschieden von Φ, die Quotienten $\frac{\Phi_{10} + \Phi_{11}}{\Phi}$ ... sind daher rein skalare Zahlenwerte. Ordnen wir nach $\Im_1$, $\Im_2$, $\Im_3$ und fassen die Werte, die σ enthalten, zusammen, so erhalten wir:

$$\Im_1\left[\frac{\Phi_{10} + \Phi_{11}}{\Phi}\mathfrak{F}_1\right] - \Im_2\frac{\Phi_{20}}{\Phi}\mathfrak{F}_1 - \Im_3\frac{\Phi_{30}}{\Phi}\mathfrak{F}_1 = -\mathfrak{E}\Im, \qquad (17)$$

$$\Im_1\left[\sigma\frac{\Phi_{10}}{\Phi}\mathfrak{F}_2\right] - \Im_2\left[\sigma\left(\frac{\Phi_{20} + \Phi_{22}}{\Phi}\mathfrak{F}_2 + \mathfrak{f}_2\right) + \mathfrak{g}_2\right] \\ - \Im_3\left[\sigma\frac{\Phi_{30} + \Phi_{32}}{\Phi}\mathfrak{F}_2\right] = 0, \qquad (18)$$

$$\Im_1\left[\sigma\frac{\Phi_{10}}{\Phi}\mathfrak{F}_3\right] - \Im_2\left[\sigma\frac{\Phi_{20} + \Phi_{22}}{\Phi}\mathfrak{F}_3\right] \\ - \Im_3\left[\sigma\left(\frac{\Phi_{30} + \Phi_{32} + \Phi_{33}}{\Phi}\mathfrak{F}_3 + \mathfrak{f}_3\right) + \mathfrak{g}_3\right] = 0. \qquad (19)$$

Setzen wir in diesen Gleichungen zur Vereinfachung

$$\frac{\Phi_{10} + \Phi_{11}}{\Phi}\mathfrak{F}_1 = \mathfrak{a}_1; \quad -\frac{\Phi_{20}}{\Phi}\mathfrak{F}_1 = \mathfrak{a}_2; \quad -\frac{\Phi_{30}}{\Phi}\mathfrak{F}_1 = \mathfrak{a}_3, \qquad (20)$$

$$\frac{\Phi_{10}}{\Phi}\mathfrak{F}_2 = \mathfrak{b}_1; \quad -\left(\frac{\Phi_{20}+\Phi_{22}}{\Phi}\mathfrak{F}_2 + \mathfrak{f}_2\right) = \mathfrak{b}_2; \\ -\frac{\Phi_{30}+\Phi_{32}}{\Phi}\mathfrak{F}_2 = \mathfrak{b}_3, \qquad (21)$$

$$\frac{\Phi_{10}}{\Phi}\mathfrak{F}_3 = \mathfrak{c}_1; \quad -\frac{\Phi_{20}+\Phi_{22}}{\Phi}\mathfrak{F}_3 = \mathfrak{c}_2; \\ -\left(\frac{\Phi_{30}+\Phi_{32}+\Phi_{33}}{\Phi}\mathfrak{F}_3 + \mathfrak{f}_3\right) = \mathfrak{c}_3, \qquad (22)$$

worin $\mathfrak{F}_1, \mathfrak{F}_2, \mathfrak{F}_3, \mathfrak{f}_2, \mathfrak{f}_3$ und daher auch die Vektoren $\mathfrak{a}, \mathfrak{b}, \mathfrak{c}$ phasengleich mit $\mathfrak{F}$ sind, während $\mathfrak{g}_2, \mathfrak{g}_3$ nach Abb. 108 senkrecht dazu stehen, so erhalten wir

$$\mathfrak{F}_1 \mathfrak{a}_1 + \mathfrak{F}_2 \mathfrak{a}_2 + \mathfrak{F}_3 \mathfrak{a}_3 = -\mathfrak{E}\mathfrak{F}, \qquad (23)$$

$$\mathfrak{F}_1 \sigma \mathfrak{b}_1 + \mathfrak{F}_2(\sigma \mathfrak{b}_2 - \mathfrak{g}_2) + \mathfrak{F}_3 \sigma \mathfrak{b}_3 = 0, \qquad (24)$$

$$\mathfrak{F}_1 \sigma \mathfrak{c}_1 + \mathfrak{F}_2 \sigma \mathfrak{c}_2 + \mathfrak{F}_3(\sigma \mathfrak{c}_3 - \mathfrak{g}_3) = 0, \qquad (25)$$

woraus sich mit Hilfe der Determinantenrechnung ergibt:

$$\mathfrak{F}_1 = \frac{D_1}{D}, \quad \mathfrak{F}_2 = \frac{D_2}{D}, \quad \mathfrak{F}_3 = \frac{D_3}{D}, \qquad (26)$$

worin

$$D = \begin{vmatrix} \mathfrak{a}_1 & \mathfrak{a}_2 & \mathfrak{a}_3 \\ \sigma \mathfrak{b}_1 & (\sigma \mathfrak{b}_2 - \mathfrak{g}_2) & \sigma \mathfrak{b}_3 \\ \sigma \mathfrak{c}_1 & \sigma \mathfrak{c}_2 & (\sigma \mathfrak{c}_3 - \mathfrak{g}_3) \end{vmatrix},$$

$$\begin{aligned} D = \mathfrak{a}_1 \mathfrak{g}_2 \mathfrak{g}_3 &+ \sigma(\mathfrak{a}_2 \mathfrak{b}_1 \mathfrak{g}_3 + \mathfrak{a}_3 \mathfrak{c}_1 \mathfrak{g}_2 - \mathfrak{a}_1 \mathfrak{b}_2 \mathfrak{g}_3 - \mathfrak{a}_1 \mathfrak{c}_3 \mathfrak{g}_2) \\ &+ \sigma^2(\mathfrak{a}_1 \mathfrak{b}_2 \mathfrak{c}_3 - \mathfrak{a}_1 \mathfrak{b}_3 \mathfrak{c}_2 - \mathfrak{a}_2 \mathfrak{b}_1 \mathfrak{c}_3 + \mathfrak{a}_3 \mathfrak{b}_1 \mathfrak{c}_2 - \mathfrak{a}_2 \mathfrak{b}_3 \mathfrak{c}_1 - \mathfrak{a}_3 \mathfrak{b}_2 \mathfrak{c}_1) \end{aligned}, \quad (27)$$

$$D = \mathfrak{g}_2 \mathfrak{g}_3 \left[\mathfrak{a}_1 + \sigma \left(\frac{\mathfrak{a}_2 \mathfrak{b}_1 - \mathfrak{a}_1 \mathfrak{b}_2}{\mathfrak{g}_2} + \frac{\mathfrak{a}_3 \mathfrak{c}_1 - \mathfrak{a}_1 \mathfrak{c}_3}{\mathfrak{g}_3} \right) \right. \\ \left. + \sigma^2 \frac{\mathfrak{c}_3(\mathfrak{a}_1 \mathfrak{b}_2 - \mathfrak{a}_2 \mathfrak{b}_1) + \mathfrak{c}_2(\mathfrak{a}_3 \mathfrak{b}_1 - \mathfrak{a}_1 \mathfrak{b}_3) - \mathfrak{c}_1(\mathfrak{a}_3 \mathfrak{b}_2 + \mathfrak{a}_2 \mathfrak{b}_3)}{\mathfrak{g}_2 \mathfrak{g}_3} \right], \quad (27\text{a})$$

$$D_1 = \begin{vmatrix} -\mathfrak{E}\mathfrak{F} & \mathfrak{a}_2 & \mathfrak{a}_3 \\ 0 & (\sigma \mathfrak{b}_2 - \mathfrak{g}_2) & \sigma \mathfrak{b}_3 \\ 0 & \sigma \mathfrak{c}_2 & (\sigma \mathfrak{c}_3 - \mathfrak{g}_3) \end{vmatrix},$$

Drehstrommotor mit doppeltem Käfiganker.

$$D_1 = -\mathfrak{E}\mathfrak{J}[\mathfrak{g}_2\mathfrak{g}_3 - \sigma(\mathfrak{b}_2\mathfrak{g}_3 + \mathfrak{c}_3\mathfrak{g}_2) + \sigma^2(\mathfrak{b}_2\mathfrak{c}_3 - \mathfrak{b}_3\mathfrak{c}_2)], \qquad (28)$$

$$D_1 = -\mathfrak{J}\mathfrak{g}_2\mathfrak{g}_3\left[\mathfrak{E} - \sigma\mathfrak{E}\left(\frac{\mathfrak{b}_2}{\mathfrak{g}_2} + \frac{\mathfrak{c}_3}{\mathfrak{g}_3}\right) + \sigma^2\mathfrak{E}\frac{\mathfrak{b}_2\mathfrak{c}_3 - \mathfrak{b}_3\mathfrak{c}_2}{\mathfrak{g}_2\mathfrak{g}_3}\right]. \qquad (28\,\text{a})$$

Der Klammerausdruck der Gl. (27a) stellt eine Parabel mit horizontaler Achse, der der Gl. (28a) eine Parabel mit vertikaler Achse dar. Um die vertikale Achse in eine horizontale zu verdrehen, multiplizieren wir die Klammer mit $\dfrac{\mathfrak{F}}{\mathfrak{E}}$ und den Faktor $-\mathfrak{J}\mathfrak{g}_2\mathfrak{g}_3$ mit $\dfrac{\mathfrak{E}}{\mathfrak{F}}$, und setzen $-\mathfrak{J}\dfrac{\mathfrak{E}}{\mathfrak{F}} = \mathfrak{J}_{\mathfrak{F}}$. Dann ist $\mathfrak{J}_{\mathfrak{F}}$ ein Stromvektor vom Betrage $|\mathfrak{J}|$ in der Richtung $\mathfrak{F}$ (s. Abb. 108). Damit wird

$$D_1 = \mathfrak{J}_{\mathfrak{F}}\mathfrak{g}_2\mathfrak{g}_3\left[\mathfrak{F} - \sigma\mathfrak{F}\left(\frac{\mathfrak{b}_2}{\mathfrak{g}_2} + \frac{\mathfrak{c}_3}{\mathfrak{g}_3}\right) + \sigma^2\mathfrak{F}\frac{\mathfrak{b}_2\mathfrak{c}_3 - \mathfrak{b}_3\mathfrak{c}_2}{\mathfrak{g}_2\mathfrak{g}_3}\right]. \qquad (28\,\text{b})$$

In gleicher Weise ergibt sich

$$D_2 = \begin{vmatrix} \mathfrak{a}_1 & -\mathfrak{E}\mathfrak{J} & \mathfrak{a}_3 \\ \sigma\mathfrak{b}_1 & 0 & \sigma\mathfrak{b}_3 \\ \sigma\mathfrak{c}_1 & 0 & (\sigma\mathfrak{c}_3 - \mathfrak{g}_3) \end{vmatrix},$$

$$D_2 = -\mathfrak{E}\mathfrak{J}[\sigma\mathfrak{b}_1\mathfrak{g}_3 + \sigma^2(\mathfrak{b}_3\mathfrak{c}_1 - \mathfrak{b}_1\mathfrak{c}_3)], \qquad (29)$$

$$D_2 = \mathfrak{J}_{\mathfrak{F}}\mathfrak{g}_2\mathfrak{g}_3\left[\sigma\mathfrak{F}\frac{\mathfrak{b}_1}{\mathfrak{g}_2} + \sigma^2\mathfrak{F}\frac{\mathfrak{b}_3\mathfrak{c}_1 - \mathfrak{b}_1\mathfrak{c}_3}{\mathfrak{g}_2\mathfrak{g}_3}\right], \qquad (29\,\text{a})$$

$$D_3 = \begin{vmatrix} \mathfrak{a}_1 & \mathfrak{a}_2 & -\mathfrak{E}\mathfrak{J} \\ \sigma\mathfrak{b}_1 & (\sigma\mathfrak{b}_2 - \mathfrak{g}_2) & 0 \\ \sigma\mathfrak{c}_1 & \sigma\mathfrak{c}_2 & 0 \end{vmatrix},$$

$$D_3 = -\mathfrak{E}\mathfrak{J}[\sigma\mathfrak{c}_1\mathfrak{g}_2 + \sigma^2(\mathfrak{b}_1\mathfrak{c}_2 - \mathfrak{b}_2\mathfrak{c}_1)], \qquad (30)$$

$$D_3 = \mathfrak{J}_{\mathfrak{F}}\mathfrak{g}_2\mathfrak{g}_3\left[\sigma\mathfrak{F}\frac{\mathfrak{c}_1}{\mathfrak{g}_3} + \sigma^2\mathfrak{F}\frac{\mathfrak{b}_1\mathfrak{c}_2 - \mathfrak{b}_2\mathfrak{c}_1}{\mathfrak{g}_2\mathfrak{g}_3}\right]. \qquad (30\,\text{a})$$

In den Klammerausdrücken der Gl. (28b), (29a), (30a) stehen nur Vektoren, deren Richtungen wir nunmehr untersuchen wollen. Wie leicht zu erkennen, haben die mit σ behafteten Vektoren vertikale und die mit σ^0 und σ^2 behafteten Vektoren horizontale

Richtung. Bezeichnen wir die horizontalen Vektoren mit $\mathfrak{h}$, die vertikalen mit $\mathfrak{v}$, so ergibt sich

$$\mathfrak{J}_1 = \frac{D_1}{D} = \mathfrak{J}_{\mathfrak{F}} \frac{\mathfrak{h}_3 + \sigma \mathfrak{v}_2 + \sigma^2 \mathfrak{h}_4}{\mathfrak{h}_1 + \sigma \mathfrak{v}_1 + \sigma^2 \mathfrak{h}_2} \quad (31)$$

$$\mathfrak{J}_2 = \frac{D_2}{D} = \mathfrak{J}_{\mathfrak{F}} \frac{\sigma(\mathfrak{v}_3 + \sigma \mathfrak{h}_5)}{\mathfrak{h}_1 + \sigma \mathfrak{v}_1 + \sigma^2 \mathfrak{h}_2}, \quad (32)$$

$$\mathfrak{J}_3 = \frac{D_3}{D} = \mathfrak{J}_{\mathfrak{F}} \frac{\sigma(\mathfrak{v}_4 + \sigma \mathfrak{h}_6)}{\mathfrak{h}_1 + \sigma \mathfrak{v}_1 + \sigma^2 \mathfrak{h}_2}. \quad (33)$$

Die Bedeutung der Vektoren $\mathfrak{h}_1$ bis $\mathfrak{h}_6$ und $\mathfrak{v}_1$ bis $\mathfrak{v}_4$ ist durch Vergleich mit den Gl. (28b), (29a), (30a) gegeben. Die Gl. (31), (32), (33) für $\mathfrak{J}_1$, $\mathfrak{J}_2$, $\mathfrak{J}_3$ sind nach Abschnitt L, e Kurven vierten Grades, während Zähler und Nenner der Brüche nach Abschnitt L, d, 1, Abb. 48 Parabeln mit horizontaler Achse darstellen. Um daher z. B. $\mathfrak{J}_1$ zu finden, haben wir $\mathfrak{J}_{\mathfrak{F}}$ mit dem Vektorverhältnis

$$\frac{\mathfrak{h}_3 + \sigma \mathfrak{v}_2 + \sigma^2 \mathfrak{h}_4}{\mathfrak{h}_1 + \sigma \mathfrak{v}_1 + \sigma^2 \mathfrak{h}_2}$$

zu multiplizieren.

Die geometrischen Orte für $\mathfrak{J}_1$, $\mathfrak{J}_2$, $\mathfrak{J}_3$ sind ferner symmetrisch zur X-Achse ($\mathfrak{J}_{\mathfrak{F}}$), und diejenigen für $\mathfrak{J}_2$, $\mathfrak{J}_3$ gehen — für $\sigma = 0$ — durch den Ursprung.

Uns interessiert hauptsächlich die Gl. (31) für den Ständerstrom $\mathfrak{J}_1$. Versuche mit Motoren mit Doppelkäfiganker haben ergeben, daß unter Umständen die Drehmomentkurve (als Funktion der Schlüpfung) eine Einsattelung zeigt, es soll daher untersucht werden, ob unter Annahme bestimmter Motorkonstanten die aus Gl. (31) abzuleitende Drehmomentkurve derartige Eigenschaften zeigt. Abb. 109 und 110 zeigen die Konstruktion von $\mathfrak{J}_1$ für veränderliche Werte der Schlüpfung σ und Abb. 111 die Drehmomentkurve. Zur Vereinfachung der Konstruktion machen wir die Faktoren der mit σ behafteten Glieder im Zähler und Nenner gleich und bringen Gl. (31) in die Form

$$\mathfrak{J}_1 = \left(\mathfrak{J}_{\mathfrak{F}} \frac{\mathfrak{v}_2}{\mathfrak{v}_1}\right) \frac{\mathfrak{h}_3 \frac{\mathfrak{v}_1}{\mathfrak{v}_2} + \sigma \mathfrak{v}_1 + \sigma^2 \mathfrak{h}_4 \frac{\mathfrak{v}_1}{\mathfrak{v}_2}}{\mathfrak{h}_1 + \sigma \mathfrak{v}_1 + \sigma^2 \mathfrak{h}_2} \quad (34)$$

212   Momentenkurve.

und setzen beispielsweise

$$\mathfrak{J}_1 = \mathfrak{J}_0 \frac{-0{,}03\mathfrak{F} - \sigma\mathfrak{E} + \sigma^2 0{,}6\mathfrak{F}}{-0{,}13\mathfrak{F} - \sigma\mathfrak{E} + \sigma^2 0{,}2\mathfrak{F}}, \qquad (35)$$

für $\sigma = 0$ ergibt sich

$$\mathfrak{J}_{10} = \mathfrak{J}_0 \frac{0{,}03}{0{,}13} = 0{,}23\,\mathfrak{J}_0 \qquad (36)$$

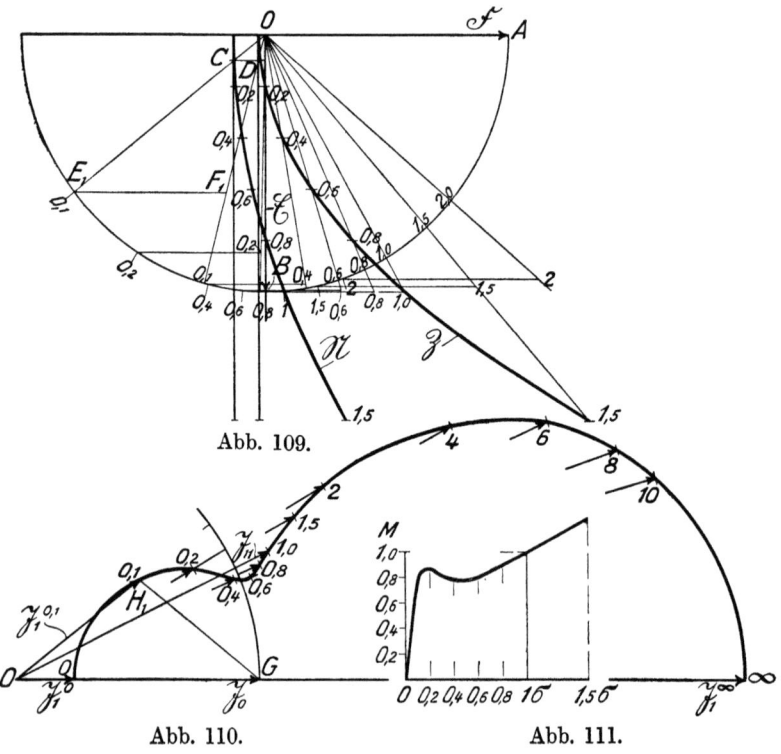

Abb. 109.

Abb. 110.   Abb. 111.

und für $\sigma = \infty$

$$\mathfrak{J}_{1\infty} = \mathfrak{J}_0 \frac{0{,}6}{0{,}2} = 3\,\mathfrak{J}_0. \qquad (37)$$

In Abb. 109 ist O der Ursprung, $OA = \mathfrak{F}$, $OB = -\mathfrak{E}$, $\mathfrak{Z}$ die dem Zähler des Bruches und $\mathfrak{N}$ die dem Nenner entsprechende Parabel. Zieht man nun z. B. durch die $\sigma = 0{,}1$ entsprechenden Punkte C und D dieser Parabeln die Strahlen OC und OD, so ist $\dfrac{OD}{OC}$ das dem Bruch entsprechende Vektorverhältnis. Beschreiben wir ferner mit OB einen Kreis um O, verlängern OC bis E_1 und ziehen $E_1F_1 \| CD$, so ist

$$\frac{OD}{OC} = \frac{OF_1}{OE_1}.$$

Wiederholen wir diese Konstruktion für alle Werte von σ, so erhalten wir die entsprechenden Vektorverhältnisse $\dfrac{OF_1}{OE_1}$, $\dfrac{OF_2}{OE_2}$, ..., deren Nenner OE_1, OE_2 ihrem Betrage nach gleich sind. Mit diesen Vektorverhältnissen haben wir $\mathfrak{J}_0$ zu multiplizieren. Wir wählen zu dem Zweck in Abb. 110 $|\mathfrak{J}_0| = OG = OE_1 = OE_2 \ldots = OE$ und tragen das Dreieck $OGH_1 \cong OE_1F_1$ an OG an, dann ist $OH_1 = \mathfrak{J}_1^{0,1}$ für den Wert $\sigma = 0,1$. In gleicher Weise konstruieren wir für weitere Werte von σ_x die Punkte H_x und erhalten dadurch den geometrischen Ort für den Vektor $\mathfrak{J}_1$. Von dieser Kurve ist in Abb. 110 nur die obere Hälfte für positive Werte von σ zwischen $\sigma = 0$ über $\sigma = 1$ bis $\sigma = +\infty$ dargestellt. Der untere Teil für negative Werte von σ verläuft symmetrisch.

Die Kurve zeigt eine deutliche Einsattlung bei $\sigma = 0,4$.

Da wir den Widerstand der Ständerwicklung gleich Null gesetzt haben, so ist das Drehmoment des Motors für veränderliche Werte von σ proportional der Wirkkomponente von $\mathfrak{J}_1$. Letztere ist in Abb. 111 über σ aufgetragen, wobei als Einheit des Momentes M dasjenige für den Stillstand ($\sigma = 1$) angenommen ist. Die Momentenkurve hat die gleiche Einsattlung bei $\sigma = 0,4$. Der linke Teil dieser Momentenkurve zeigt die charakteristische Form derjenigen eines Kurzschlußmotors mit einer Käfigwicklung und der rechte Teil die eines Schleifringmotors mit großem eingeschalteten Läuferwiderstand, während die mittlere Einsattlung den Übergang zwischen den beiden Kurvenformen darstellt.

Schlußbetrachtung.

Das letzte Anwendungsbeispiel der neuen Berechnungsweise wurde gewählt, um die Entwicklung von Kurven höherer Ordnung darzustellen. Solche Kurven kommen besonders häufig bei Wechselstrom-Kollektormotoren vor. Auf die Behandlung der letzteren wurde aber verzichtet, da das Gebiet für den Rahmen der vorliegenden Arbeit zu umfangreich ist und Sonderkenntnisse zur Voraussetzung gehabt hätte. Ich möchte aber hiermit berufenen Fachgenossen die Anregung zur Behandlung dieser Aufgaben mit der neuen Berechnungsweise geben.

In dem Abschnitt M über den Einfluß der Eisensättigung sind ferner **gesetzmäßig veränderliche** Vektorverhältnisse benutzt. Wenn man diesen Weg weiter verfolgt, so kann man mit veränderlichen Vektorverhältnissen auch Schaltvorgänge mit nicht „quasistationärem" Charakter behandeln.

Durch unsere ganzen Berechnungen zieht sich wie ein roter Faden der neue Begriff des „Vektorverhältnisses", das die Rechnungen übersichtlich gestaltet und die Verwendung komplexer Größen völlig entbehrlich macht.

Formelsammlung
über Umwandlungen von Vektorverhältnissen und Vektorprodukten.

Formel-Nr.	Bild	Formel
		a. Vektorverhältnisse.
33	6, 7	$\dfrac{i}{e} = \dfrac{j}{\mathfrak{E}} = \dfrac{\mathfrak{J}}{\mathfrak{f}}$
34	—	$\dfrac{i}{e} = \dfrac{\alpha i}{\alpha e} = \dfrac{-\alpha i}{-\alpha e}$
35	13, 14	$i = e\,\dfrac{j}{\mathfrak{E}} = e\,\dfrac{\mathfrak{J}}{\mathfrak{f}}$
37, 39	25	$i_e = e\,\dfrac{j_{\mathfrak{E}}}{\mathfrak{E}} = e\,\dfrac{\mathfrak{E}}{j}\,\dfrac{|i|^2}{|\mathfrak{E}|^2}$
40	26	$\dfrac{i}{e_i} = \dfrac{i_e}{e}$
41	27	$\mathfrak{f}_{\mathfrak{x}} = \mathfrak{f}_e\left(\dfrac{e_{\mathfrak{x}}}{e}\right); \quad \mathfrak{g}_{\mathfrak{x}} = \mathfrak{g}_e\left(\dfrac{e_{\mathfrak{x}}}{e}\right)\ldots$
		b. Vektorprodukte.
42	—	$\{\alpha e \cdot i\} = \{e \cdot \alpha i\}$
42a	27	$\{e \cdot i\} = \left\{\alpha e \cdot \dfrac{i}{\alpha}\right\} = \left\{-\alpha e \cdot \dfrac{-i}{\alpha}\right\}$
43	27a	$\{e \cdot i\} = \left\{e' \cdot i\,\dfrac{e'}{e}\right\}$
44	28	$\{e_1 \cdot i_1\} + \{e_2 \cdot i_2\} = \left\{e_1 \cdot \left(i_1 + \dfrac{|e_2|}{|e_1|}\,i_2\right)\right\}$
46	29	$\{e \cdot i\} = \{(e_1 + e_2) \cdot (i_1 + i_2)\} = \{e_1 \cdot i_1\} + \{e_2 \cdot i_2\} + \{e_1 \cdot i_2\} + \{e_2 \cdot i_1\}$
47	30	$\{e \cdot i\} + \{e \cdot i_e\} = \{e \cdot (i + i_e)\} = 2\,\mathfrak{M}_w$
48	30	$\{e \cdot i\} - \{e \cdot i_e\} = \{e \cdot (i - i_e)\} = 2\,\mathfrak{M}_b$
49	31	$\{e \cdot i\} = \{i \cdot e_i\} = \{i_e \cdot e\}$
50	32	$\left\{\mathfrak{g} \cdot \dfrac{i}{e}\,\mathfrak{f}\right\} = \left\{\mathfrak{f}_{\mathfrak{g}} \cdot \dfrac{i}{e}\,\mathfrak{g}\right\} = \left\{\mathfrak{f} \cdot \dfrac{i}{e}\,\mathfrak{g}_{\mathfrak{f}}\right\}$
51	32a	$\left\{\mathfrak{g} \cdot i\,\dfrac{\mathfrak{f}}{e}\right\} = \left\{\mathfrak{g}\,\dfrac{\mathfrak{f}_e}{e} \cdot i\right\} = \left\{\mathfrak{g}\,\dfrac{\mathfrak{f}}{e_{\mathfrak{f}}} \cdot i\right\}$
52	32a	$\left\{\mathfrak{g}\,\dfrac{\mathfrak{f}}{e} \cdot i\right\} = \left\{\mathfrak{g} \cdot i\,\dfrac{\mathfrak{f}_e}{e}\right\} = \left\{\mathfrak{g} \cdot i\,\dfrac{\mathfrak{f}}{e_{\mathfrak{f}}}\right\}$
53	33	$\left\{\mathfrak{g} \cdot i\,\dfrac{e_{\mathfrak{g}}}{e}\right\} = \left\{\mathfrak{g} \cdot i\,\dfrac{\mathfrak{g}}{\mathfrak{g}_e}\right\} = \{\mathfrak{g}_e \cdot i\}$
54	—	$\{e \cdot i\} = \left\{|e|^2 \cdot \dfrac{i}{e}\right\} = \left\{|e|^2 \cdot \dfrac{j}{\mathfrak{E}}\right\}$
		c. Vektorgleichungen — Vektorproduktgleichungen.
59	34	$\dfrac{i}{e} = \dfrac{\mathfrak{J}}{\mathfrak{E}}$ $\quad \{e_i \cdot \mathfrak{J}\} = \{e \cdot \mathfrak{J}_{\mathfrak{E}}\} = \{\mathfrak{E} \cdot i_{\mathfrak{E}}\} = \{\mathfrak{E}_i \cdot i\}$
60	34	$\{\mathfrak{E} \cdot i_e\} = \{\mathfrak{E}_{\mathfrak{J}} \cdot i\} = \{e_{\mathfrak{E}} \cdot \mathfrak{J}_{\mathfrak{E}}\} = \{e_i \cdot \mathfrak{J}_i\}$
61	—	$\mathfrak{E}\,i = e\,\mathfrak{J}$ $\quad \{e \cdot i\} = \left\{\mathfrak{E} \cdot \mathfrak{J}\,\dfrac{|i|^2}{|\mathfrak{J}|^2}\right\} = \left\{\mathfrak{E} \cdot \mathfrak{J}\,\dfrac{|e|^2}{|\mathfrak{E}|^2}\right\}$
		d. Vektorproduktgleichungen — Vektorgleichungen.
63	35	$\dfrac{e}{\mathfrak{E}} = \dfrac{\mathfrak{J}_i}{i} = \dfrac{\mathfrak{J}}{i_{\mathfrak{J}}}$
64	35	$\{e \cdot i\} = \{\mathfrak{E} \cdot \mathfrak{J}\}$ $\quad \dfrac{\mathfrak{J}}{i} = \dfrac{e}{\mathfrak{E}_e} = \dfrac{e_{\mathfrak{E}}}{\mathfrak{E}}$
65	35	$e\,i = \mathfrak{E}\,\mathfrak{J}_i = \mathfrak{E}_e\,\mathfrak{J}$
66	35	$\mathfrak{E}\,\mathfrak{J} = e\,i_{\mathfrak{J}} = e_{\mathfrak{E}}\,i$

Verlag von Julius Springer in Berlin W 9

Die symbolische Methode zur Lösung von Wechselstromaufgaben. Einführung in den praktischen Gebrauch. Von **Hugo Ring**, Ingenieur in Hamburg. Mit 33 Textfiguren. (58 S.) 1921.
2.30 Goldmark / 0.55 Dollar

Die Hochspannungs-Gleichstrommaschine. Eine grundlegende Theorie. Von Dr. **A. Bolliger**, Elektro-Ingenieur in Zürich. Mit 53 Textfiguren. (86 S.) 1921. 3 Goldmark / 0.75 Dollar

Theorie der Wechselströme. Von Dr.-Ing. **Alfred Fraenckel.** Zweite, erweiterte und verbesserte Auflage. Mit 237 Textfiguren. (360 S.) 1921. Gebunden 11 Goldmark / Gebunden 2.65 Dollar

Ankerwicklungen für Gleich- und Wechselstrommaschinen. Ein Lehrbuch. Von **Rudolf Richter,** Professor an der Technischen Hochschule Fridericiana zu Karlsruhe, Direktor des Elektrotechnischen Instituts. Mit 377 Textabbildungen. Berichtigter Neudruck. (436 S.) 1922. Gebunden 14 Goldmark / Gebunden 3.35 Dollar

Die asynchronen Wechselfeldmotoren. Kommutator- und Induktionsmotoren. Von Professor Dr. **Gustav Benischke.** Mit 89 Abbildungen im Text. (118 S.) 1920. 4.20 Goldmark / 1 Dollar

Der Drehstrommotor. Ein Handbuch für Studium und Praxis. Von Professor **Julius Heubach**, Direktor der Elektromotorenwerke Heidenau, G. m. b. H. Zweite, verbesserte Auflage. Mit 222 Abbildungen. (611 S.) 1923. Gebunden 20 Goldmark / Gebunden 4.80 Dollar

Die asynchronen Drehstrommotoren und ihre Verwendungsmöglichkeiten. Von **Jakob Ippen**, Betriebsingenieur. Mit 67 Textabbildungen. (97 S.) 1924. 3.60 Goldmark / 0.90 Dollar

Elektromotoren. Ein Leitfaden zum Gebrauch für Studierende, Betriebsleiter und Elektromonteure. Von Dr.-Ing. **Johann Grabscheid.** Mit 72 Textabbildungen. (72 S.) 1921. 2.80 Goldmark / 0.70 Dollar

Die Elektromotoren in ihrer Wirkungsweise und Anwendung. Ein Hilfsbuch für die Auswahl und Durchbildung elektromotorischer Antriebe. Von **Karl Meller**, Oberingenieur. Zweite, vermehrte und verbesserte Auflage. Mit 153 Textabbildungen. (167 S.) 1923.
4.60 Goldmark; geb. 5.40 Goldmark / 1.10 Dollar; geb. 1.30 Dollar

Verlag von Julius Springer in Berlin W 9

Die Elektrotechnik und die elektromotorischen Antriebe. Ein elementares Lehrbuch für technische Lehranstalten und zum Selbstunterricht. Von Dipl.-Ing. **Wilhelm Lehmann.** Mit 520 Textabbildungen und 116 Beispielen. (458 S.) 1922.
Gebunden 9 Goldmark / Gebunden 2.15 Dollar

Kurzes Lehrbuch der Elektrotechnik. Von Professor Dr. **Adolf Thomälen** in Karlsruhe. Neunte, verbesserte Auflage. Mit 555 Textbildern. (404 S.) 1922. Gebunden 9 Goldmark / Gebunden 2.15 Dollar

Die wissenschaftlichen Grundlagen der Elektrotechnik. Von Professor Dr. **Gustav Benischke.** Sechste, vermehrte Auflage. Mit 633 Abbildungen im Text. (698 S.) 1922.
Gebunden 18 Goldmark / Gebunden 4.30 Dollar

Kurzer Leitfaden der Elektrotechnik für Unterricht und Praxis in allgemeinverständlicher Darstellung. Von Ingenieur **Rudolf Krause.** Vierte, verbesserte Auflage, herausgegeben von Professor **H. Vieweger.** Mit 375 Textfiguren. (278 S.) 1920.
Gebunden 6 Goldmark / Gebunden 1.45 Dollar

Aufgaben und Lösungen aus der Gleich- und Wechselstromtechnik. Ein Übungsbuch für den Unterricht an Technischen Hoch- und Fachschulen, sowie zum Selbststudium. Von Professor **H. Vieweger.** Achte Auflage. Mit 210 Textfiguren und 2 Tafeln. (302 S.) 1923.
4 Goldmark; geb. 5 Goldmark / 0.95 Dollar; geb. 1.20 Dollar

Anlaß- und Regelwiderstände. Grundlagen und Anleitung zur Berechnung von elektrischen Widerständen. Von **Erich Jasse.** Zweite, verbesserte und erweiterte Auflage. Mit 69 Textabbildungen. (184 S.) 1924.
6 Goldmark; gebunden 6.80 Goldmark
1.45 Dollar; gebunden 1.65 Dollar

Elektrische Starkstromanlagen. Maschinen, Apparate, Schaltungen, Betrieb. Kurzgefaßtes Hilfsbuch für Ingenieure und Techniker sowie zum Gebrauch an technischen Lehranstalten. Von Studienrat Dipl.-Ing. **Emil Kosack** in Magdeburg. Sechste, durchgesehene und ergänzte Auflage. Mit 296 Textfiguren. (342 S.) 1923.
5.50 Goldmark; geb. 6.50 Goldmark / 1.35 Dollar; geb. 1.60 Dollar

Schaltungen von Gleich- und Wechselstromanlagen. Dynamomaschinen, Motoren und Transformatoren, Lichtanlagen, Kraftwerke und Umformerstationen. Ein Lehr- und Hilfsbuch. Von Studienrat Dipl.-Ing. **Emil Kosack** in Magdeburg. Mit 226 Textabbildungen. (164 S.) 1922.
5 Goldmark / 1.20 Dollar

Aufgaben aus der Maschinenkunde und Elektrotechnik. Eine Sammlung für Nichtspezialisten nebst ausführlichen Lösungen. Von Professor Ingenieur **Fritz Süchting** in Clausthal. Mit 88 Textabbildungen. (251 S.) 1924. 6.60 Goldmark; gebunden 7.50 Goldmark
1.60 Dollar; gebunden 1.80 Dollar

MIX
Papier aus verantwortungsvollen Quellen
Paper from responsible sources
FSC® C105338

If you have any concerns about our products,
you can contact us on
ProductSafety@springernature.com

In case Publisher is established outside the EU,
the EU authorized representative is:
**Springer Nature Customer Service Center GmbH
Europaplatz 3, 69115 Heidelberg, Germany**

Printed by Libri Plureos GmbH
in Hamburg, Germany